量子テレポーテーションのゆくえ

相対性理論から「情報」と「現実」の未来まで

DANCE OF THE PHOTONS

From Einstein to Quantum Teleportation

Anton Zeilinger

アントン・ツァイリンガー

［監修］大栗博司　［訳］田沢恭子

早川書房

量子テレポーテーションのゆくえ

——相対性理論から「情報」と「現実」の未来まで

日本語版翻訳権独占
早　川　書　房

DANCE OF THE PHOTONS
From Einstein to Quantum Teleportation
by
Anton Zeilinger

Japanese edition supervised by
Hirosi Ooguri
Translated by
Kyoko Tazawa
First published 2023 in Japan by
Hayakawa Publishing, Inc.
This book is published in Japan by
direct arrangement with
Brockman, Inc.

装幀／早川書房デザイン室

目次

プロローグ——ドナウ川の地下で

一月一日、ウィーン・フィルハーモニー管弦楽団が恒例のニューイヤーコンサートで新年の幕を開ける。コンサートはウィーンの伝統ある音楽界の舞台となってきたウィーン楽友協会で開かれ、全世界に配信される。誇張でなく何億という人たちが、シュトラウス一族や彼らと同時代の作曲家たちの残した美しいワルツ、ポルカ、序曲などに耳を傾ける。本篇が終わると、会場にいる私たちはほかの聴衆とともに拍手喝采を送るが、じつは誰もがまだアンコールを待っている。やがて弦楽器の音が静かに響き始め、待ちかねていた曲だとわかると、誰もが再び手を叩く。演奏がいったん止み、指揮者が会場と世界中の全聴衆に新年の挨拶をする。それから弦楽器の音が再開し、オーストリアの非公式の国歌としばしば称される曲が演奏される。ヨハン・シュトラウス二世によるあの有名なワルツ、「美しき青きドナウ」だ。当初はウィーンで開かれる壮麗な舞踏会で演奏され、今でも舞踏会のシーズンになると毎年演奏されるこの曲ほど、人間という存在の喜びと消えることのない憂いを表現できる作品はなかなかない。

会場やテレビの前にいる聴衆は、ウィーン市内のこのホールから程近い場所で最先端のテクノロジーを扱う実験が行なわれていて、かつてはＳＦの世界にしか存在しなかったアイデアや、それらのアイデアが私たちの世界観に与える影響を念頭に置いて、人類の想像力に挑戦していることについてはほぼ何も知らない。

コンサートを締めくくる最後のアンコール曲は、ヨハン・シュトラウス一世の「ラデツキー行進曲」。これまでに作られた数々の曲のなかでも、とりわけ躍動感と楽しさにあふれる作品だ。コンサートが終わると、私たちは会場をあとにして車でドナウ川へ向かう。美しい冬の日で、あたりに人の姿はまばらだ。一月一日は祝日なのだ。ドナウ川は二手に分かれてウィーン市内を流れ、二筋の川にはさまれた土地が細長い島となっている。私たちは、一方の川岸から橋を渡って島に入る。ここは一般市民に開放されていないので、私たちの車のGPSも把握していない。公的な用事がある場合を除いて、島に車が立ち入ることはできない。

島に入ると、背の高い木々の奥に隠れた建物へ向かう。ここにはウィーン市の下水道設備のポンプ場がある。両岸をつなぐように、川の地下に巨大な下水管が通っている。その役目は、ウィーン市内のトランスダヌビア（ドナウ川を渡った場所）という愛称で呼ばれる東岸地域から、対岸にある巨大な汚水処理施設に下水を送ることだ。このようにして、環境保護意識のきわめて高いウィーン市民は、下水がドナウ川に直接流入するのを防いでいる。

私たちは建物に入り、川底より低い位置にある地下二階までエレベーターで下りる。少し歩くと、大きなトンネルの入り口が左右に向かって一つずつ開く場所に行き着く。川の両岸、トランスダヌビアとウィーン市街をつなぐトンネルだ。この巨大なトンネルには、下水管が何本も並行して走り、ほかにたくさんのケーブルも見える。一方のトンネルの入り口に近づくと、別の光景が私たちを出迎える。

　そこから離れた一角に、ガラス張りの小さな部屋が見える。近づいていくと、室内にはレーザーがあり、最新の電子機器、コンピューターといった多数のハイテク装置が設置されているのがわかる。そこで私たちはルーパートに会う。彼はウィーン大学の学生で、執筆中の博士論文「長距離量子テレポーテーション」を近々完成させて学位を取得する見込みだと自己紹介する。ここにあるものについて簡単に説明してくれるように頼むと、彼は光の粒子すなわち光子を、川のドナウ島側からウィーン市街側へテレポートすることが実験の主眼だと答える。

　私たちがよく理解できずにいるのを察して、彼はテレポーテーションというのはＳＦの「転送《ビーミング》」にちょっと似ている「けれど、すごく似ているわけではありません」と言う。そして、楽しそうな笑顔を浮かべて説明を始める。私たちは相変わらずよくわからないながらも、聞いているうちに興味がわいてくる。彼は、詳しい説明はあとにしましょうと言う。とりあえず私たちに必要なのは、この分野の言い回しに少し親しむこと、装置や研究対象の一般概念になじむこと、そしてこの奇妙な環境に慣れることだ。

　ここにレーザーが設置されているのは、きわめて特殊な光を生成することが主な目的だという。光は光子と呼ばれる粒子でできていて、このレーザーを使うと、互いに「量子もつれ状態」にあるいっぷう変わった光子のペアが生成できる。この量子もつれ（あとでもっと詳しく説明する）というのは、二つの光子が互いに緊密に結びついていることを意味する。一方を観測すれば、二つがどれほど離れていても、瞬時に他方の状態に影響が生じるのだ。

「量子もつれ」という概念は、一九三五年にオーストリアの物理学者エルヴィン・シュレーディンガーによって命名された。彼は、ある非常に興味深い状態の特徴を記述したいと考えていた。その少し前、アルベルト・アインシュタインが若手研究者のボリス・ポドルスキーおよびネイサン・ローゼンとの共著論文を発表し、量子力学において興味深い状況が新たに出現しつつあると示唆していた。

量子もつれについて少し理解するために、二つの粒子が互いになんらかの作用を与えたところを想像しよう。たとえばビリヤードの球のようにぶつかり合ったなら、それぞれが互いから遠ざかる方向へ動くだろう。古典物理学（伝統的な物理学）では、一方の球が右へ動くなら、他方は左へ動くことになっている。さらに、ぶつかっていく球の速度と静止している球へのぶつかり方がわかり、ぶつかられた球の進む速度と方向もわかれば、ぶつかってきた球の行く先も正確に推測できる。すぐれたビリヤードのプレイヤーは、実際にこう考えて球の突き方を決めているのだ。

量子の「ビリヤード球」は、これよりはるかに奇妙だ。二つがぶつかれば、やはり互いから離れていくが、非常に不思議で興味深い違いがあるのだ。どちらにも明確な速度がなく、進行方向も定かでない。じつのところ、衝突したあとどちらの球も速度をもたず、方向もない。ただ互いから遠ざかるだけだ。

重要なのは、以下の点だ。量子のビリヤード球の一方を私たちが観測すると、球は瞬時に特定の速度をもち、衝突地点から特定の方向へ遠ざかっていく。まさにこの瞬間（決してそれ以前ではない）、もう一つの球も一つ目の球に対応する速度と方向をもつ。二つの球がどれほど遠く離れていても、必ずこうなる。

つまり、量子のビリヤード球は量子もつれの状態にある。もちろん、本物のビリヤード球でこんな現象が起きるのが観測されたことはない。しかし、素粒子ではこれがふつうなのだ。互いに衝突した二つの粒子は、遠く離れてもなお緊密に結びついている。そして二つの粒子の一方を「観測」するという実際の行為によって、両者がどれほど遠く離れていても、ただちにもう一つの粒子に影響が生じる。

アインシュタインはこの奇妙な性質が気に入らず、「不気味な遠隔作用」だと言った。そして、物理学者がこの不気味さを解消する方法を発見することを期待した。アインシュタインとは対照的に、シュレーディンガーはこの性質をこれまでにないまったく新しいものとして受け入れ、これを指す「量子もつれ」という言葉を考案した。彼はこの量子もつれこそ量子の世界の特徴であって、これゆえに、私たちがそれまで信じてきた世界観に別れを告げざるを得ないと考えた。

量子もつれ状態にある光子を研究しているのは何のためかとルーパートに尋ねると、彼はにっこりして「マジックです」と答える。川底より低い位置に設けたミニ実験室に二つの光子の一方を保持し、もう一つをグラスファイバーで対岸の受信機に送る。

ルーパートは、互いに光子を送り合う「アリス」と「ボブ」の話をする。ルーパートの話の中で、アリスとボブはまるで人間のように言葉を交わすが、じつは架空の実験者だ。アリスはこの実験室にいて、ボブは川の向こう側にいる。

なぜアリスとボブと呼ぶのかと質問すると、ルーパートは自分が考えたのではないと答える。暗号技術コミュニティーから生まれた名前だという。二人の人間のあいだで暗号化されたメッセージをやりとりする場合、第三者に無断で読んだり聞いたりされないようにすることが重要だ。私たちはすぐさま緊迫した場面で活躍するスパイを思い浮かべるが、ルーパートにたしなめられる。現代では暗号技術は広く使われています、と彼が説明を始める。インターネット上でクレジットカード番号などを送信するときも、他人に読み取られないように暗号化するのがふつうだという。「当初はメッセージの送り手を『A』、受け手を『B』と呼んでいましたが、やがて『アリス』と『ボブ』になりました。こちらのほうがとっつきやすいですからね」

ルーパートは、ボブのもとへ光子を送る細いグラスファイバーを見せてくれる。今どきの遠隔通信で広く使われているのと違わないようだ。

私たちは、グラスファイバーのケーブルを目でたどる。ルーパートのレーザーから狭い実験室の壁を抜け、その先でドナウ川の地下に埋められた太いトンネルを通るほかのケーブルと合流する。ルーパートは私たちの視線を追い、「これの行き先も見てみたいですか?」と尋ねる。私たちは「はい」と力強く答える。そんなわけで、私たちはウィーンの地下を見学する小旅行に出発する。

まず、急勾配で下降する直径四メートルほどの管に入る。私たちの下には、直径一メートルくらいの下水管が二本ある。しっかりと密封されているので、空気中にかすかな異臭は感じられるが、ひどく不快というほどではない。管の中は、体をかがめないで歩くのに十分な高さはあるが、幅はあまり広くない。ケーブルの走るトレイが左右に設置されている。トレイの一つには例の細い光ファイバーも通っている。「『第三の男』みたいだな」と誰かが言い、私たちは第二次世界大戦後のウィーンを舞台とした、史上有数の名作映画を思い起こす。ウィーンの地下の下水道で繰り広げられる激しい追跡のシーンは最高だ。今にも曲がり角の向こうから、オーソン・ウェルズがひょっこり姿を現しそうな気がする。主人公ハリー・ライムのテーマを奏でるアントン・カラスのチターの音色が、頭の中で鳴り響く。

やがて最深部にたどり着くと、ルーパートは私たちの真上を川が流れていると言う。何かのはずみで川底がひび割れて、川の水が押し寄せてきたらどうなるかと想像せずにはいられない。どこへ逃げればいいのか。しかし幸い何事も起こらず、私たちは歩き続ける。通路が少し上り勾配になる。しばらく進み、小さな部屋に入る。そこから外を眺めると、川の下を渡っただけでなく、近くの小さな公園、線路、広い道路の下も通ったことがわかる。

室内では、グラスファイバーがプラスチックのカバーから出て、実験装置まで伸びている。装置は先ほど島で見たのと似ているが、あれよりはるかに小さい。やはり近くにコンピューターがあり、ほかに鏡やプリズムなどの光学素子がいくつかと、さまざまな電子機器もある。ルーパートは、ここで行なわれていることを説明する。テレポートした光子を観測し、特性と作用が変化していないかを特に検証するのだという。ルーパートの小さな作業台につながるケーブルのうち、一本は上へ伸び、私たちのいる建物の屋根に達している。ルーパートが得意げに、これはアリスとボブをつなぐ「古典」チャンネル、すなわち二人のプレイヤーをつなぐ標準的な無線接続ですと言う。ここで私たちは少し混乱する。この古典チャンネルというのは何のためにあるのか？　ルーパートの話していた、量子もつれ状態にある光子というのは何なのか？　テレポーテーションとはいったい何なのか？

これらの問いについて考える前に、私たちは建物の屋上に上り、すばらしい眺望の出迎えを受ける。

川の対岸には、アリスのいる建物がある。あいだを隔てる川は、流れがかなり速い。船がゆったりと航行し、数羽のカモと白鳥が、きれいな水とたわむれている。川のこちら側では、私たちのいる建物の隣に、ウィーンの仏教徒コミュニティーが建立した小さな仏塔《パゴダ》が見える。私たちはすぐさま、哲学的な問いに思いを馳《は》せる。これは何を意味しているのか？　宇宙における私たちの役割とは何なのか？　世界を観察するとはどういうことなのか？　量子物理学がこれとどう関係するのか？

西側には、アルプス山脈の最東域を形成するウィーンの森の山々が見える。東側には、ハンガリー大平原の周縁部が広がっている。私たちは歴史を思い浮かべ、東方からやってきたトルコ人がウィーン征服を二度試みたが、いずれも失敗に終わったという事実を思い出す。この試みが成功していたら歴史がどれほど変わっていたか、それは想像にかたくない。私たちの存在意義に関する非常に深遠な問いが、仏教、イスラム教、キリスト教といった私たち自身の文化からどんな影響を受けているかについても考える。寒くなってきた。私たちは現代のウィーンの日常にゆっくりと戻っていく。

宇宙旅行

私たちはテレポーテーションの話を聞くと、それが理想的な移動方法だと思うことが多い。どこにいようともそこから姿を消し、次の瞬間には目的地に現れることができるのだ。何よりも魅力的なのは、これがおそらく最速の移動方法となることだ。ただし、忘れないでほしい。移動手段としてのテレポーテーションは、まだサイエンスではなくサイエンス・フィクション（ＳＦ）なのだ。

今までのところ、人間が到達できたのは月までで、これは宇宙レベルで見ればすぐ近く、裏庭のようなものだ。太陽系で地球に最も近い惑星である金星や火星でも、地球から月までの距離と比べたらおよそ一〇〇〇倍も離れている。太陽系内のもっと遠い惑星については言うまでもない。

よその恒星へ行くにはどのくらい時間がかかるのか、考えてみるのは興味深い。人類を初めて月に送り込んだアポロ計画からわかるとおり、地球から月へ行くまでに四日ほどかかる。地球から火星まで宇宙船で行けば、片道で二六〇日くらいかかるだろう。目的地に到着するころには、すっかり退屈しているに違いない。だとしたら、量子テレポーテーションの実験をすれば時間が有効に使えるかもしれない。

もっと遠くへ行くには、系外惑星を探索する無人宇宙船を飛ばすときにやっているように、ほかの惑星か地球自体の加速力を利用すればいい。宇宙船に惑星の近くを通過させ、惑星の重力を利用して加速させ、さらに遠くへ連れていってくれる新たな軌道に乗せるのだ。たとえばこの方法で、パイオニア一〇号はおよそ一一年をかけて太陽系の最も外側にある惑星を通過し、おそらく終わりのない恒星間飛行へと旅立っていった。パイオニア一〇号の場合、現在の速度で進めば、太陽の次に地球から最も近い恒星であるプロキシマ・ケンタウリに到着するまでに一〇万年ほどかかると計算できる。

したがって、長距離を移動するには、なんらかの抜け道を使うのがいいだろう。距離の制限なしに、どこへでも瞬時に移動できる方法があるといい。少なくとも理論上は可能だろうか。こんな思いから、SF作家はテレポーテーションを発明した。魔法のように人がある地点から消えて、次の瞬間には魔法のように別の地点に現れるのだ。

光というもの

最初のテレポーテーション実験では、光が使われた。だが、そもそも光とは何なのか。人間は絶えず光に魅了されてきた。おそらく人類は文字で記録を残し始めるよりもずっと前から、光があればすぐそばの対象もはるかかなたの対象も認識できるのはなぜなのか、語り合っていたに違いない。光源（太陽でもいいし、小さなろうそくでもいい）から発せられた何かが私たちの眼に届き、光を放つ物体が何なのか私たちに理解できるのは、どういう仕組みなのか。物理学者が説明に用いる基本的な概念は二つある。一つは光が「粒子」として、たとえば物体のかけらのようなものとして、私たちのもとに到達するという考え方だ。もう一つの考え方では、光を「波」として進むものと見なす。

粒子ととらえる見方を説明するのに最も簡単なのは、光が弾丸や小石と同じように進むと考えることだ。波ととらえる場合には、小さな池などの水面を広がる波のパターンを思い浮かべるのが一番わかりやすい。この二つのシンプルなイメージで、光を粒子または波ととらえる場合の基本的な性質が表現できる。

小石の場合、局所的な何か、すなわち空間的に限られた何かが動く。光の粒子も同様に、ある場所から別の場所へ、具体的には光源を出発してから見られる対象へ、それから見る者の眼へと、なんらかの軌跡を描いて進む。さらに、小石や弾丸がばらばらに飛んでくるように、光源（たとえば太陽）から放たれた無数の微小な光の粒子が私たちのもとへ飛んでくる。道路の向こうに立つ木にぶつかると、一部は反射して木から散乱し、さらにその一部が最終的に私たちの眼でとらえられる。

一方、池の水面に広がる波は、限られた場所に留まることがない。静かな池に石を一つ投げ込めば、やがて波が池全体に広がっていく【図1】。さらに、波は小さな断片や塊として生じるのではなく、どんな大きさにもなり得る。たとえば小さな昆虫が静かな池の水面を滑走すれば、その脚はごく小さな波を立てる。大きな石を池に投げ込めば、大きな波が起きる。つまり、水面の波の大きさは千差万別なのだ。

では、先ほどの重大な問いに戻ろう。光とは何なのか？　光という現象には、波と粒子のどちらの見方があてはまるのか？　これまでに挙げてきた性質のうち、どれが実際に光の性質なのか？

物理学の歴史の多くは、光の性質の歴史として記すことができる。この歴史の初期、人々は粒子または波であると認められる基準のうち、どれが光にあてはまるのかを入念に調べ始めた。一七世紀の後半、アイザック・ニュートンの率いる粒子派と、ロバート・フックの率いる波派とのあいだで、大論争が巻き起こった。そのときは、粒子派が勝利を収めた。ニュートンの影響力と権威が勝敗を決したのだと言う人は多い。

光は波である

図1　波の性質。池に石を投げ込むと、そこから波が水面を広がっていく。

一八〇二年、イングランドの医師トマス・ヤングは、のちに私たちが光の性質を理解するうえできわめて大きな意味をもつことになる実験を行なった。じつは科学の歴史において有数の偉大な実験なのだが、それ自体はきわめてシンプルだ。スクリーンにスリットを二つ設けて、そこに光を通しただけなのだ。

スリットの向こう側に、明暗の縞が出現した［図2上］。現在ではこれを「干渉縞《かんしょうじま》」と呼んでいる。一方のスリットをふさいだらどうなるか。縞は現れず、広い領域が明るくなるだけだ［図2中］。もう一つのスリットをふさぐと、同じような明るい領域が、少しずれた位置に生じる［図2下］。二つの明るい領域は、重なる部分が多い。

粒子派の立場からは、両方のスリットを開いた場合、スクリーンに当たる光は二つの明るい領域を合わせたものになると考えられる。ところが、この見込みは間違っている。実際のところ、重なり合う部分にヤングが見たのは、明暗の縞模様だった。つまりスリットを両方開放すると、光がまったく当たらない箇所ができ、暗い縞が生じる。ところがスリットを片方だけ開放すると、そこに光が当たる。詳しく測定すると、明るい縞の部分では、スリットを片方だけ開放した場合に得られる光の量を二つ合計したよりも光の量が多くなることがわかる。これはどう説明すればよいのか。

光を波ととらえれば、縞模様の説明がつく。光の波がある一定の方向から、たとえばこの図のように左側から来るとしよう。波が二つのスリットを通ると、各スリットの向こう側で新たな波が生じ、この二つの波が観測スクリーンに到達する。スクリーンの中心線上では、各スリットからの経路は同じ長さになるはずだ。この場合、二つの波は同期して振動し、互いを強め合う。その結果として、明

図2　トマス・ヤングの二重スリット実験の現代版。レーザーから発射された光が、スクリーンに設けられた2つのスリットを通過する。最終的に、光は観測スクリーンに当たる。スリットを両方開放すると（上図）、明暗の縞からなる「干渉縞」が生じる。スリットを片方だけ開放すると（中図および下図）、縞のない明るい領域が広範囲に生じる。上図でスリットを両方開放した場合に生じる縞模様は、明らかに中図と下図の光を足し合わせたものではない。暗い部分では、2つのスリットから到達した2つの波が互いを打ち消し合っている。明るい部分では、2つの波が互いを強め合う。波の消えたところが暗い縞となり、波の増幅されたところが明るい縞となることから、光が波の性質をもっていることがはっきりと裏づけられる。

るい縞が生じる。観測点を図中の右か左に移すと、一方の経路が短くなり、他方の経路が長くなる。二つのスリットからの各経路は、観測スクリーン上のどの点に到達するにしても、同じ長さにはならない。経路の長さに差が生じるのだ。

ということは、この新たな観測点をずらしていくと、二つの波がどんどん同期しなくなっていく。ある時点で、二つの波はまったく同期しなくなる。一方の波が最大のとき、もう一方の波は最小になる。こうなると、二つの波は互いを打ち消し合う。水面の波で同じ状況が起きたらどうなるか、考えてみよう。二つの波がぶつかり合い、一方の波の頂点が他方の波の谷底とぶつかれば、波は互いを打ち消し合う。

さらに観測点を遠くにずらすと、経路の長さの差がもっと広がっていく。そしてある段階で、差が波一つ分の幅とぴったり一致する。このとき波の頂点どうしが重なり、二つの波が互いを強め合い、明るい縞が現れる。

観測点をずらしていくと、このパターンが繰り返され、波の頂点と谷底が重なる位置が生じる。すると波が互いを打ち消し合って光が消え、真っ暗になる。干渉縞が生じるのは、波が互いを強め合う部分では光が多くなって、明るい縞をもたらす建設的干渉が生じるのに対し、頂点と谷底が重なる部分では光が完全に消えて、暗い縞をもたらす破壊的干渉が生じるからだ。そんなわけで、縞模様が浮かび上がる。

トマス・ヤングの実験以降、光が粒子ではなく波でできていることを疑う物理学者はいなくなった。

光は粒子である

一九〇五年、ベルンにあるスイス特許庁に勤務するまったく無名の事務員が数篇の論文を発表し、物理学のあり方を一変させることとなった。当時、アルベルト・アインシュタインはまだ二六歳だった。論文の一つで、彼は相対性理論を提案した。しかし、これはその注目すべき年に発表された論文の最初の一篇にすぎない。アインシュタインは友人コンラート・ハービヒトに宛てた手紙で、これが「きわめて革新的」だと記しているが、彼が自らこんなふうに評した論文はこれだけだった。この論文において、アインシュタインは唐突に、光は粒子でできていると主張した。

この光の粒子は「光量子《こうりょうし》」とも呼ばれ、一九二六年にはアメリカの化学者ギルバート・ニュートン・ルイスが「光子」と命名した。アインシュタインの時代には、例の二重スリット実験をはじめとして光の波動性を示す証拠が多々あった。それに反し、ベルンのスイス特許庁の若き事務員が、光が粒子でできている可能性を思いついたのは、いったいなぜなのか。この疑問を詳細に検討するには、物理学者が秩序と無秩序を記述するやり方を知る必要がある。

牧羊犬とアインシュタインの光の粒子

最も優秀な牧羊犬を決めるコンテストが、毎年世界各地でいくつも開かれている。牧羊犬の仕事の一つは、羊の群れを集めて、牧草地の一角など特定の場所へ連れていくことだ。物理学者の目から見ると、牧羊犬がやっているのは系の秩序を高める仕事だ。最初、羊は牧草地全体に散らばっているかもしれない。自分が安全だと感じていて、周囲に敵がいなければなおさらだ。牧羊犬は、羊たちを一つの群れにまとめる方法を遺伝的に知っている。牧羊犬のコンテストで優勝できるのは、羊を最短の時間で群れにまとめることができ、飼い主から命じられた場所にすべての羊を整然と集められる犬だ。

この状況は、じつは本、メモ、チラシなどの散らかった机を片づけるのとよく似ている。たいていの机は、ある程度の時間が経てばすっかり乱雑になり、ここにはメモ、あちらには新聞、新聞の上にはコーヒーカップ、別の場所には別のメモ、といった様相を呈するものだ。

牧羊犬がすべての羊を牧草地の一角に集めるのと同様に、机の上の秩序を高める一つの方法は、山を作ることだ。たとえばメモの山を一つ、新聞と雑誌の山を一つ、本の山を一つ、合計三つの山を作る［図3］。するとにわかにこれらの品々が整理され、机に空いたスペースができる。しかし放っておけば、やがて机の上は再びこれらのもので散らかってしまう。つまり、羊にせよ机にせよ、ものは

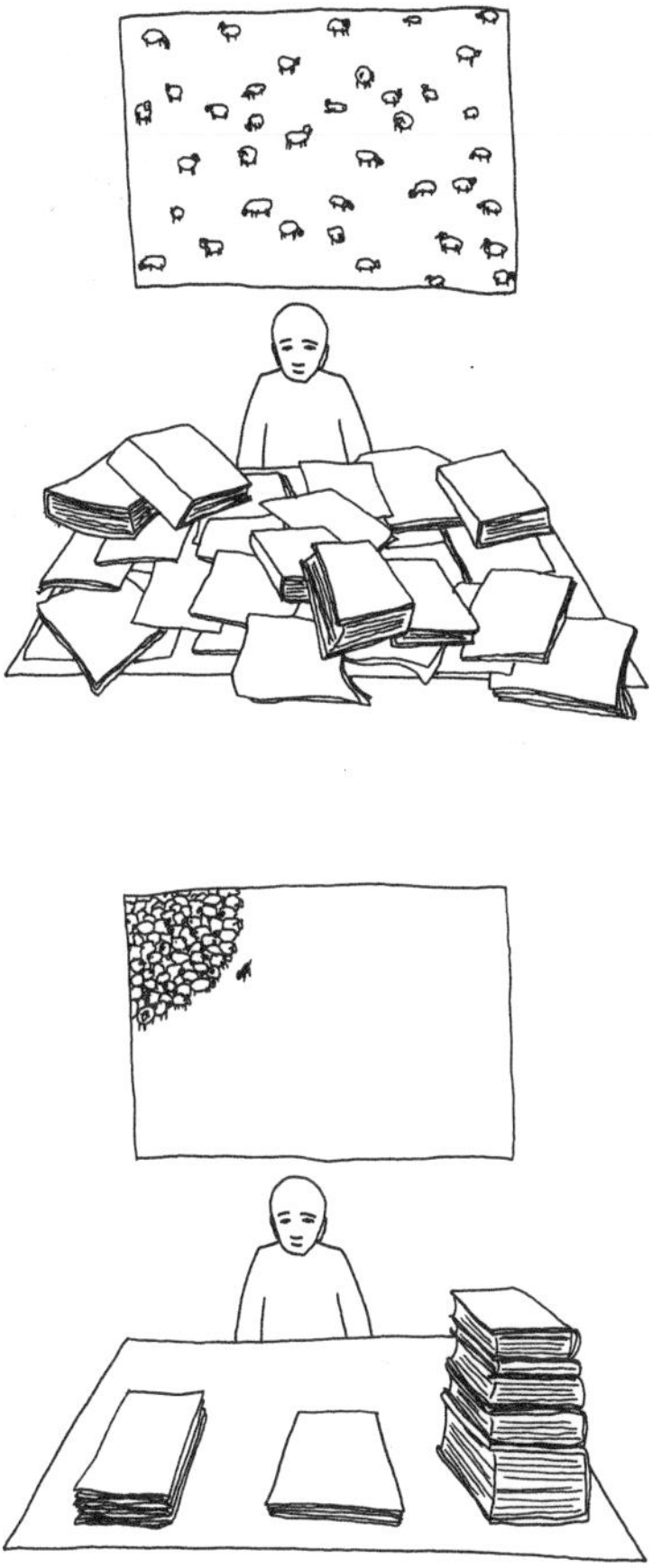

図３　無秩序（上図）から秩序（下図）を生み出すには、常に努力を要する。壁の絵に描かれているような牧草地の羊の場合、秩序をもたらすのは牧羊犬の働きだ。乱雑な机の場合、人間がなんとかしなくてはならない。残念ながら、どんな系もたいていはおのずと無秩序を増大させる傾向をもっている。

利用可能なスペース全体におのずと均等に広がる傾向があり、整然とした状態を取り戻すには特別な努力が必要なのだ。ものがまとまっている状態は、均等に散らばっている状態よりも秩序のレベルが高い。

おもしろいことに、容器に入っているガスもこれと同じようにふるまう。内部に隔壁の設けられた容器があって、中の空間が二つに分かれているが、隔壁には開閉可能な開口部が設けられているとしよう【図4】。最初は仕切りを閉じておく。ガスの粒子はすべて一方の空間にあり、もう一方は空っぽだとする。ここで仕切りを開く。何が起きるかは明白だ。ガスが容器全体に均等に広がるのだ。ガスが広がれば、密度は下がる。ガスは、じつは原子と分子でできている。だからこの状況は、牧草地が二つあって、初めは一方だけに羊がびっしりいるようなものだ。二つを隔てるゲートを開ければ、空っぽだった牧草地にもやがて羊が広がっていく。ただし、ゲートの両側で餌の量が等しく、羊たちをどちらか一方に追いやる危険も牧羊犬も存在しないと考えよう。

今度は逆のパターンを想定してみる。両方の空間にガスが充満している状態からスタートする。すべての原子が自発的に一方の空間へ移動し、他方が空っぽになるということがあり得るだろうか。おそらくあり得ない。それはなぜか？　原理としては、そのようなふるまいも不可能ではない。よく見ると、開口部を通過する原子のなかには、右から左へ移動するものと左から右へ移動するものが存在する。ある瞬間にすべての原子が一方に集まり、他方には原子が一つもないという状態が、まったくの偶然により生じる可能性はある。しかし、その可能性はきわめて低いと思われる。

また、一つの容器の中で、すべての原子がこぞって一部分に集まり、それ以外の部分が空っぽにな

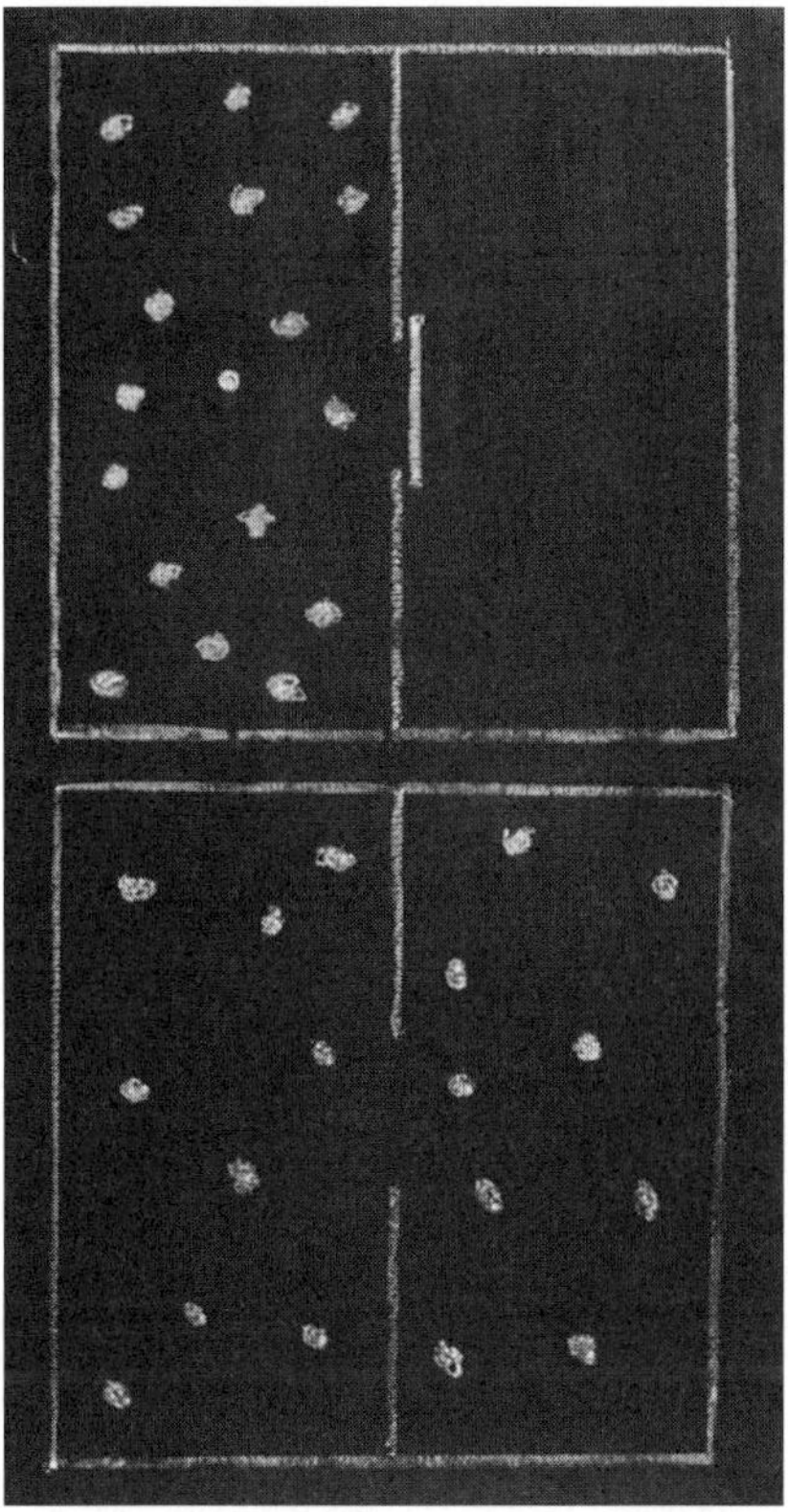

図4　最初にガスを容器の片側だけに入れ（上図）、仕切りを開くと、ただちにガスは容器全体に広がる（下図）。個々のガス粒子は両側を行き来するが、ガスが全体に広がった状態は維持される。これとは逆に、均等に分散していたガス粒子（下図）が片側だけに集まる（上図）ことはあり得ない。後者は確率的に可能性がきわめて低いからである。仮にこれが起きるとすれば、すべての分子が開口部を同じ方向にのみ移動することになる。アルベルト・アインシュタインは、空間内の光も同様にふるまうことを観察し、それゆえ光もガスと同じく粒子でできていると考えた。確率と秩序との関連を発見したのは、オーストリアの物理学者ルートヴィヒ・ボルツマンである。本書の図は、彼がウィーンにおける講義で黒板に描いた図を参考にして描いた。

るという可能性もきわめて低い。これも原理的には不可能ではない。すべての分子はおのおのジグザグに運動するので、ある瞬間にすべてが一カ所に集まっているという状態が偶然に生じる可能性はある。とはいえ、その可能性はきわめて低い。その逆は、明らかにたやすく起きる。一カ所に集まっている原子を自由に運動させれば、たちどころに原子は空間を均等に満たすはずだ。

このことから、宇宙には無秩序を増大させる傾向があると考えられる。すべての原子が一カ所に集まっている状態は、きわめて高度な秩序が達成されていることを意味する。すべての原子が空間全体を満たしている状態は、これより秩序の度合いが低い。また、秩序と実現可能性とのあいだに明白な関連が見て取れる。秩序の度合いが高い状態ほど、現実に生じる可能性は低い。

物理学者は無秩序について語る場合、「エントロピー」という概念を用いるのを好む。エントロピーとは、無秩序の尺度である。もっと正確に言えば、エントロピーは、ある特定の状況が実際に出現し得るパターンがどのくらいあるかを反映する。エントロピーが大きい状況ほど無秩序の度合いは高く、エントロピーが大きいほどその状態が起きる可能性は高い。空間を満たすガスで言えば、空間が広ければ広いほどエントロピーは増大する。ある意味で、すべての原子をもっと狭い空間に押し込めるのは、すべてを空間内の一カ所に集めるのと同じようなものだ。

一九〇五年、若きアルベルト・アインシュタインは重大な発見をした。彼は一定の空間を満たすガスのエントロピーを調べ、同じような空間を満たす光のエントロピーと比較した。すると、興味深い一致が見られた。彼がこの比較をするために読んだ論文は五年以上前に発表されたものだったので、誰でも同じ発見をすることは可能だった。しかしこの大発見をなし遂げたのは、アインシュタインだけだった。一般に放射するものが、具体的に言えば光が、一定の空間を満たしている場合、そのエントロピー（これが無秩序の尺度であることを思い出してほしい）は同じ空間を満たすガスのエントロピーと非常に近いことに気づいたのだ。実際、ドイツの物理学者ヴィルヘルム・ヴィーンが空間を満たす放射のエントロピーについて導き出した数式が、それ以前にオーストリアの物理学者ルートヴィヒ・ボルツマンが容器を満たすガスについて導き出した数式と同じであることに、アインシュタインは気づいた。さらに正確に言えば、エントロピーに関するこの二つの数式は、空間の大きさを変えた場合に同じ変動を示す。

この類似に気づいたアインシュタインは、非常に大胆な推測をした。個々の分子がどのように動き回るか、そして分子が空間全体の一部分だけを満たすということがいかにあり得ないかということを踏まえれば、空間を満たすガスのエントロピーを表す数式は容易に理解できる。アインシュタインはこのことを理解していた。光と粒子に関する二つの数式の類似から、アインシュタインは光も粒子でできていて、この粒子は分子と同じように動き回り、広い空間が与えられたときにその一部分だけに集まることは好まないと推測した。

アインシュタインは非常に慎重だった。「光の創造および変換に関する経験《ヒューリスティック》則的な視点」という論文のタイトルでは、自らの考えを単にヒューリスティック的なものと称している。「ヒューリスティック」とは、私たちが何かを見つけ出したり推測したり状況を把握したりする際に助けとなるアイデアの一つだ。ヒューリスティックは、必ずしも証明可能でなくともよい。アインシュタインは、光の波動説を支持する人たちの気分をあまり損ねたくなかったのかもしれない。しかしこの論文において、彼は自説を明確に展開していた。一九〇五年の論文では、彼は光の粒子をまさに文字どおりにとらえ、原子と同じように空間内を動き回る局所的な点としている。

アインシュタインは、このように大胆な推測をするだけでは満足しなかった。光が粒子であるという見方が自然界で興味深い帰結をもたらす場所としては、ほかにどんなところがあるかと考えた。そして自分の説が正しければ、当時の物理学者たちが理解できずにいた「光電効果」という現象を説明する助けになると示唆した。

光電効果は一八八八年、ドイツの物理学者ヴィルヘルム・ハルヴァックスによって発見された。彼は金属板に光を当てると興味深い現象が起きるのに気づいた。光の働きで金属板から電子が飛び出し、この電子を電流として簡単に検出できるのだ。当時の人々は、そのころに受け入れられていた光の波動説でこの現象を説明しようとした。ところが波動説による説明の試みは、実験者たちの見たものを説明する際に重大な問題にぶつかった。

説明不可能な性質の一つは、金属板に光を当てると即座に電子が現れ始めるという点だった。

波動説にとって、これのどこが問題なのか？　波とは振動である。光の場合、この波は電場と磁場が振動することで生じる。光が金属板に当たると、金属板内部の電子が振動を始める。初めはかすかな振動だが、やがて光を吸収するにつれて振動が激しくなり、しまいに電子は金属板の表面から飛び出す。ローラースケーターがハーフパイプで左右に行ったり来たりしているところを想像しよう。足を動かすことでこの往復運動にエネルギーが注入されていき、最後にはパイプの縁より高くジャンプできるようになる。これをするのに十分なエネルギーを蓄積するには、明らかに時間がかかる。そうだとしても、金属板の表面に強い光のビームを当てれば、すぐに電子が飛び出し始めて光電効果が達成できるはずだ。というのは、こうすれば電子はごく短時間で大きく振動できる状態に到達することが可能だからだ。しかし当時の人はとても弱い光を使って実験を行ない、それでも電子が即座に飛び出し始めることを確認した。波動説に従うなら、電子がエネルギーを十分に蓄積するまでには時間がかかるはずだ。これは光の波動説に伴ういくつもの問題の一つだった。

一方、光が粒子でできているのなら、この問題は解決できる。単独の光の粒子、すなわち単独の光子が、偶然に単独の電子を追い出しているだけだ、とアインシュタインは述べた［図5］。光を当てるとすぐに電子が飛び出してくる理由が、これで説明できる。また、観察される電子の量が光の照射量にきっちりと比例する理由も説明できる。光の強度を二倍にすれば、金属板に当たる光子の数が二倍になり、飛び出す電子の数も二倍になるのだ。

アインシュタインは、このモデルから別の大胆な予想もした。これこそ物理学者がいつも真価を発揮するところだ。ある説を検証するための最終的な試験は、実験室や自然界ですでに観察されている現象を説明するだけではない。過去に誰も計算できず観察もされていない事柄を予想できる主張こそ、新たな説を裏づけるのに最も説得力がある。アインシュタインが光電効果について予想したのは、金属板に当てる光の周波数と飛び出す電子のエネルギーとのあいだの相関だった。

エネルギーをもつ光子が金属板に当たったとする。これによって電子が金属板から飛び出すかもしれないし、飛び出さないかもしれないが、ここでは飛び出すとしよう。金属板から飛び出た電子は、どのくらいの速度で進んでいくのだろう。そのエネルギーはどのくらいなのか。起こり得ることはい

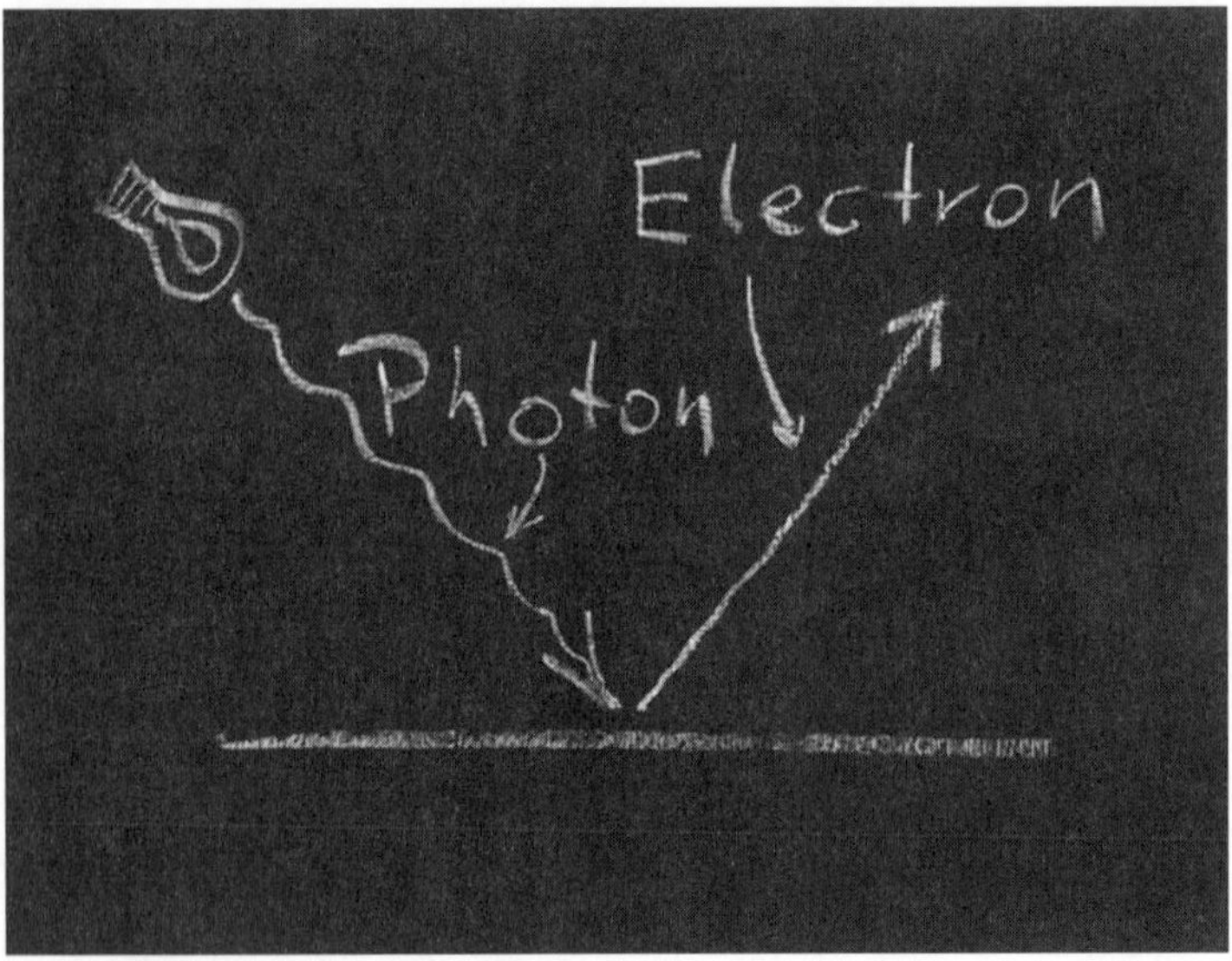

図５　金属板に光を当てると電子が飛び出し、離れていく。これが光電効果である。アインシュタインは、光は光子というばらばらの粒子でできているという見方でこの現象を説明した。

ろいろ考えられる。別のビリヤード球にぶつかったビリヤード球が転がり続けるのと同じように、電子にぶつかった光子もすべてのエネルギーを電子に引き渡すことはできないかもしれない。一方、ぶつかった光子がすべてのエネルギーを電子に引き渡す可能性もある。その場合、電子はかなりの速度で運動するはずだ。ただし、飛び出す前にエネルギーの一部を金属板の内部で失うかもしれない。一方で、光子が金属板の表面で電子にぶつかれば、電子は飛び出す前にエネルギーをいっさい失わない可能性もある。いずれにしても、電子は飛び出さないわけにいかない。どんな物体の表面も、いくらかは電子を引きつける力をもつ。この引力の強さは、物体の表面が何でできているかによって決まる。しかしいずれにしても、電子はこの引力に打ち勝つためにある程度のエネルギーを必要とする。

要するに、こういうことだ。幸運にも光子が電子に都合のよい形でぶつかり、さらに幸運にもこの電子が金属板の内部でエネルギー全部を失わなければ、電子は光子がもっていたエネルギーから、自分が金属板を脱出するのに要するエネルギーを引いたエネルギーをもって飛び出す。ここで考えるべき問題がある。光子がもっていたエネルギーとは何なのか。この点について、アインシュタインはその五年前にマックス・プランクが提案した、エネルギーは量子化できるという考えを利用した。エネルギーは量子の集まった塊として存在し、光子のエネルギーEは振動数vにプランク定数hを掛けた値で表され、$E=hv$となる。ここで最も大事なのは、アインシュタインが正しいなら、電子が金属板から飛び出る際の最大エネルギーは、金属板に当たる光の振動数に比例して増大するということだ。アインシュタインによるこの予想は、アメリカの物理学者R・A・ミリカンが一九一六年に行なった非常に巧みな実験で証明された。アインシュタインは光電効果の研究に対して、一九二一年のノーベル物理学賞を授与された。

アインシュタインとノーベル賞

アインシュタインのノーベル賞にまつわる逸話は、じつは相当におもしろい。ノーベル賞をもらうには、ふつうは誰かから推薦される必要がある。毎年受賞者を選ぶスウェーデン王立科学アカデミーには、少数の委員からなる選考委員会がある。世界中のたくさんの物理学者に推薦の依頼が行く。そして推薦された候補者のなかから、アカデミーが受賞者を決める。受賞者は単独の場合もあれば、最大で三人が同時に受賞する場合もある。最終決定を下すために、アカデミーは各分野の著名な専門家に候補者についての意見を求める。アインシュタインのころは、この専門家による作業のほとんどをノーベル委員会のメンバー自身が行なっていた。

アインシュタインは「奇跡の年」からわずか五年後の一九一〇年に初めて推薦されて以来、たびたび候補に挙がっていた。特筆すべき年となった一九〇五年、アインシュタインは論文を五篇執筆し、その一つで相対性理論を提案している。物理学において最も有名な数式 $E = mc^2$ が初めて登場した論文もあった。さらに、原子物理学の分野を扱った論文では、原子の大きさをとても正確に予想している。しかし一九〇五年に発表した最初の論文は、光子という概念を提案するものだった。

アインシュタインの推薦理由のほとんどは、相対性理論を生み出したことだった。問題は、ノーベル委員会に相対性理論を好まないか、さらにはこの理論が間違っていると考える委員が二人いたことだ。だが、アインシュタインがノーベル賞を受賞していないという事実は、科学界の恥だと思われ始めた。状況が打開されたのは、理論物理学者のカール・ヴィルヘルム・オシーンがアカデミーの会員となり、アインシュタインがノーベル賞を受賞していない理由に気づいたときだ。オシーンは、「光電効果の法則を発見した功績により」アインシュタインにノーベル賞を授与することを提案した。要するに、光の粒子である光子の概念を構築したことに対して賞を与えるというわけだ。オシーンは、最終的に委員会を説得することに成功した。委員会は受賞者が決まっていなかった一九二一年のノーベル賞をアインシュタインに授与すると決めたが、彼が実際に受賞したのは一九二二年だった。受賞理由は「理論物理学への貢献に対し、とりわけ光電効果の法則の発見に対し」とされた。おもしろいことに、アカデミーは注意書きのような声明も発表した。これは、一九二二年にはまだ相対性理論の誤りが判明する危険性もあると感じる会員がアカデミーにいたことを示している。

アインシュタインがのちに相対性理論でノーベル賞を受賞しなかったのはなぜか、という問題は今もなお決着していない。彼は一九五五年まで存命だった。ノーベル賞を一人で二回受賞した例はこれまでにあるし、なかにはノーベル物理学賞を二回受賞した例もある。アインシュタインが再受賞しなかったのは、単に二度目の推薦が得られなかったということなのかもしれない。今日では、相対性理論は幅広く実用化されている。全世界を網羅する全地球測位システム（ＧＰＳ）は、人工衛星に積載された高精度原子時計が地上とは異なる速度で進むという事実を考慮しなければ正しく機能しない。つまりこれは、アインシュタインの相対性理論から生じた帰結の一つなのだ。

対立

ここまで、光は粒子と波という二つのとらえ方で説明できるかもしれないということを見てきた。どちらの見方についても、裏づけとなる実験が存在することも確認した。ヤングの実験からは、光は波であると考えられる。一方、光電効果は光が粒子でできていることを証明すると思われる。私たちにとってはさほど重大ではないかもしれないが、粒子と波はまったく異なる二つの概念であることも見てきた。つまり、どうやら対立が存在するらしい。どちらの見方を信じるべきだろうか。

アインシュタインはこの対立に気づいており、実際、すでに一九〇五年の最初の論文でそれに触れている。この対立こそ、彼が自らこの論文を「きわめて革新的」と評した理由かもしれない。彼は光が粒子だと主張しだしたとき、光が波であることを立証した実験をすべて無視して切り捨てざるを得なかった。それから一〇〇年以上が経った今なら、この問いにもっとうまく答えられるかもしれない。光は粒子なのか、波なのか？　光は粒子でできているという立場から、たとえばヤングの実験を解釈することはできるのか？

光を波ととらえる立場を象徴し、ヤングの二重スリット実験で明らかに示された「干渉」という現象は、光を粒子ととらえる立場とは相いれない。このことは、アインシュタインには明らかだった。

あの実験［図2］について、もう一度考えてみよう。スリットを両方とも開放した場合、観測スクリーンには明暗の縞が生じる。波動説によれば、この縞は容易に説明がつく。波が両方のスリットを通過すると、それぞれのスリットから一つずつ、合わせて二つの波が生じる。これらの部分波が観測スクリーンに向かって進む。スクリーン上のある部分では二つの波の振動が同期し、同じように上下に振動する。そして二つの波が互いを強め合うことで、明るい縞が生じる。スクリーン上では、二つの波が正反対の方向に振動する部分もある。一方が上向き、他方が下向きになっているのだ。二つの波が互いを打ち消し合うので、暗い縞が生じる。ここで次の問いについて考えてみよう。二つのスリットを通過するのが波ではなく粒子だと考えた場合、この現象を説明することは可能なのか？　大事なのは、波は広い空間を満たせるということだ。この実験で言えば、両方のスリットを通過できる。粒子の場合、どちらのスリットを通過するか決めなくてはならない。

光の粒子説と波動説をうまく折り合わせるには、ドイツの物理学者ヴェルナー・ハイゼンベルクとオーストリアの物理学者エルヴィン・シュレーディンガーが一九二五年から二六年にかけて完全な量子論を構築するまで待たなくてはならなかった。

不確定性はいかにして確定したか

一九二五年、博士号を取得したばかりのヴェルナー・ハイゼンベルクという若いドイツ人物理学者(わずか二三歳だった)が、ドイツのゲッティンゲン大学で働いていた。長い伝統を通じて世界有数の科学研究機関の地位を確立したゲッティンゲン大学では、数学や物理学の分野で新たなすぐれたアイデアが多数生まれていた。ルートヴィヒ・マクシミリアン大学ミュンヘンで学んだ若きハイゼンベルクも、この点に惹《ひ》かれたに違いない。

ハイゼンベルクは当時の物理学において最も重要な未解決の問題、すなわち原子物理学を理解して、それと量子の概念との関係を明らかにするという問題に取り組もうと決めた。当時の状況を思い出そう。絶望的な状況が、すでにしばらく続いていた。一九〇〇年、マックス・プランクは純然たる数学的な策として量子という概念を提案した。物体が特定の温度に達すると放つ光の色を説明するために、これが必要だったのだ。もっと正確に言えば、放たれる色の分布を説明するためだ。だがプランクがなんとか状況を打破しようととった手立ては受け入れられず、多くの物理学者に拒絶された。プランク自身も、じつはそんな物理学者の一人だった。

一九〇五年、この考え方に飛びついて息を吹き返させたのがアインシュタインだった。すでに見たとおり、彼は大胆にもプランクのアイデアを単なる数学的な策と見なさなかったばかりか、光がじつは量子というばらばらの粒子でできていると考えていた。そう考えることで、彼は当時未解決だった光電効果の謎、すなわち金属板に光を当てると電子が放出される仕組みをきわめてシンプルに説明することができた。

それから一九一三年に、デンマークの物理学者ニールス・ボーアが量子の考え方を使って原子モデルを作製した。これは太陽のまわりを惑星が運行する太陽系モデルとよく似ていた。こんなふうにいろいろとうまくいっていたのに、何が問題だったのか。

量子という概念は、さまざまな現象を説明できそうな、とてもよくできたアイデアだった。一九二五年の時点で問題だったのは、量子の概念を具体化できる完全な数学理論が存在しないことだった。プランク、アインシュタイン、ボーアがやったのは、言ってみればこの新しい概念とたわむれて、うまい用途を見つけることだった。しかし、この概念のもととなる根本的な方程式を見出すのは困難だった。量子の概念の奥深くに何かが潜んでいるのは明らかだったが、その何かがまだ見つかっていないということも誰の目にも明らかだった。科学者は一般にとても貪欲で、とりわけ物理学者はその傾向が強い。核心をつくような説明を見つけない限り、満足しない。物理学において、説明とは常に、まず観測される現象を記述できる方程式を見出すことを意味する。だが、それだけでは十分でない。物理学者は特定の現象を記述する方程式を見出すだけでは満足しない。もっと奥深くまで探り、その方程式が妥当であると認められる理由を見つけたいと願う。つまり、根本となる法則の発見を望むのだ。

一九二五年には、まさにこのような量子現象に関する数学的記述が見つかっていなかった。しかし、これを見つける非常に熱心な取り組みは、長らく続いていた。若きハイゼンベルクは、ここでどんな数学的法則が必要なのかを突き止めようと決めた。しかし彼はその答えを見つけることができず、ゲッティンゲンには彼の気をそらすものがあまりにも多かった。ところが物理学にとって幸運なことに、若きハイゼンベルクは重い花粉症にかかった。

よほど重症だったに違いない。指導教授のマックス・ボルンは、北海に浮かぶヘルゴラント島で彼を二週間ほど療養させた。この島は、花粉症患者の理想的な保養地として古くから知られていた。

そこでハイゼンベルクはこの数学的問題について、たっぷりと時間をかけて熟考することができた。伝えられる話によると、ハイゼンベルクは何度も森や海辺に赴き、散歩に長い時間を費やしたらしい。そんななか、唐突に正しいアイデアがひらめき、彼は量子物理学の根本法則を与えてくれる新しい数学的構造を発見した。この偉大な発見により、ハイゼンベルクは一九三二年にノーベル物理学賞を受賞し、三一歳にしてただちに現代物理学の第一人者となった。

これらの量子物理学の根本法則は、原子が実際にどうふるまうのかを計算する手立てをもたらした。原子がどんな光を放つのか、原子核のまわりで電子がどんな動きを示すのか、といったさまざまなことが計算できるようになった。ただし、問題が一つあった。支払うべき代償があり、それはとても大きかった。

基本的な点は、粒子を観察するには、なんらかの方法で粒子に働きかけなくてはならないということだ。たとえば電子の所在を突き止めるには、光で照らす必要がある。アインシュタインによる光電効果の説明のところで見たとおり、光を当てると電子が刺激される。こうなると、電子の運動する速度が変化してしまう。つまり、この段階で運動速度を測定しても、それは正確ではないということだ。でも、ちょっと待て！　それについては説明できるはずではないか、と私たちは考える。刺激の強さがわかれば、そこから逆算して刺激を受ける前の電子の運動速度がわかるのではないか。だが、光が光量子というばらばらの粒子でできているなら、じつはそれは不可能だ。この光量子は、電子にぶつかるとどの方向へもランダムに飛んでいく可能性がある。その方向しだいで、ぶつかったときの衝撃が電子の運動量をさまざまに変化させる。つまり、電子の運動速度の変化は制御不可能なのだ。

状況はさらに厳しくなる。電子の位置を正確に知りたければ、波長のごく短い光を使う必要がある。そして使う光の波長が短ければ短いほど、電子の受ける衝撃が大きくなる。このことは実験で確かめられている。つまり、制御不可能な電子の動乱が激しくなればなるほど、その位置を正確に特定できるということだ。

ここで、ある種のペイオフが生じる。光の波長を短くすれば、電子の「位置」が正確に特定できるようになる。しかし、このことは同時に衝撃が大きくなることを意味し、それゆえ光を浴びる前に電子が運動していた「速度」を特定する精度は下がる。

これはまさにハイゼンベルクの不確定性原理であり、彼はこれをもっと数学的に表現した。この原理では単純に、いかなる物体についても位置と運動量（速度×質量）を同時に任意の精度で知ることはできないとされる。位置がとても正確にわかる（すなわち位置の不確定性がとても低い）場合、運動速度はよくわからず、逆に運動速度が正確にわかっている場合には位置がよくわからない。この不確定性が非常に大きい場合もある。数学的にこれを表現するのが、あの有名なハイゼンベルクの不確定性原理なのだ。

ハイゼンベルクの不確定性原理により、運動量と位置は互いに相補的だと言われる。この相補性という見方を提案したのがニールス・ボーアで、彼はこれを量子物理学から学べる大事な教訓とした。簡単に言えば、私たちは世界を完全に正確に知ることはできないということだ。どちらを選ぶか、常に決定を迫られるのだ。

量子の不確定性――私たちにわからないだけなのか、それとも本当に不確定なのか

ハイゼンベルクの不確定性原理は、原子のとらえ方にすぐさま影響を与えた。原子は原子核とそのまわりを飛び回る電子でできている。原子一個の大きさはおよそ一〇のマイナス一〇乗メートル、すなわち一メートルの一〇〇億分の一だ。原子のどこかに電子があり、私たちは今、それに注目している。電子がこの一〇のマイナス一〇乗メートルの中に閉じ込められているという事実以外、私たちは何も知らないと仮定しよう。つまり、電子の位置は不確定ということだ。その位置の不確定性は、およそ一〇のマイナス一〇乗メートルの範囲である。

このような位置の不確定性は、電子の速度を知る際の不確定性に対して何を意味するのか。ハイゼンベルクの不確定性原理によれば、運動量の不確定性と位置の不確定性を掛け合わせた積が、プランクの発見したプランク定数により与えられる特定の大きさよりも小さくなることはあり得ない。ハイゼンベルクの不確定性原理を用いた簡単な計算により、原子内の電子の速度の不確定性はきわめて大きいことがわかる。この不確定性は、じつは毎秒一〇〇〇キロメートルのオーダーなのだ。そしてこれは不確定性にすぎない。このことから、仮に電子が原子の内部に存在することがたまたまわかった場合、速度についてはいかに少ししかわからないかが明らかとなる。

一方、電子が原子の内部で行ったり来たりしながら動き回ることを私たちは知っている。したがっ

て、電子が動き回るサイクルの数回分について平均したら、速度はゼロになる。というのは、電子は依然として原子内に存在するからだ。つまり、ある時点で原子を観測し、その後かなり時間が経ってから再び観測すると、電子は依然として原子内に存在し、電子自体の往復運動は平均に落ち着いている。そこで、平均速度がゼロで不確定性が毎秒一〇〇〇キロメートルのオーダーであるなら、それは電子がじつは最大で毎秒数千キロメートルで運動していることを意味する。このことは現に実験で確認されている。

だが、ちょっと待て！ 二つの事柄をごちゃ混ぜにしていないか？ 私たちが言っていたのは、位置と運動量を同時に知ろうとしても、一方を測定すると他方が影響されるのでそれはできないということだったはずだ。それでもなお、ある特定の瞬間に電子がどこにあるかが私たちにはわからないにしてもどこかにあることは確かで、特定の場所を通過する瞬間にたとえば秒速七三五〇キロメートルといった明確な速度をもっていることも確かだ。したがって、ある瞬間に宇宙に存在するあらゆる粒子が宇宙のどこかで明確な速度をもって運動しているのだが、細かい点が私たちにはわからないだけという可能性も十分にある。こう考えると、ハイゼンベルクの不確定性原理が明らかにするのは、系を観測すれば影響が生じるのは避けられないので、電子の位置と速度を同時に特定することはできないということだ。

このような不確定性がたとえば自動車にとってどんな意味をもつのか、ちょっとした遊びとして少し考えてみよう。ハイゼンベルクの不確定性原理を自動車にあてはめたら重大なインパクトが生じるとしよう。その場合、次のような会話［図6］が繰り広げられるかもしれない。

図６「速度計は切ることにしたから」

量子論的弁明

警官：（スピード違反の車を停止させる）レーダーで測ったら、時速六五キロでしたよ。ひどい違反です。ここの制限速度が何キロか知ってますか？

ドライバー：うん、五〇キロだろ。この町ではどこもそうだ。

警官：だったら、どうして違反したんです？　速度オーバーだって気づかなかったんですか？

ドライバー：うん、ぜんぜん気づかなかった。

警官：速度計を見ないんですか？　ちゃんと見ないとだめですよ。

ドライバー：そんなことしたって意味な

いよ。
警官：なぜです？　制限速度を守るのは市民の義務ですよ。
ドライバー：速度計は切ることにしたから。
警官：何ですって？　法律に違反していますよ。安全運転に欠かせない装置に手を加えるなんて。おたくが速度計を直すまで、あなたの車を運転禁止にすることだってこっちにはできるんですよ。
ドライバー：それは困る。速度計を切ったのには、ちゃんとした理由があるんだから。
警官：どんな理由です？　嫌なものは見ないで、法律の心配もしたくないってわけですか？
ドライバー：違うよ。このあいだ一般向けの量子物理学の本を読んだらすごくおもしろくて、圧倒されたよ。
警官：そうですか。それで、その本に速度計を切れって書いてあったんですか？
ドライバー：はっきり書いてあったわけじゃないが、ハイゼンベルクってやつがいて……
警官：ああ、不確定性原理の？
ドライバー：そう！　車の位置と運動量を同時に知ることはできないって、そいつが言ってるんだ。つまりだな、俺の車のいる場所と走っているスピードを両方とも知ることはできないってことだ。自分のいる場所がわからないのは困るから、速度計を切ることにしたってわけだ。
警官：しかし速度計を切ったって、自分の車の速度がわからないだけですよ。車がある速度で走っているという事実は変わりません。だからこそ、あなたはスピード違反でつかまったんです。
ドライバー：その本に書いてあったが、対象を観測しない限りその性質は特定できないから、車のスピードを測定しなければそれでオーケーなんだ。
警官：でも私はおたくの車の速度を測定して、時速六五キロで走っているのを発見したんです。
ドライバー：ごもっともだ。あんたは俺の車が六五キロで走っているのを見つけた。だからと言って、あんたに見られる前から俺がそのスピードで走っていたとは言い切れないだろう。俺がそのスピードで走っているのを見られる可能性がいくらかあったとしか言えない。
警官：いいかげんにしてください。おたくのスピード違反を見つけた私が悪いって言いたいんですか？　これ以上、面倒を起こさないでください。罰金を払ってさっさと行ってください。
ドライバー：（静かにつぶやく）いかにも警察だな。自分が言い負かされたことを認めないで、法の番人みたいな顔で権力を振りかざす。（大声で）わかったよ、おまわりさん。払えばいいんだろ。だけど、速度計をまたつなぐのは気が進まないな。
警官：確かめてみたんですか？　おたくの車にとってハイゼンベルクの不確定性原理が何を意味するのか、理解できたんですか？
ドライバー：いや、わからなかった。だが、何にでもあてはまるって書いてあったよ。
警官：わかりました。ではスピード違反で検挙しますが、速度計を切ったことは見逃しましょう。ただし、ハイゼンベルクの不確定性原理がおたくの車にとってどんな意味をもつのか、探り出すと約束するという条件で。

ハイゼンベルクの不確定性原理は、車にとっていったいどんな意味をもつのだろう。たとえば重さおよそ一トンの車の位置を一ミリメートルの範囲内で知りたいとしよう。つまり位置の不確定性は一ミリメートルだ。ハイゼンベルクの不確定性原理によれば、車の速度の不確定性は秒速一〇のマイナス三四乗メートルのオーダーにすぎない。ということは、警官の測定で車の速度が時速六五キロだった場合、ドライバーの犯した罪は無視してもかまわない程度のわずかなものだ。ハイゼンベルクによれば、質量が大きければ大きいほど、速度の不確定性は小さくなる。したがって、車は非常に重い物体なので、速度の不確定性はかなり小さい。一方、電子のように質量のきわめて軽い小さな物体の場合、この効果はまったく無視できない。

ハイゼンベルクの不確定性原理が真に意味することについての議論に戻ろう。つまり、それは私たちの無知を言い表しているとする見方が最も自然だと思われる。いかなる瞬間にも、粒子には正確な位置と速度があり、私たちは単に両方を同時に測定できないだけだ。これが事実でないことなどあり得ようか？　ほかの可能性があるだろうか？　あるとしたら、その可能性とはどんなものなのか？

私たちがたった今論じた見方は、じつは量子力学が発明される前の古典物理学による見方であり、現在でも多くの科学者に支持されている。アインシュタインは、この「実在論的」な立場をとりわけ強く支持した一人である。この見方によれば、ハイゼンベルクの不確定性原理は、観測によって特定できる事柄の限界を表しているにすぎない。哲学的な言い方をすれば、不確定性の本質は認識論的である。認識論とは、可知な事柄と物事を知る過程を扱う哲学の一領域である。

この哲学的立場では、不確定性原理は単に私たちに可知なものについて述べているのではなく、物事の本質について述べていると考える。この考え方によれば、ハイゼンベルクの不確定性原理は物事の状態と性質に関する陳述である。存在するものに関する陳述と言ってもいい。哲学者なら、不確定性原理の本質に関するこのような考え方を存在論的と称するだろう。この考え方によれば、電子には位置の不確定性が教えてくれる以上に明確に定義された位置がなく、運動量の不確定性が教えてくれる以上に明確に定義された速度もないとされる。このような存在論的立場をとったのがボーアだ。

では、量子の不確定性は認識論的なものなのか、それとも存在論的なものなのか。

不確定性原理は私たちに可知なものに対する単なる限界ではなく、物事の真のありようを表現すると考えるというのは、要するにどういう意味なのか。それはすなわち、電子が明確に定義された位置と明確に定義された運動量を同時には「もたない」ということを意味するはずだ。電子は特定の位置に「存在する」のではなく、特定の速度で「運動する」のでもない。ある意味で、電子は同時にさまざまな速度で運動する可能性をもち、また同時にさまざまな場所に存在する可能性をもつ。どうしたらそんなことがあり得るのか？　どう理解すればいいのか？　一つの電子が同時に複数の速度で運動することなどできるのだろうか？　同時に高速と低速で運動するのなら、その電子は分裂するということにならないだろうか？

運動量（すなわち電子の速度）の不確定性をどう説明すれば、電子が同時にさまざまな速度で運動する可能性をもつと主張できるだろう。電子とは動き回る一つの点であるとする見方にとらわれていては、同時にさまざまな速度をもつという考え方を理解することはできない。別の見方が必要だ。この考え方を提案したのが、フランスの物理学者ルイ・ド・ブロイである。彼は、物体には波の性質があるという説を提唱した。この説によれば、ある速度で運動する粒子には必ずその運動に伴う波が存在し、その波長は速度に対応する。速度が高いほど、波長は短くなる。この説明を受け入れれば、一つの電子に二つの速度を同時に認めるのが容易になる。波長の概念を取り入れて、一つの電子に波長の異なる二つの波があると考えるのだ。すると、これらの波長の異なる部分波をすべて足し合わせることで、電子を構成する波が得られる。ここで、運動量の不確定性、すなわち速度の不確定性が意味するのは、私たちがある波長域内で複数の波を重ね合わせなくてはならないということだ。これが波《は》束《そく》［図7］を構成する。特定の波長域内で波をしかるべき方法で足し合わせると、局所的な波束が生じる。つまり、個々の波は広い範囲に広がっているかもしれないが、ある狭い領域以外では互いに打ち消し合う。すると、小さな波束が電子に対応するという見方ができる。実際ここで、電子は一つの点なのか、それとも広い範囲に広がっているのかと考える必要がある。電子が波束よりも小さい一つの点だと考えてみよう。このような電子のとらえ方は、どんなことを意味するだろうか。

こんな解釈ができる。波束は自動車やテニスボールのような物体ではない。波束がもつ唯一の役割は、私たちが電子の位置を調べた場合にどこかでそれを発見する可能性を与えることだ。波束が実質的にゼロとなる遠隔の場所では、電子を見つけることはできない。そこで見つかる可能性は無視できるくらい低い。波束の中心では、電子の見つかる可能性が最大となる。波束という考え方は、電子の存在する場所を確実に特定することはできないということを意味する。実際、波束のどこでも電子を見つけることは可能で、特定の電子に対して特定の観測を行なう場合、波束のどこで電子を見つけられるかは、純然たる確率の問題にすぎない。

興味深い結果もすぐに得られる。波長の異なる波をたくさん足し合わせるほど、波束が短くなるの

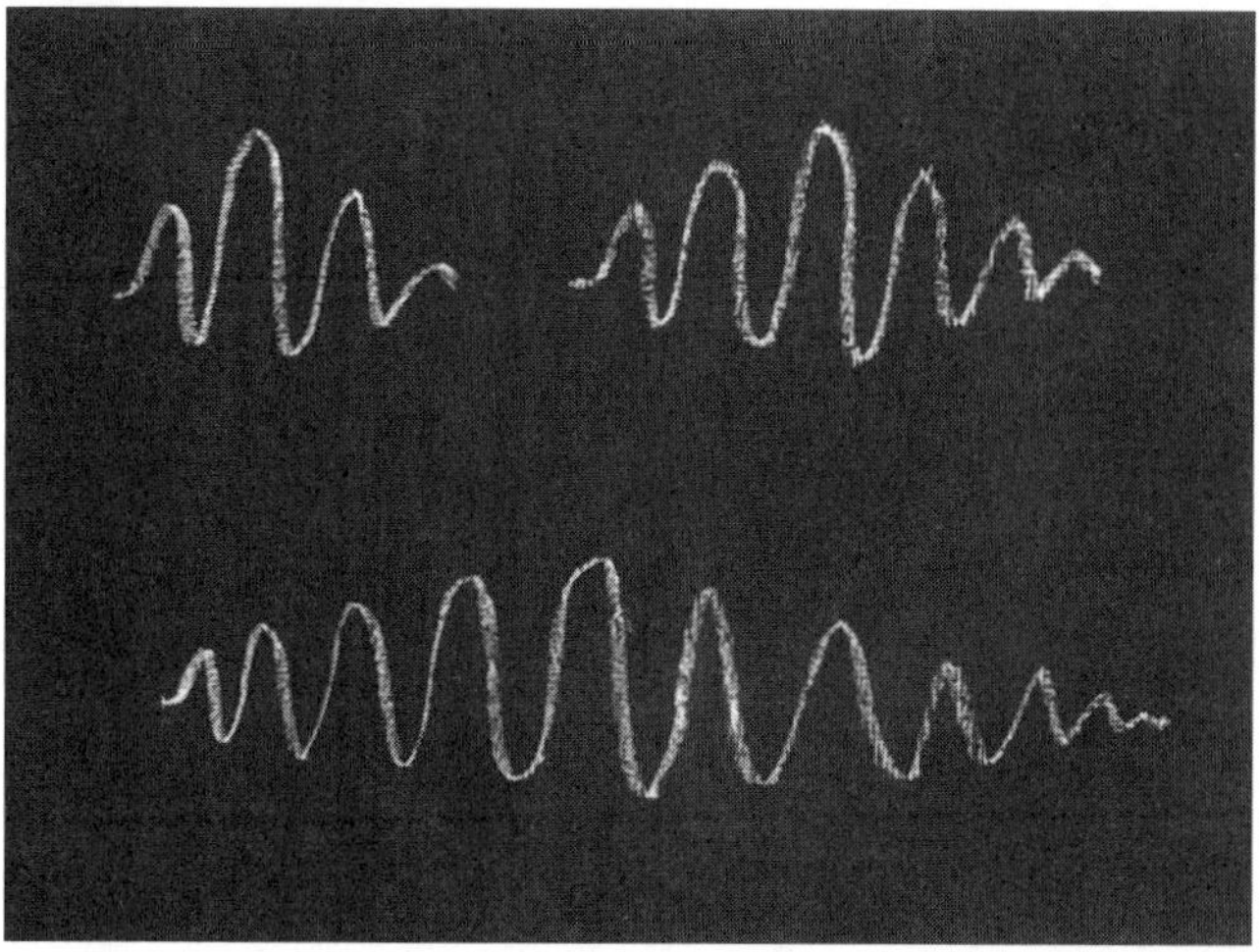

図７　波長の異なる波が足し合わされて形成されるさまざまな波束。電子は波の内部のどこかに存在する必要があるので、短い波束（上図）は位置の不確定性が小さいことを意味する。これらは波長の長い波からなる。このことは、運動量の不確定性が大きい、すなわち電子の運動速度に関する不確定性が大きいことを意味する。長い波束（下図）は、位置の不確定性が大きいことを意味する。なぜなら波の内部のどこに電子が存在するかわかりにくいからである。このような波束は波長の短い波でできているので、電子の運動量、そしてそれゆえ速度は、短い波束よりも明確である。

だ。しかし、波束のサイズは電子の位置がわからない度合いにぴったり対応する。というのは、電子は波束のどこにでも存在し得るからだ。しかし、それぞれの波長はある特定の運動量または速度に対応する。したがって、波束が短ければ短いほど位置は明確になる。ただしこの場合、運動量すなわち速度は不明確になる。これは、短い波束を作るにはより多くの異なる波長の波を足し合わせる必要があるからだ。これが波動説の立場から見た、不確定性原理の意味である。

実験によって、波束のとら

え方が正しいことを実際に証明することができる。組成の異なる波束を組み合わせた結果、非常に短い波束（位置が明確、つまり位置の不確定性が小さい）を作るには、たくさんの異なる波長すなわち運動量を組み合わせる必要のあることが判明している。一方、運動量をごく限られた範囲に絞ると、波束および位置の不確定性はとても大きくなる。このことは、個々の電子についてもあてはまる。

これは非常に重要な点なので、何度でも強調する必要がある。波束は単独の電子と結びついている。つまり、電子は明確な運動量をもたず、すなわち明確に定義された速度をもたず、また位置が明確に特定されることもない。波束は、電子が特定の速度も位置ももたないことを意味する。位置を特定しようとすれば、電子は波束のどこかに存在することがわかるはずだ。するとにわかに電子の位置の不確定性が大幅に縮小する。物理学者なら、観測したことによって電子の位置が特定されたと言う。つまり、この実験では観測前に電子が存在した位置を明らかにすることはできない。観測前にあったのは波束だけで、このことは単に電子がある一定の確率で見つかる場所を定めるだけで、それ以上の何も教えてはくれない。また、波束は多数のさまざまな波で構成されていて、それぞれの波が特定の速度に対応している。電子の速度を測定すれば、一つの速度、すなわち一つの波長が得られるだろう。しかしやはりこのときも、測定前の電子には速度がない。ここで重要なのは、ハイゼンベルクの不確定性原理が物事の本質に関する陳述であって、私たちが世界について知り得る事柄だけに関する陳述ではないという点だ。

テレポーテーションに対する量子的判決

SFでは、テレポーテーションはふつうこんな手順で行なう。まず、オリジナルを精密にスキャンして、あらゆる属性を特定する。スキャン装置でオリジナルの内部にあるすべての原子、すべての電子、すべての素粒子の位置を特定する。この情報は膨大な量となる。次に、この情報を受信ステーションに送る。最後に、なんらかの物質を使ってオリジナルを再構築する。ここで使う物質は、受信ステーションにもとからある材料でもよいし、新たに送り込んでもよいが、材料を送るのは面倒だし、そもそもそんなことをする必要はない。

大事なのは、対象を構成する各粒子の状態を知る必要があるということだ。そしてオリジナルをきちんと再構築できるように、オリジナルの完全な状態に関する情報を受信ステーションに送らなくてはならない。

しかし、ちょっと待て！　どんな測定をすればよいというのだろう。一般に、私たちは特定の電子の状態などわからない。電子の状態を調べるには、どうしたらいいのか。位置を調べるか、運動量を調べるか、あるいは何か別のものを調べるか、決めることはできる。問題は、一種類の測定では全体の状態を特定することはできないということだ。たとえば位置を測定するとしよう。この場合、電子の存在する場所を特定すれば、電子の状態が変わってしまう。測定後の電子の状態は、測定前とは違っている。一般に、どんな測定も状態を変え、どんな測定も状態に関する部分的な情報しか与えることができない。測定自体が、測定前に存在していた情報の多くを破壊してしまう。

つまり、電子の未知の状態を測定によって特定することはできない。したがって、個々の系の未知の状態を特定するのは不可能だという、きわめて重大な結論が得られる。つまり原理的に、テレポートしたい対象の特徴を記述する完全な情報を手に入れることはできないのだ。

そんなわけで、SF小説やSF映画で描かれるようなテレポーテーションの手順は決して実現できないと結論できる。これはハイゼンベルクの不確定性原理から得られる帰結だ。テレポートしてもらいたいと思っている宇宙旅行者や、それ以外でも私たちがテレポートしたいと思うどんなものについても、状態を特定することはできない。ハイゼンベルクの不確定性原理は、私たちが個々のいかなる系についても、完全な情報を得ることを禁じる。だからSF作家が想像するのとは違って、対象の特徴すべてをスキャンして受信ステーションに送信することでテレポーテーションを実行することはできないのだ。

SF作家の思い描くようなテレポーテーションが実現不可能であることに加えて、私たちはそれよりはるかに重要なことを知った。テレポーテーションやSFよりもはるかに重大な意味をもつ事実を知った。世界を完全に理解するのは不可能だということを知ったのだ。

しばらく視野を広げて、科学という営為自体について考えてみよう。世界には誇張でなく何百万人という科学者がいる。彼らは何をやっているのか？　彼らは事実を「知ろう」としている。宇宙について何かを知りたがっている。自然の法則を見出そうとしている。物事を観測したいと願っている。系（電子《エレクトロン》であれ象《エレファント》であれそれ以外の何であれ）の特性を明らかにして「説明」することを望んでいる。現代の科学は、これをある特定の方法で実践してきた。そして過去何世紀ものあいだ、その方法は成功へ至る黄金の道だった。その方法とは、対象に迫り、微に入り細を穿《うが》つまで観察し尽くすことだった。

ものの本質を奥深くへと調べていくことによって、人は興味深い事柄や美しい物事をいろいろと見出してきた。物質を構成する基本要素が原子であることを突き止めた。さらに原子自体も電子や陽子、中性子からなることを解明した。そしてこれらよりもさらに基本となる「クォーク」という構成要素が存在することも明らかにした。この探求は、今もなお完結には程遠い。たとえばスイスのジュネーヴにある欧州原子核研究機構（ＣＥＲＮ《セルン》）で行なわれた最近の実験を見ればわかる。

だが、量子力学は不意に、世界の状態を完全に知るには根本的な限界があるということを私たちに思い知らせる。個々の系の性質を知ることにも限界があり、それゆえ世界の性質を知るにも限界がある、ということを私たちは知った。いかなる電子についても、あるいはいかなる素粒子についても、量子状態を完全に特定することはできない。そして量子力学は、少なくとも今日の私たちが知る限り、どんな場でもあまねく有効なので、どんな対象にもあてはまる。日常生活の中に存在する対象については、あらゆる実用的な目的においてハイゼンベルクの不確定性原理を無視しても問題はない。たとえばスピード違反で警察につかまった車の話で先ほど見たとおりだ。しかしいつか、量子的不確定性がマクロな対象にも影響することを証明できる日が訪れるだろう。これは技術の発展に依存する問題である。量子的不確定性がどこかで終わることを示す兆しは、目の届く範囲には存在しない。『スタートレック』を書いた人たちは、どうやらハイゼンベルクの不確定性原理によって課される限界についてどこかで聞いていたらしい。科学者のなかにもファンがたくさんいるから、そのうちの誰かが教えたのだろう。『スタートレック』ファンなら誰でも、製作者がこの問題をどうやって回避したのか知っている。「ハイゼンベルク補正器」なるものを発明したのだ。この架空の装置は、ハイゼンベルクの不確定性原理の示す問題を解決してくれる。実際には、そんな装置はきわめて根本的な理由で実現不可能だ。したがって、ハイゼンベルク補正器で用いられている仕組みを説明することはできない。『スタートレック』シリーズで技術アドバイザーを務めたマイケル・オクダは、あるとき《タイム》誌に「ハイゼンベルク補正器はどんなふうに働くのか」と訊かれ、「じつによく働くよ、おかげさまで」と答えたと言われている。

こんなわけで、今までにわかっているのは、量子力学がテレポーテーションの夢を断ち切るということだ。それでも、読者は希望をもっていい。量子テレポーテーションを扱った一冊の本があなたの目の前にあるということは、これらの制約を回避する方法があるに違いないのだから。

量子もつれが助けてくれる

解決策はいささか思いがけないものだが、さほど新しいものではない。医学においては長らく、少なくともパラケルスス（一四九三～一五四一、スイス出身の医師、化学者、錬金術師、神秘思想家）の時代から、有害で不健康なものが、使い方を変えればそれ自体の治療薬にもなり得るということが知られている。これを私たちの状況にあてはめれば、量子力学のもたらした問題を解決するのに量子力学を利用するということになる。

それがどんなふうに実現するのかを知るために、ハイゼンベルクの不確定性原理が実際に私たちに教えてくれることをよく調べてみよう。この原理によれば、いかなる系についても、その特徴を明らかにするのに必要な情報すべてを観測によって特定することはできないとされる。

だが、テレポーテーションをするのにそれが必要だろうか。ある系をテレポートする場合、それに関するあらゆる情報を特定することが本当に必要なのだろうか。この問いに答えるために、しばらくこの問いから一歩離れて、テレポーテーションを使って本当は何をしたいのか考えてみよう。系がもつ情報をすべて「特定」することは重要ではない。正確に言えば、受信ステーションにすべての情報を「送信」できれば十分なのだ。情報を「知る」必要はないので、「観測」する必要もない。ただ情報を送ればいい。これなら、ハイゼンベルクの不確定性原理の制約を受けないはずだ。

必要なのは、情報をA点からB点に直接送れるトンネルのような情報チャンネルだけだ。観測する必要はない。それどころか、観測をするべきでない。もっと正確に言えば、系がもつ情報を観測すれば、ハイゼンベルクの不確定性原理の課す制約が生じてしまうので、観測をしてはならない。

これから見るとおり、情報を観測しないでA点からB点に送ることは可能だ。それが解決策への糸口となる。量子力学は、アルベルト・アインシュタインが「不気味」と称した量子もつれ現象によって情報チャンネルを実現する。この量子もつれが量子テレポーテーションを可能にするのだ。

量子力学による解決策は、一九九三年に六人の理論物理学者による国際共同研究で提案された。メンバーは、IBMのチャールズ・ベネット、モントリオール大学のジル・ブラッサール、クロード・クレポー、リチャード・ジョザ、テクニオン（ハイファのイスラエル工科大学）のアッシャー・ペレス、ウィリアムズ大学（マサチューセッツ州）のウィリアム・K・ウーターズだ。この顔ぶれは、国際的な研究協力のあり方を示す興味深い実例である。このような共同研究は以前から行なわれていたが、インターネットの登場によって以前よりもはるかにやりやすくなった。昔は手紙を送って返事が届くのをしばらく待ったものだが、今ではインターネットのおかげで遠く離れた場所にいる相手とも簡単に協力し、アイデアを議論し、新たな提案を出し合い、以前よりもずっとスピーディーに研究論文を執筆できるようになった。ベネット、ブラッサール、クレポー、ジョザ、ペレス、ウーターズの論文は「古典チャンネルおよびアインシュタイン＝ポドルスキー＝ローゼン・チャンネルからなる二元チャンネルによる未知の量子状態のテレポーテーション」と題されていた。

そのころ、物理学の論文のタイトルに「テレポーテーション」という言葉を入れるのは、かなり異例だった。テレポーテーションはＳＦの世界のもので、いささか怪しげなテーマと見なされていたからだ。とはいえ、この物理学者らがなし遂げた興味深い理論上の発見を表すのに、これよりふさわしいタイトルはなかったらしい。そして実際、とてもぴったりなタイトルだった。論文では、テレポーテーションを実現するために「古典チャンネルおよび量子チャンネルからなる二元チャンネル」の利用を提案している。つまり、情報伝達のために古典チャンネルが必要で、テレポーテーションのために量子チャンネルが必要なのだ。明らかに、量子チャンネルがカギとなっている。

まず、古典チャンネルについて考えよう。Ａ点からＢ点へ情報を送る場合（この二点をアリスとボブと呼ぼう）、二点を結ぶチャンネルが必要だ。単純な古典チャンネルの一例が電話線で、この場合は情報がチャンネルを通ってアリスからボブへ、あるいはボブからアリスへ伝わる。現代の電話では、情報がデジタル化される。つまり、０か１で表されるビットの配列が使われる。送信者側（アリス）で音声がビットの配列に変換されて受信者側（ボブ）に送られ、そこで再び変換されて音声が復元される。

ここでの議論で大事なのは、古典チャンネルのかなり明白な性質だ。チャンネルの一方の端で入力された情報が、他方の端から出力される。つまり、情報は最初から存在する必要がある。そして、その情報は明確でなくてはならない。そうでなければ、情報伝達にノイズが生じる。もう一つ、情報はある点から別の点へと移動するので、チャンネルを通って情報がどのように移動していくかを実際に追跡できることも重要となる。しかしこのようなチャンネルは、テレポーテーションには使えない。一つの系のもつすべての情報を抽出または特定し、古典チャンネルを使ってアリスからボブへ送ることは不可能だからだ。

一方、量子チャンネルはまったく異なる。すでに述べたとおり、ここでは量子力学の奇妙な性質である「量子もつれ」を利用する。一九三五年、アインシュタインは若手研究者のボリス・ポドルスキーおよびネイサン・ローゼンとともに、二つの素粒子すなわち二つの系が量子力学によって非常に緊密に結びついている可能性を提案した。この結びつき、すなわち量子もつれは、いかなる古典的な系に見られる結びつきよりもはるかに強力で、さらに言えば身のまわりのいかなる二つの物体のあいだに生じる結びつきよりもはるかに強力だ。ちょっとしたSFの物語を使って、量子もつれとは何なのか探ってみよう。

もつれた量子のサイコロ

これは遠い未来の話だ。少なくとも西暦二一〇〇年にはなっている。友人が誕生日プレゼントとしてギフトショップの最新アイテムをくれた。青色に輝く小さな装置だ。「量子もつれ生成器」と書かれたプレートがついている。上部にボタンが一つ［図8］。説明書によると、ボタンを押すとサイコロが二つ出てくるらしい。

そこでボタンを押すと、二つのサイコロがそれぞれの小さなカップに落ちる音が聞こえる。カップを取り出すが、蓋が載っていてサイコロは見えない。友人が言うには、サイコロの量子状態を乱さないように蓋がしてあるらしい。友人が中をのぞいてみろというので、一つ目の蓋を開けて中を見ると、

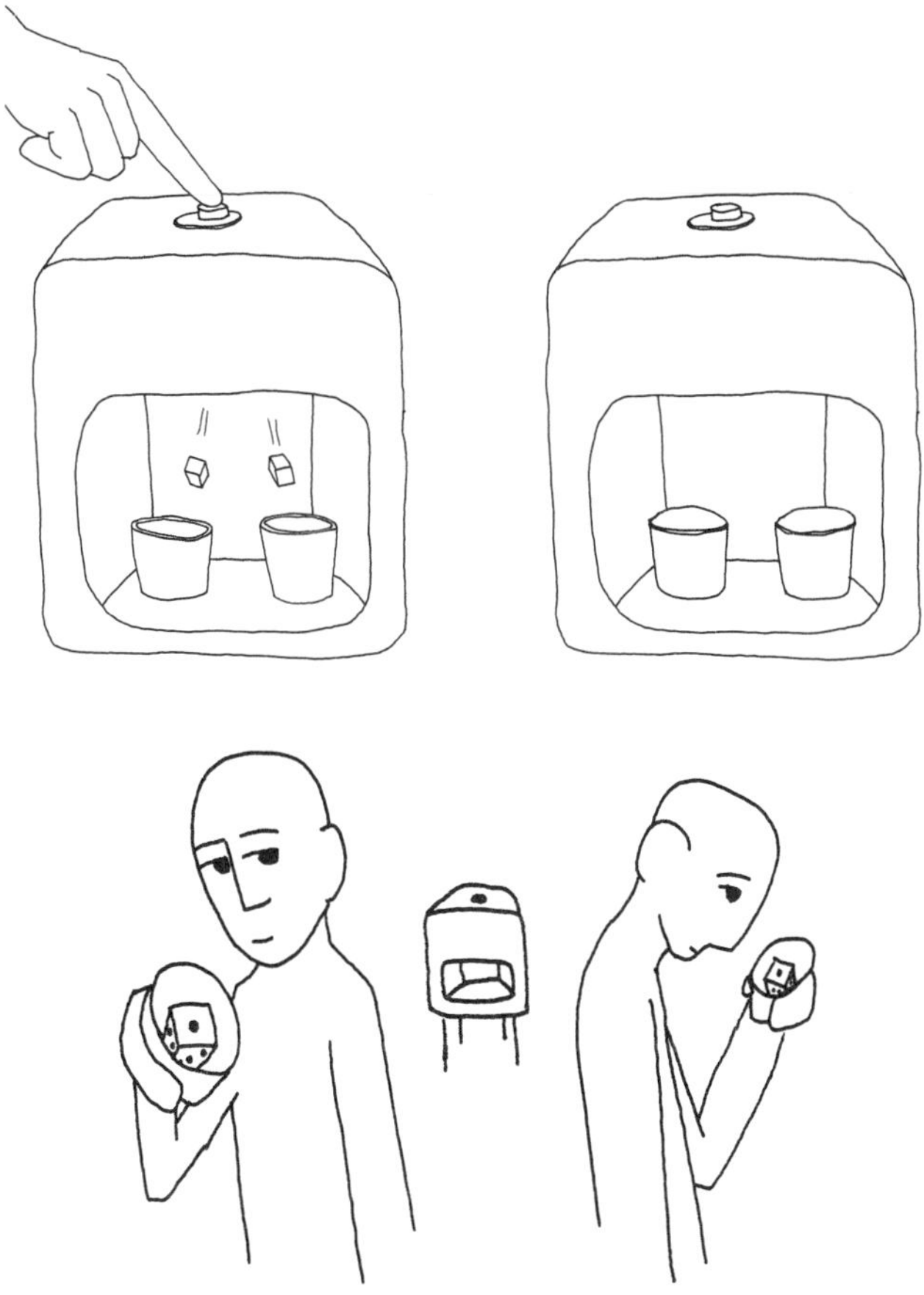

図８　SF の量子もつれ生成器は、量子もつれ状態にあるサイコロのペアを生成する（上図）。観測するまでサイコロの目はわからない。一方のサイコロを観測すると、目の数がランダムに選ばれる。すると、離れたところにあるもう１つのサイコロが瞬時に同じ目を出す。これらのサイコロは量子力学的にもつれ状態にある。アルベルト・アインシュタインはこの現象を「不気味な遠隔作用」と呼んだ。

⚂が上を向いている。もう一つのカップを見ると、そちらも⚂だ。

「すごい偶然だ！」と友人が言う。「同じ目が出るなんて」

しかし、こちらとしては別にすごいとは思えない。そんなにめずらしいことではないはずだ。「サイコロを一つ振って、たとえば三が出たとする。それからもう一つ振って、三が出るのは六パターンのうちの一つ、つまり六分の一の確率だってわかりきってるじゃないか」

「そうだね」と友人が言う。「サイコロを装置に戻してくれ」

そこでサイコロを戻してカップも戻し、再びボタンを押す。一つ目の蓋を開けると、今度は⚄が出ている。もう一つも⚄だ。にわかに興味がわいてくる。同じ手順を繰り返す。今度は⚀と⚀だ。さらに繰り返すと、今度は⚅と⚅が出る。こんな具合に続いていく。二〇回試したところでやめる。どうせいつも同じ目が出るのだ。そこで考え始める。この装置はなんらかの方法で毎回サイコロに細工をしていて、もはや公正でなくなっているのではないか。疑念に駆られ、最後の試行で揃って⚃を出したサイコロ二つを手に取る。そして一つを手で投げてみる。すると⚂が出る。もう一つを投げると、今度は⚀が出る。さらにどんどん投げてみる。毎回、それぞれが他方とは無関係にふつうのランダムな数字を示す。つまり、細工されているわけではない。

にこにこしながら見守っていた友人の笑みが、さらに広がっていく。「わかっただろ？　これが量子もつれの働きなんだ。サイコロは二つともインチキじゃない。それぞれが六つの目からランダムにどれか一つを出す。でも、装置に戻すと、そこで量子もつれが起きる。装置から出てくるときには、二つの目が必ず同じになるんだ」

子どもたちも興味をもち始めたらしい。

「片方のカップをキッチンで開けたらどうなるか、見てみよう！」と言って、娘が駆けていく。そして戻ってくると、⚂だったと報告する。ここで手元のカップを開ける。こちらも⚂だ。子どもたちは家じゅうを走り回り、さらに裏庭にまで出ていく。どんなに遠く離れても、そしてどこでカップの中を見ても、二つのサイコロは同じ目を出し続ける。

やがて子どもたちがくたびれてしまったので、みんなで集まって休憩する。そこで友人が説明を始める。「アルベルト・アインシュタインが量子もつれを『不気味』だと言って、そんなことの起きない物理学を望んだ理由がわかっただろう？　僕たちの量子コンピューターが常に量子もつれを利用していると知ったら、アインシュタインはびっくり仰天するだろうな」

もちろん、そんなもつれ状態にある量子のサイコロは、今のところまだ存在していない。しかし、光子、電子、陽子、原子、さらには小さな原子雲といった粒子のペアが、この「量子もつれ」という奇妙な性質を示すことは知られている。

粒子間のそのような量子もつれについて語る場合、どの特性が量子もつれ状態にあるのかを考える必要がある。粒子には、量子もつれ状態になり得る特性がじつはいろいろ存在する。光の粒子である光子の場合、量子もつれを生じさせるのに最も簡単な方法は、それぞれの偏光を使うことだ。偏光については、あとでもっと詳しく説明する。ここでは、偏光というのは光の振動する方向だと言えば十分だ。光子のペアが偏光によって量子もつれ状態にある場合、それは観測前にはどちらの光子もいっさい偏光していないことを意味する。観測前にどの面にも目が現れていないサイコロと同じ状態だ。ところが一方の光子を観測すると、横偏光か縦偏光のいずれかの偏光をランダムに示す。つまり、電場が横方向か縦方向に振動する。それからある種の量子もつれとして、もう一つの光子は観測されたときに相方とまったく同じ偏光を示さなくてはならない。

つまり一般的なルールとして、量子もつれ状態にある二つの粒子の一方がもつ特性は、相方のもつ、これに対応する特性ときっちり相関しなくてはならない。生じ得る量子もつれはいろいろある。別の可能性として、二つの粒子のもつエネルギーが量子もつれ状態となることも考えられる。たとえば、二つの粒子のもつエネルギーの合計は一定だが、どちらの粒子も観測されるまでは明確なエネルギーをもたない。一方のエネルギーを観測すると、ランダムにある特定の値をとる。そして相方は、どんなに離れていても、一定の合計値を出すのにぴったりな値をとる。

ここで挙げたのは、量子もつれの概念を説明するための二種類の量子もつれの例にすぎない。

オリジナルをテレポートするためのプロトコル

先ほど触れたテレポーテーションの論文において、六人の物理学者は量子チャンネルとして量子もつれ状態にある素粒子のペアを使うことを提案している［図9］。言うまでもなく、この提案が扱うのは個々の粒子のテレポーテーションだけであって、人間ではない。ここでまた、アリスとボブに登場してもらおう。アリスは自分には量子状態がよくわからない粒子を一つもっていて、完全に同じ状

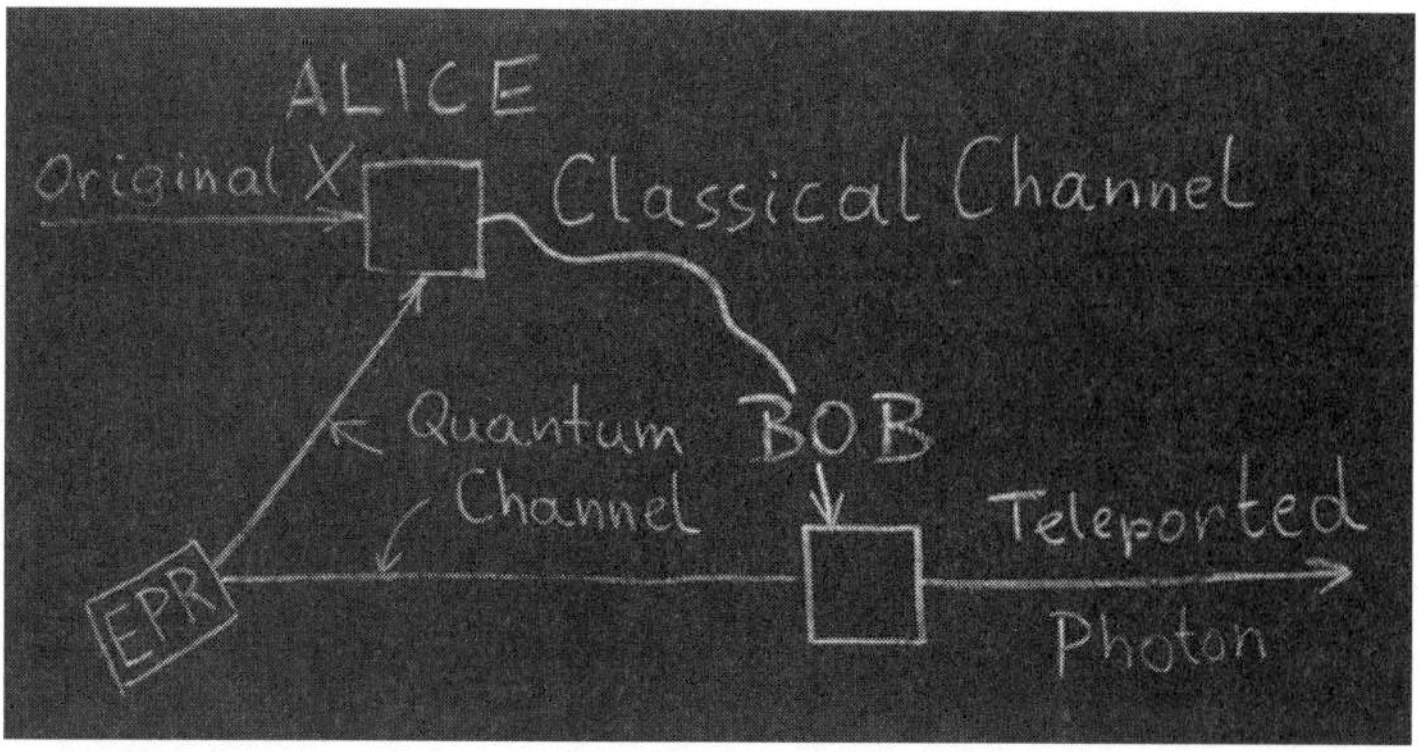

図9　量子テレポーテーションの原理。アリスはオリジナルXの量子状態をボブにテレポートする。この際に、量子チャンネルと古典チャンネルという2つの通信チャンネルを使う。量子チャンネルは、EPR（アインシュタイン＝ポドルスキー＝ローゼン）もつれ生成器で生成された、量子もつれ状態にある粒子AとBの補助粒子ペア1つからなる。アリスは量子もつれ状態にある補助粒子Aを受け取り、ボブは補助粒子Bを受け取る。アリスは、オリジナルのXと自分の補助粒子Aに対してベル状態測定を行なう。ベル状態測定において、AとXが互いに量子もつれ状態となる。このもつれ状態によって、Xは固有の特性を失い、この特性がボブの粒子Bに送られる。おもしろいのは、AとXの量子もつれを生じさせるベル状態測定において、4種類の結果がランダムに起こり得ることだ。これと対応して、ボブの粒子Bも4種類の状態のいずれかとなる。それぞれがすでにXに関する情報をすべてもっているが、ボブはまだこの情報を解読できない。そこでアリスは4種類の結果のうち自分が得たのはどれかという情報をボブに送る必要がある。このときに古典チャンネルを使う。この情報を使って、ボブは自分の粒子Bを変化させ、オリジナルのXとまったく同じ状態にすることができる。これで量子テレポーテーションは完了だ。

態の粒子をボブに受け取ってもらいたい。すでに見たとおり、アリスが自分の粒子を観測してその結果をボブに伝えるやり方では、観測によってオリジナルの状態が変化してしまうので、目的は果たせない。

ここで量子テレポーテーションのプロトコルについて詳しく考えてみよう。一見すると、いささか複雑に思われるかもしれないが、安心してほしい。本書ではこの先、このプロトコルに何度も立ち返り、さらに検討していく。オリジナルのテレポーテーションのプロトコルは以下のとおりだ。

1. アリスとボブは、粒子をテレポートしたいと思っている。二人は量子もつれ状態にある相補的な粒子のペアをいくつか作る。アリスは各ペアから粒子Aを取り、ボブは粒子Bを取る。ここで大事なのは、双子の粒子AとBがペアで量子もつれ状態にあることだ。つまり同じ方法で観測すれば同じ結果を示すはずであり、瓜二つであるとわかるはずである。

このように双子の粒子を結びつける量子もつれは、アインシュタインが嫌った「不気味な遠隔作用」だ。しかし、二つの粒子が互いからどれほど離れていても、量子もつれは作用する。これが量子チャンネルである。

2. 次のステップは、アリスがオリジナルのXという「新たな」粒子を受け取ってテレポートすることだ。アリスは箱から粒子Aを一つ取って、難しい作業をする。オリジナルの粒子Xと自分の双子の粒子Aを量子もつれ状態にするのだ。この量子もつれを生じさせる作業がどんなふうに進められるかについては、あとでまた戻る必要があるが、今のところはそれが可能だということだけを認めて話を進めよう。

アリスの量子もつれの測定は「ベル状態測定」と呼ばれる（北アイルランド出身の物理学者ジョン・ベルに敬意を表して、このような量子もつれ状態を「ベル状態」と呼ぶ）。では、この量子もつれというのは何をしてくれるのか。じつのところ、これはオリジナルXが固有の特性を失うことを意味する。量子もつれにはいろいろな種類があって、私たちがここで扱っているような最も単純なケースでは、XとAという二つの粒子を観測したら完全に同一であることがわかる。オリジナルXもアリスの双子の粒子Aも、互いに量子もつれ状態になると、本来あった固有の性質をすべて失うのだ。

二つの粒子をこのように量子もつれ状態にする作業はなかなか理解しがたい。なぜなら固有の性質をもたないのに互いと完全に同一である複数のものを想像するのは、不可能ではないにしても困難だからだ。だが、それが量子もつれの本質だ。量子もつれ状態にある粒子は、いずれも固有の性質をもたない。それなのに観測すると、二つは同一だという結果が出る。しかしこのときに粒子が示す性質は、観測前には存在しなかったものなのだ。

3．アリスが量子もつれを生成する手順を実行すると、ボブのもつ双子の粒子Bはどうなるのか。運がよければ、アリスのもつオリジナルXとそっくりな粒子になる！　これはごく単純なロジックによって理解できる。もともと、アリスとボブの双子の粒子は量子もつれ状態にあった。つまり、観測すれば二つは同じであることがわかるが、観測前には固有の性質をもっていないということだ。それからアリスが量子もつれを生成する手順を実行することによって、オリジナルの粒子Xと彼女の双子の粒子Aが同一になる可能性がある。すると、BはAと同一で、AはXと同一であることから、BがXと同一であると結論できる。

こんなわけで、この手順では量子もつれが起きる状況が二回ある。アリスのオリジナルの粒子が双子の粒子と量子もつれ状態となり、アリスとボブがもつそれぞれの双子の粒子が初めは同じように量子もつれ状態にある。このため、ボブの双子の粒子がオリジナルと同じ性質をもつに至るのだ。オリジナルの粒子の性質すべてがボブのもとにテレポートされ、彼の双子の粒子がアリスのオリジナルの粒子と完全に同一となる。ボブの双子の粒子はテレポートされた粒子となる。さらに、アリスのオリジナルは量子もつれ状態となることによって固有の性質をすべて失う。

ここでさらにもう一つ、大事な点を考える必要がある。アリスはオリジナルXと自分の双子の粒子Aに対して量子もつれ生成の手順を実行する。このベル状態測定によって、両者は量子もつれ状態となる。しかしすでに見たとおり、量子力学において、観測とは常になんらかのランダム性、なんらかの制御不可能な性質を伴う。電子を調べたとき、それが見つかる場所はランダムだった。では、今見ている量子もつれにおいて、ランダムな要素とは何か。じつは、二つの粒子が互いに量子もつれとなる方法がランダムなのだ。実際、二つの粒子が量子もつれ状態になれる方法はいろいろある。サイコロのペアの例を考えてみよう。この場合、量子もつれとは二つのサイコロが常に同じ目、たとえば⚂と⚂を出すことかもしれない。だが、別の量子もつれもある。一つ可能性を挙げるなら、二つの目の数を足すと常に七になるというパターンが考えられる。この場合、量子もつれ状態を観測して得られる結果は、⚀⚅、⚁⚄、⚂⚃のいずれかとなる。つまりこれらは大きく異なる二種類の量子もつれであり、未来の量子もつれ生成器（サイコロもつれ装置）には、希望する量子もつれのタイプを選べる小さなスイッチが搭載されると考えてもいいかもしれない。

テレポーテーションを提案した論文において、六人の物理学者たちは量子力学的な二状態系を選んだ。つまり、一つの実験において二つの状態をとり得る系だ。たとえば、光の粒子である光子が赤と青の二色になり得る系が考えられる。このような場合、量子力学的には四種類の量子もつれ状態の存在を示すことができる。どうしてそうなるのかと、その理由を詳しく探ることに意味はない。状況をおおまかに理解するには、とにかく事実として受け止めるしかないと言えば十分だ。

テレポーテーションの実験においては、このことはアリスの量子もつれの観測によって、テレポートされるオリジナルの粒子XとアリスのＸ双子の粒子Aに四種類の量子もつれ状態が生じ得ることを意味する。ここで大事なのは、アリスが自分の粒子XとAについてどのもつれ状態を得るかによって、ボブの双子の粒子Bが四種類の状態のいずれか一つに決まるということだ。四回に一回は、ボブの粒子Bがすぐさまオリジナルと同一になる。ほかの三回では、アリスの得た結果によって、ボブが自分の粒子に少し手を加える必要がある。古典チャンネルが必要なのはこのためだ。アリスは古典チャンネルを使って、四種類の結果のうちどれが出たかをボブに知らせる。そうすれば、ボブはオリジナルと同一の粒子ができるように、自分の粒子に適切な変更を加えることができる。

ここで重要なのは、アリスが粒子XとAを量子もつれ状態にしても、Xのもとの状態に関するいかなる情報もアリスには与えられないということである。量子チャンネルによって、オリジナルの性質がボブに伝わる可能性がもたらされることが不可欠なのだ。これが可能なのは（そしてここで私たちはハイゼンベルクの問題に立ち返ることになる）この手順によってオリジナルの性質がいかなる方法でも観測または特定されない場合だけだ。したがって、ハイゼンベルクの主張とかみ合わない点はない。実際、テレポーテーションを実行したあと、アリスもボブもオリジナルの粒子XやボブのZ粒子Bの状態を知らない。そして、これはなんら問題ではない。というのは、二人はその情報を知る必要がないからだ。

アリスは自分のベル状態測定において、四種類の量子もつれ状態のうちどれが生じるかに対して影響を及ぼさないということを理解する必要がある。つまり、四つの可能性はすべて二五パーセントという同じ確率で起きるのだ。この四つの可能性はそれぞれ、ベル状態測定の四分の一において生じる。

実験でこの手順をテストするには、なんらかのよくわかっている状態をアリスの装置に送る。これができるのは第三者である。仮にビクターとしよう（[図10][図11]）。ボブは自分が常にビクターの主張する状態にある系を受け取っているか調べる。ビクターはあらかじめ告げることなく、さまざまな状態の粒子を選び、その粒子のどの性質を観測すべきかボブに伝える。こうすることで、二人はテレポーテーションの成功を確認することができる。

最初の実験では、光子の偏光を利用した。これまでに、ほかの性質を使った実験も行なわれている。

図10　アリスとボブはテレポーテーションの実験をしたい。そのために、量子もつれ状態にあるサイコロのペアを作る（上図右）。これは、いずれのサイコロのどの面も目を示さないことを意味する。しかしサイコロを観測すれば、両方のサイコロが上面に同じ目を示す。ビクターは最初、⚀が上面に出ているサイコロをもっている（上図左）。彼はそれをアリスに渡し、その状態をボブにテレポートするよう指示する（下図）。

図11　アリスは手にした2つのサイコロに対してベル状態測定を行なう。1つはビクターから渡されたもので、もう1つはもとの量子もつれ状態にあるペアに由来するものだ。こうして2つのサイコロは量子もつれ状態となる。この手順によって、ボブのサイコロに明確な目が生じる。あるときには、これらはじつはビクターがアリスに渡したオリジナルと同じになる（上図）。ボブは自分のサイコロの目⊡をビクターに見せて、テレポーテーションが成功したことを証明する（下図）。

しかし詳しい話に入る前に、量子もつれや偏光といった概念にもう少し慣れておくほうがいい。特に、量子もつれの概念と、その直感的には納得しがたい性質はかなり手ごわいので、私たちはしばらくがんばる必要があるだろう。

このようにしてテレポーテーションの仕組みをさらに理解し、あとで実験による検証と概念上の帰結に戻ろう。

量子実験室のアリスとボブ

二人の大学生が角を曲がったとき、目の前の廊下は何キロも続くかと思われた。だが、その廊下が不意に終わる。アリスは不安げにブロンドの髪を指でひねり回していたが、その手を放し、意を決したように目の前のドアをノックする。中から「どうぞ！」と気さくな声が聞こえると、ボブがドアを開け、二人はクォンティンガー教授の研究室に入る。机と応接テーブルには、物理学の本、論文のコピー、実験器具が散らばっている。クォンティンガー教授はコンピューターの画面から目を上げる。画面をにらんでいたしかめ面《つら》が笑顔に変わる。「アリス、ボブ、どうした？　水曜日の試験の勉強はちゃんとやってる？」

「ああ、まあやってますけど……」アリスが口ごもって顔を赤らめる。「ちょっとお願いがあって——あの、一年生向けの物理学101はとてもおもしろいんですけど、量子がほとんど扱われていませんん。もっと知りたいんです……」ここでボブが助け舟を出す。「参考図書リストに載っている以外に、僕たちに読める量子物理学の本ってありませんか？　お勧めの本を何冊か教えていただけませんか？」クォンティンガー教授の人好きのする笑顔が満面の笑みに変わる。「それよりいい考えがある。本物の量子実験をやってみる気はない？　量子物理学を理解するには、自分で体験するのが一番だ」

アリスとボブは視線を交わす。「実験の授業みたいに、ですか?」とアリスがささやく。実験の授業では、いらだちが募ることもある。複雑すぎて理解できそうにない器具の前に座り、データを集めてレポートを書いて終わりだ。何が起きているのか、きちんと理解できないうちに時間切れになってしまうこともしょっちゅうだ。

教授はわかってくれているらしい。「いいや、本物の科学実験だよ。大学院生のプロジェクトで、このあいだ発表されたばかりのものだ。私の指導している大学院生のジョンが考えたんだ。彼は今、博士論文の仕上げにかかっていて、君たちを助けてくれるよ。装置の準備や調整など、実験がうまくいくように、全部やってくれるはずだ」

アリスとボブにとって想定外の展開になってきた。とはいえ、別の意味で心配だ。物理学101で習ったわずかばかりの知識で、挑戦できるだろうか。覚悟を決めて、ボブは姿勢を正す。なにしろこれは――すごいチャンスだ! 「本物」の何かができそうだと知って、アリスは目を輝かせる。若い二人が同時に声を上げる。「ぜひ!」

クォンティンガー教授は二人のやる気の背後に不安を感じ取り、椅子に深く座っておだやかな声で話しだす。「科学の研究は、いつも観察からスタートする。自然の仕組みを知ろうとする。さらに自然の奥深い働きに触れたくて、あらゆるものを動かす力、あらゆるものの崩壊を防いで動かし続ける力を知ろうとする。しかしそのためには、まずその仕組みを知る必要がある。そこで現象を観察し、自然がやっていることを観察する。どんな研究でも、この点は変わらないんだ。

実際に起きていることをまず観察しなければ、重大な間違いを犯してしまうかもしれない。人間の想像力は偉大だ。大昔から、人間は未知の大陸、たとえばアフリカみたいなところにどんな動物が暮らしているか、さまざまな想像を豊かに巡らせてきた。大昔に描かれた絵を見ると、じつに想像力にあふれているね。

ありがたいことに現代という時代は、アフリカの動物たちがどんな姿をしているかを観察して知る機会が昔よりもはるかにたくさんあって、人間が思い描いた生き物がすべて実在するわけではないことを知る機会もたくさんある。それでもなお世界はとても豊かで、自然というのはじつは多くの点で人間が想像できる以上に豊かだということに気づかされる。たとえば考えてごらん。世界にはランが何千種も存在していて……」

椅子に座ったアリスとボブは、落ち着かない気分に襲われ始める。教授はそれに気づいて謝る。

「ごめん、熱くなりすぎた。私は時間があれば自然の豊かさを探って、世界中からめずらしい植物の標本を集めるのが好きなんだ。では、物理学の話に戻ろうか。君たちにはまず現象を観察して、それからそこで何が起きているのかというストーリーを考えてほしい」

「でも、量子物理学の知識はぜんぜんないんですけど」とボブがためらいながら言う。

教授は続ける。「量子物理学の知識があまりないというのは、むしろいいことだと思うよ。自分のやり方を自分で見つけることができるからね。そんなに複雑なことはやらないよ。ごく単純な実験について調べて、それがどうなっているのか考える機会をあげよう。実験では三つの装置を使う」教授は黒板の前に立ち、スケッチをいくつか描く［図12］。

「これは発生装置だ。特別なケーブルを使って、ある『もの』をキャンパスの両端にある二つの実験

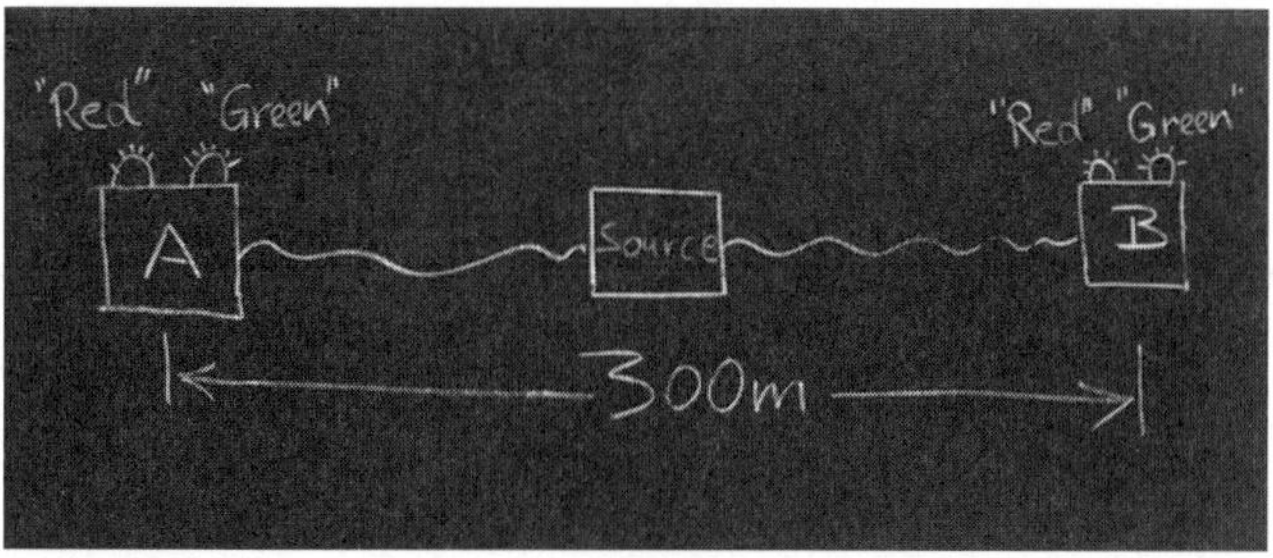

図12　学生アリスとボブの実験装置。発生装置がある「もの」をアリスの実験室にある観測ステーションAとボブの実験室にある観測ステーションBに送る。2つの観測ステーションはおよそ300メートル離れている。それぞれの観測装置には赤と緑のランプが1つずつ搭載され、箱の中の検出器による観測の結果に応じて点灯する。

室に置かれた二つの装置に送る。その『もの』が到達すると、検出器が記録する。これが何かはまだ言わないでおこう」

「でも、それが実際に何でできていてどうふるまうか、どうやったらわかるんですか？」とアリスが質問する。「それが何をするか、発生装置の中を見ることはできるんですか？　検出器の中も見られますか？」

「ああ」と教授が答える。「発生装置と検出器の中を見ることはできる。だが、見るべきものはそんなにない。ただいくつかの装置があるだけだ。あたりを飛び交う『もの』は小さすぎて見えない」

「それでは僕たちは何もできないじゃないですか」とボブが言う。

「そんなことはないよ」と教授が笑顔を見せる。「何が起きているのか、知るためにできることはたくさんある。それぞれの観測ステーションでスイッチをコントロールできるし、検出器が何かを記録したときにはそれを見ることもできる。アリス、君は川側の検出器をコントロールして、ボブは市街側の検出器をコントロールしてくれ。ジョンが毎朝、すべてが完璧にうまくいくように世話をしてくれるから、君たちはただデータを集めて、それが何か考えればいい。では、月曜日の朝にまた来てくれ。ジョンが実験室を案内してくれるから」

月曜日、二人はジョンの研究室を訪ねる。ジョンが言う。「発生装置の準備はできているよ。検出器が両方ともちゃんと動くことも確認済みだ。この研究室のコンピューターからできるんだ。この実験を考えたのは二年前。長距離を隔てた量子の非局所性の実験をして、博士論文に使ったんだ」

量子の非局所性と聞いて、アリスとボブは顔を輝かせる。アインシュタインの「不気味な遠隔作用」についてはすでに聞いたことがある。「アインシュタイン＝ポドルスキー＝ローゼンのパラドックス」や「ベルの不等式」といった謎めいた言葉も聞いたことがある。上級生がこれらのことを現代物理学で格別におもしろいトピックだと話すのを聞いたこともある。どうやら教授は、二人が真に関心をもっている疑問に取り組めるようにしてくれたらしい。

「じゃあ、装置を見に行こうか」とジョンが声をかける。

「発生装置はこの建物の地下にあるんですよね？」とアリスが尋ねる。

それを聞いてジョンが笑みを浮かべる。「きっと驚くよ」地下に着くと、台の上にケーブルの出入りする大きな黒い箱が一つ置いてあり、あとはその隣にコンピューターがあるだけだ。

「何が入ってるんですか？」とボブが尋ねる。

「そうだなあ、装置のことは君たちにあまり教えないようにって教授から言われてるんだ。何がどうなっているか、自分で発見するべきだって。それで発生装置にこの黒い箱をかぶせたんだ。中にはある種のレーザーがあって、そこで生成されるものが二本のグラスファイバーケーブルに入っていくとだけ言っておこう」と言って、ジョンはケーブルを指さす。「こっちのコンピューターが装置全体を制御している。そこから出ているグラスファイバーケーブルのうち、こっちがアリス、君の実験室につながっていて、こっちはボブの実験室につながっている」

「私たちはコンピューターで何をするんですか？　調整とかですか？」とアリスが尋ねる。

「いいや、君たちは何もしなくていい。そっちは僕が見ているから、君たちは何も気にする必要はない」

「つまらないなあ」とボブ。

ともあれ、ボブとアリスは楽しみになってきた。「なんだか変わった実験ね！」とアリスが言う。

「何が何だか、ちっともわからない。黒い箱から何が出てくるか、自分たちで見つけ出さなくてはいけないのね。でもどうやって？　見当もつかないわ」

「それが科学というものだよ」とジョンが言う。「最初は何が何だかさっぱりわからない。じっくり観察して、使える限りの装置とたわむれて、自分なりの説を考えて、それが正しいか調べるんだ」

「でも科学者は自分の研究対象を詳しく調べられる場合が多いですよね」とボブが言う。

「いつもではないけどね」とジョンが答える。「天文学者のことを考えてごらん。使えるのは遠くの星から届く光や放射線と、地上で操作できるいくらかの装置だけだ。それでも宇宙について、どれほど興味深い情報を明らかにしてきたか、考えてごらんよ」

「そうですね！」とアリスが応じる。「私たちもそれをするわけですね。実験装置とたわむれて、発生装置から送られてくるものが何かを突き止めるんですね」

「そのとおり！」とジョンが顔を輝かせる。「まさにそうなんだ。教授からこの実験のことを聞いたとき、初めはちょっと心配だった。でも今は、何が起きているのかを君たちが突き止められる可能性はかなり高いという気がするよ。では、これから君たちを二つの実験室へ案内して、装置の操作方法を説明しよう」

外では弱い雨が降りだしている。そこでアリスは、発生装置から二つの検出器に何かが送られると教授から聞いているが、天気によって装置の操作に影響が生じることはないのかと尋ねる。激しい雨か雪が降っていたら、その「何か」が目的地にたどり着かないということはないのだろうか。

ジョンは微笑む。「発生装置と二つの検出器は地下のグラスファイバーケーブルでつながっているから、天気が影響する心配はまったくないよ。ただし、気温の変動はいくらか影響するかもしれない。じつは、僕は博士論文の研究で、それについて検討する必要があった。望ましくない影響があっては困るからね。でも、その心配はないことがわかった」

アリスの実験室に着くと、二人は装置が見たところ単純であることに驚いた。台の上にはコンピューター一台と、あとはレンズ、グラスファイバーケーブル、鏡といった器具がいくつかあるだけだ。コンピューターから出た数本のケーブルが装置につながっている。それだけだ。ジョンが言う。「この壁からケーブルが出ているのがわかるね？　これは発生装置とつながっている。ケーブルの反対側の先にも同じような装置がある。それから、このコンピューターはインターネットに接続されている。発生装置を制御するコンピューターと、ボブの実験室にあるコンピューターとやりとりできるようにね。僕の実験ではこれが必要だったけど、君たちの実験でもやはり重要になる。三台のコンピュータが数分ごとに互いとやりとりして、装置が全部ちゃんと動いていることを確かめないといけないから」

「で、どうなるんですか、ちゃんと動かなかったら」とアリスが尋ねる。

「どういうことなのか突き止めて直すのは、僕たちの仕事ではないですよね？」とボブが言う。

「もちろん」とジョンが答える。「おかしくなったときのことは心配しなくていい。勉強していくうちに、いずれ自分で実験装置を準備して修理することも覚えていくはずだ。装置がちゃんと動かない場合には、コンピューターが自動的にちょっとした調整をして設定を改めてくれる。完全におかしくなって、コンピューターでは手に負えない場合もあるかもしれないけど、そのときにはコンピューターの画面にメッセージが出るかもしれないし、何か変だって自分で感じるかもしれない。そのときには僕に電話をくれればいい。たいていこの辺にいて、論文の仕上げをしているから。僕なら確実に直せる。ボブ、君の実験室の場所はわかる？　中はここととまったく同じだ。これが鍵。じゃあ、楽しんでね」こう言って、ジョンは立ち去ろうとする。

「あの、これで終わりですか？」とアリスが声を上げる。「これからどうすればいいんですか？　何かの結果を観察してスイッチを操作できるって教授から聞いたんですけど」

　ジョンが振り向きながら答える。「そうそう、装置の操作を説明するんだった。これがスイッチだ。ボブのところにも同じようなのがある。スイッチには設定が三つある。プラスとゼロとマイナス（＋、０、－）だ。ボブのところも同じだ。プラス、ゼロ、マイナスというのは、スイッチの設定につけた、ただの名前だ。スイッチをこのどれかに設定すると、検出器で何を観測するか選べる。装置に入ってくるものには三種類の特性があるんだけど、それが何か君たちが気にする必要はない。選んだ設定はコンピューターの画面にも表示される。赤と緑のランプがあって、点灯して観測結果を表示する」

アリスが質問する。「結果は本当に二種類しかないんですか？」

ジョンが説明する。「そう。プラス、ゼロ、マイナスのそれぞれの設定で、入ってくるものは二つの検出器のどちらか一方で記録できる。粒子が入ってきたのを検出器が記録したら、電気パルスが発信されて、それは実際に音として聞こえる」こう言うと、ジョンは小さなスピーカーのスイッチを入れる。「カチ・・・カチ・カチ・・・・カチ・・カチ・カチ・・・・カチ」という音が聞こえてくる。

「このカチっていう音の一つが粒子一つに対応している。一方の検出器が赤いランプとつながっていて、もう一つが緑のランプとつながっている。じつを言うと、ランプは君たちが結果を視覚的にとらえやすくなるように用意したんだ。実験そのものについては、検出器はコンピューターにもつながっている。コンピューターは、カチっという音がするたびに、スイッチの設定がプラスかゼロかマイナスのどれだったかと、赤と緑のどちらの検出器が検出したかを記憶する。これも全部、コンピューターの画面で見られるよ。

音が記録された時間を超高精度の原子時計で測定する。心配しないで。君たちは原子時計の仕組みなんてわからなくても大丈夫だから。原子時計は常時動いている。コンピューターに接続されていて、赤か緑の検出器で粒子がいつ検出されたか正確に教えてくれる。ほら見て、今はスイッチがゼロ、赤と緑のランプがランダムに点滅しているね。君たちにやってほしいのは、ここで何が起きているかを突き止める、それだけだ。じゃあ、ここからは自分たちでやって。ボブ、実験室の場所はわかるね？」

「もちろんです！」とボブは答えて出ていく。

アリスとボブの実験――最初のステップ

ジョンが立ち去り、ボブが市街側の実験室へ向かうと、アリスは自分の実験装置をいじり始める。と言っても、いじれるものはあまりない。プラスとゼロとマイナスという三つの設定ができるスイッチ、毎回の結果を赤か緑で表示するランプ。それと、検出時刻、ランプの色、選択したスイッチの設定を記録するコンピューターがあるだけだ。

さらに、スイッチの設定ごとに赤と緑のチャンネルのそれぞれで粒子が何回検出されたか、度数を数えて表示することもできるということがわかる。これらの結果をすべて、きれいなフォーマットでプリントアウトすることもできる。装置を見ていると、赤と緑のランプはかなり不規則に点滅するが、平均するとだいたい毎秒一回、どちらかがランダムな順番で点灯することがわかってくる。そこでアリスは赤と緑のランプが同じ頻度で点灯するのか、それとも頻度に差があるのか調べようと思い立つ。赤と緑のチャンネルで二〇〇秒間カウントできるように装置を設定する。結果は赤が一〇五回、緑が九八回となる。

「おもしろい」とアリスは思う。「赤のほうが多いのね。検出器に微妙な違いがあるのかもしれない。緑よりも赤を検出したがるみたいな」そこでもう一度、二〇〇秒間カウントしてみる。今度は赤が一〇一回、緑が一〇六回だ。「さっきとは逆ね。今回は赤より緑のほうが多い」同じ手順を何度か繰り返した結果、特にどちらかが多くなるといった偏りはないらしいことがわかる。平均すると、赤と緑のどちらの検出器も、検出回数は二〇〇秒間でだいたい一〇〇回だ。赤が少し多くなることもあれば、緑のほうが少し多くなることもある。全体としては、おもしろくもなんともない結果だ。

「そうだ、最初にゼロの設定でやったのがまずかったのかもしれない。プラスとマイナスも試さないと」とアリスは思いつく。そこでまたカウント時間を二〇〇秒に設定し、今度は赤と緑のランプがどんな頻度で点灯するか観察する。その結果は、先ほどと同じく不規則なようだ。回数を調べると、実際に不規則であることが確かめられる。赤と緑のランプは、どちらも平均すると二〇〇秒間におよそ一〇〇回点灯する。そして設定をプラスとマイナスのどちらにしてもやはり、緑のほうが少し多くなることもあれば、赤のほうが少し多くなることもある。ときには同数になることもある。

そこでアリスは、この実験はどこからどう見てもつまらないと判断する。二つのランプが点滅し、両方を合わせるとと平均でだいたい一秒に一回の割合で点灯するが、どうやら規則性はまったくないらしい。さらに、スイッチをどの設定にしても、赤と緑の点灯する頻度には影響しないようだ。そればかりか、プラスとゼロとマイナスのどの設定にしても、どんな影響もないらしい。この実験には何か不備があるに違いない、とアリスは考える。コンピューターが故障していて、スイッチをどう設定しても何も変わらないようだ。それに、ランプの点滅は完全にランダムらしく、そこから何も読み取れない。ともあれ、上級の物理学102の授業に行く時間だ。すでに少し遅刻している。今日はクォンティンガー教授が光の偏光について講義してくれることになっている。

光の偏光——クォンティンガー教授の講義

「光の周波数と波長については、もう習っているね？」と言って、クォンティンガー教授が講義を始める。「周波数と波長は互いに直接関係していて、これらが光の色を決める。それから、偏光と呼ばれる特性もある。これについて実験してみよう。光源、たとえば単純な白熱灯を調べてみよう。ここに偏光板が二枚ある。ポラロイドのフィルムだ。特殊なプラスチックでできている」［図13］

講義が始まったときにはおしゃべりをしていた学生たちが、教授が実験を見せてくれると気づいてたちまち静まり返る。

「この偏光板を透かして見ると」と言って、クォンティンガー教授は一枚の偏光板を目の前にかざす。「こちらに届く光がいくらか少なくなるのがわかる。光の一部が偏光板に吸収されるんだ。でも、これと同じ効果は灰色のプラスチック板でも得られる。ここで、偏光板を二枚重ねて、透過する光を見てみよう。このとき透過してくる光の量は、二枚の偏光板の相対的な位置関係によって変わる。二枚目の偏光板を一枚目とは別の角度にすると、光の強さが変わる。ある角度では光がまったく透過しないし、角度によっては大量の光が透過する。じつはこれらの偏光板には、どんな加工が施されているかを示す印がついていて、その印が一致すると、二枚の偏光板は互いに平行に位置することになって

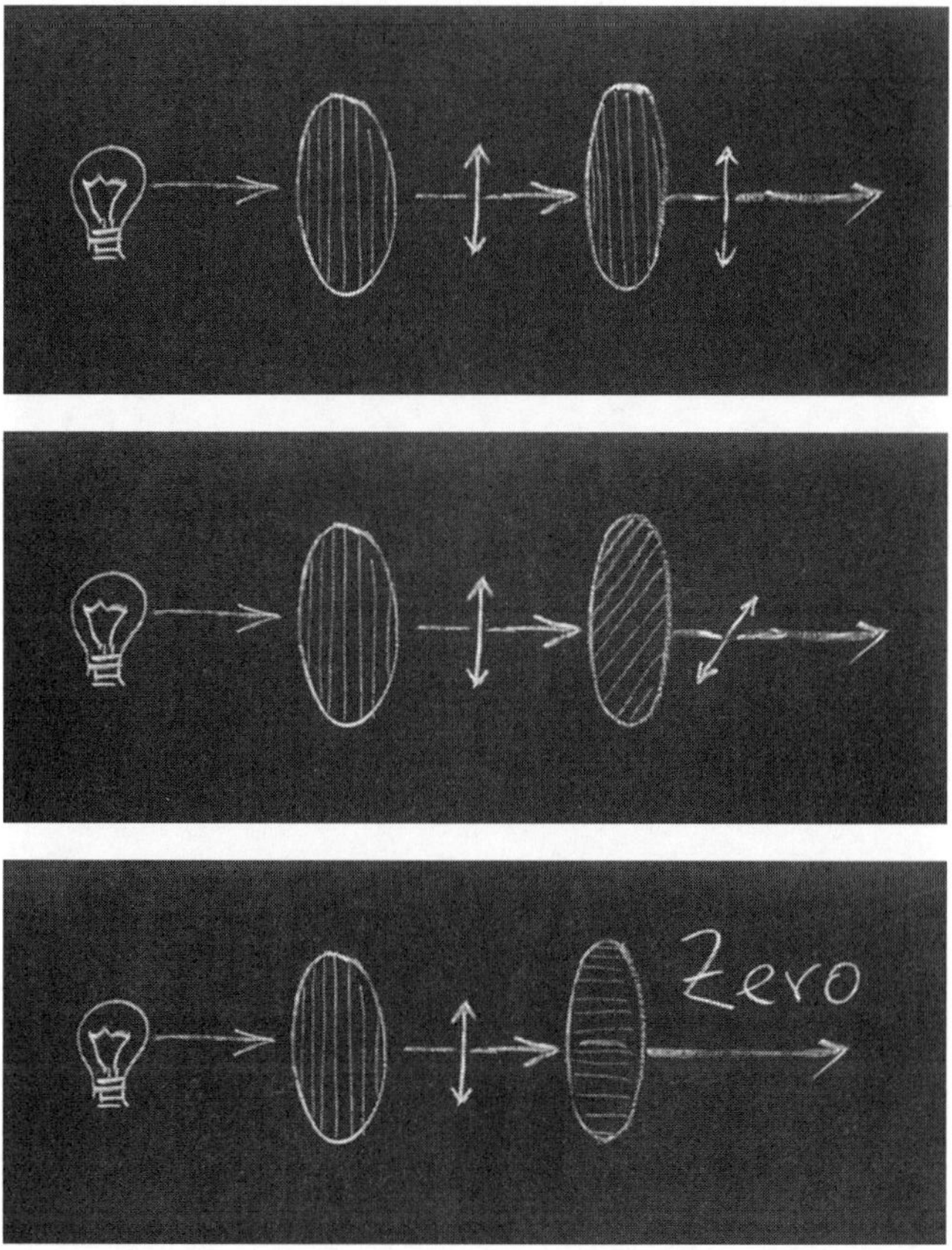

図13　ランプからの光が１枚目の偏光板を透過する。これは縦偏光の光だけを通す。この偏光板を通ったあと、光は図中の両矢印で示した上下方向に振動する。２枚目の偏光板を１枚目と平行に配置すると（上図）、１枚目を透過した光はすべて２枚目も透過する。２枚目を１枚目に対して垂直に配置すると、光はまったく透過しない（下図）。最後に、２枚目を任意の角度で配置すると、光は一部のみ透過し（中図）、その強さは弱くなる。ここで最も重要なのは、透過後の光は最初の偏光に関する情報を失っていて、常に最後に通過した偏光板の角度に従って偏光しているという点である。

いる。見てのとおり、一枚目を透過する光の強さと二枚目を透過する光の強さが同じになる」

教授がスクリーンを指し示し、学生に光の点を見せる。この点は、二枚の偏光板を透過した光だ。教授が二枚目の偏光板を回転させると、その角度によって光の明るさが変化する。

「要するに、光が偏光をもっているということだ。前に話したとおり、光は振動する電場と磁場だと理解することができる。電場というのは、じつは電荷がどんなふうに動き回るかを記述するために考案された概念だ。基本的に、同じ符号の電荷が二つある場合、つまり両方プラスとか両方マイナスという場合、電荷は互いに反発する。反対に、異なる電荷は互いに引きつけ合う。離れた場所からどうやって互いに作用するのか？　それは、一方の電荷が電場を生成し、それを相手の電荷が感知すると説明できる。相手がプラスかマイナスかによって、電場に沿って引きつけられるか、それとも押しやられるかが決まる。

話を簡単にするために、電場だけを見ていこう。一枚目の偏光板を透過したあと、出てきた光の電場は振動を示すが、振動するのは一方向だけだ。この方向は偏光板の角度によって決まる。

実際、ランプから生じる光にはさまざまな偏光が含まれているが、偏光板は特定の一方向の電場しか通さない。そのため、二枚目の偏光板を挿入して一枚目と平行に配置したら、一枚目を透過した光はすべて二枚目も透過できる。二枚目を九〇度の角度で配置すると、一枚目を透過した光は二枚目をまったく透過できない。振動の方向が違うからだ。

こうした偏光板の働きは、じつにおもしろい。偏光板は、長く連なった分子の鎖が平行に並んでできている。プラスチックの中で電荷が分子の鎖に沿って進むのは簡単だが、鎖に直交して進むのは非常に難しい。ここに光が入射したらどうなるか。光は電荷を振動させようとする。なぜなら電場自体が振動するからだ。振動は一方向で起きる。電場が分子の配列と平行に振動すれば、電荷は簡単に移動できる。この動きには、光からのエネルギーを大量に要する。しまいには、大量のエネルギーを失った光はプラスチックに完全に吸収される。対照的に、電場が分子の鎖に対して垂直方向に振動する場合、電荷はあまり動けない。運動が少ないので光からあまりエネルギーを受け取らず、光線はほとんど減弱せずに透過していく。

ここで二枚目の偏光板を一枚目に対して斜めに配置したら、光の一部は透過する。精密に測定すれば、二枚目を一枚目に対して四五度で配置した場合、光のエネルギーのちょうど半分が透過することが確かめられる。四五度というのはゼロ度と九〇度のちょうど中間、すなわち平行と垂直のちょうど中間だ。ということは、透過するエネルギーは角度に比例すると予想されるかもしれないが、その単純な予想は正しくない」

ここで教授は語調を強める。「この単純な予想が正しければ、四五度のちょうど半分にあたる二二・五度では透過するエネルギーは四分の三になるはずだが、実際には九二パーセントものエネルギーが透過する。エネルギーの四分の三が透過するのは角度が三〇度のときで、六〇度では四分の一しか透過しない。相対角度の関数として透過するエネルギーの量は、じつはこの角度のコサインの二乗だ。これはマリュスの法則と呼ばれている。マリュスというのは一七七五年に生まれて一八一二年に亡くなったフランスの物理学者エティエンヌ＝ルイ・マリュスのことで、彼がこの法則を発見したんだ」

こう言うと、教授はマリュスの法則を表す余弦曲線を黒板に描く［図14］。

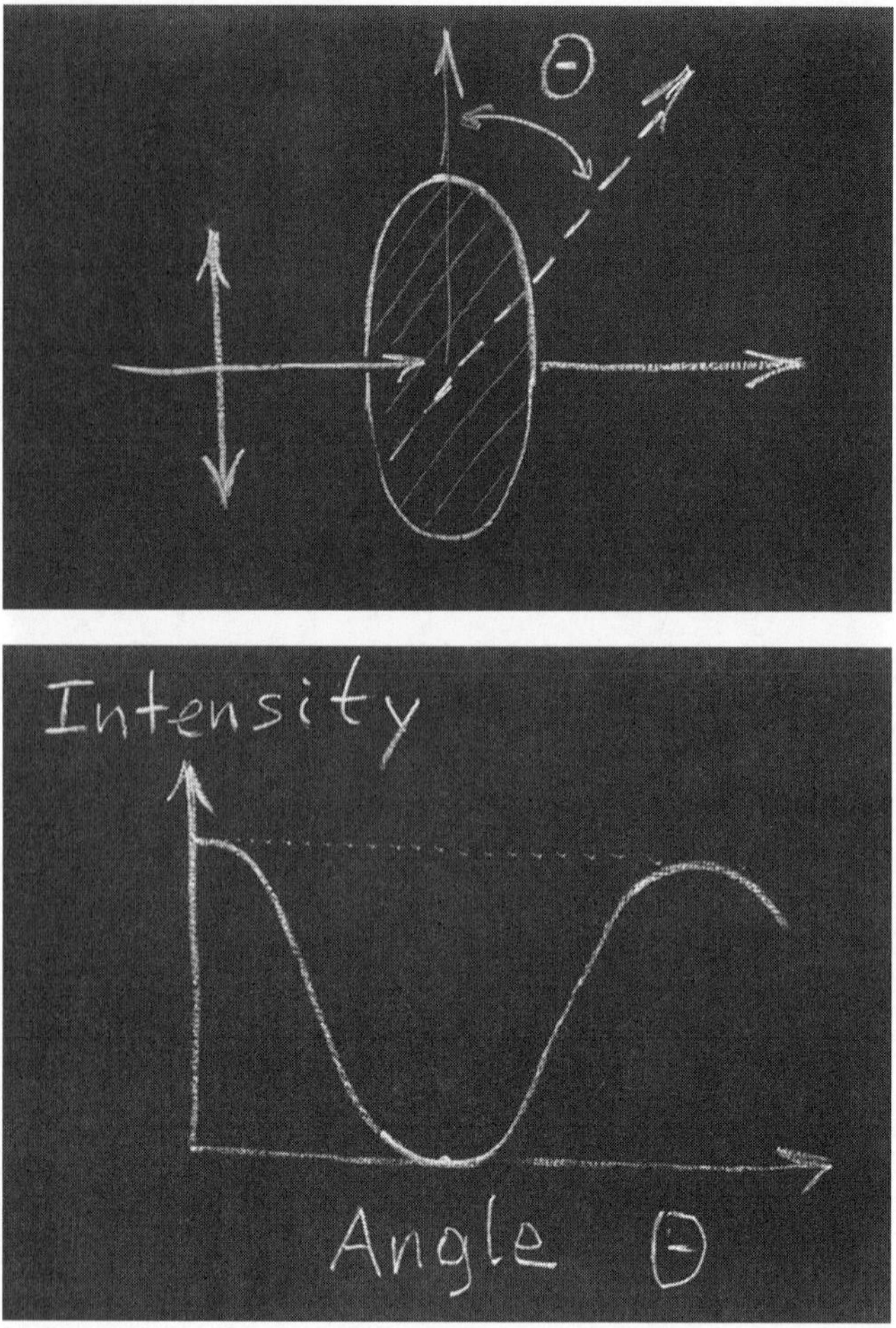

図 14　縦偏光の光が、角度シータ（θ）で配置された偏光板に入射する（上図）。角度 θ が 0 度なら、光はすべて透過する。角度を徐々に広げていくと、透過する光が減っていき、90 度ではまったく透過しなくなる。さらに角度を広げていくと、光の量が再び増えていく。このことは、マリュスの法則を表す下図の曲線に示されている。

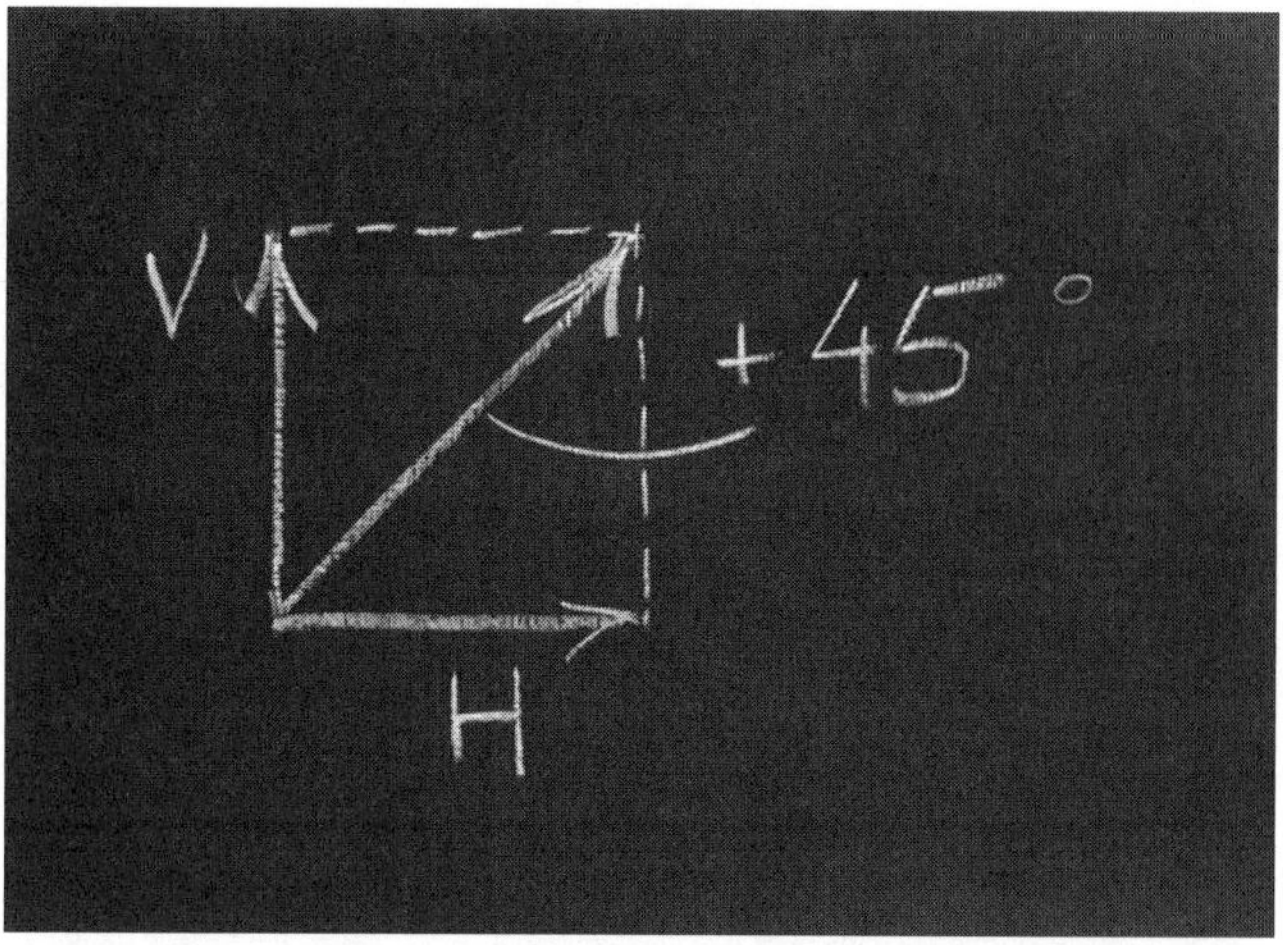

図15　45度で偏光した光は、等しい強度で横偏光（H）と縦偏光（V）という2つの成分に分解できる。45度で偏光した光は、この2成分が重なった状態である。ここで垂直に設置した偏光板に光がぶつかるとしよう。この場合、縦成分は透過するが、横成分は偏光板に吸収される。

「白熱灯から放たれた光は、最初は偏光していない。生じ得るあらゆる偏光が混ざっているので、電場はあらゆる方向に振動している。

ある特定の方向を一つ選んだら、電場は偏光板の軸に対して平行な成分と垂直な成分に分けられる。軸に平行な成分は吸収され、垂直な成分は透過する。

たとえば四五度の偏光を選ぶとしよう」教授は黒板に図を描く［図15］。「垂直に設置された偏光板にぶつかると、光はどうなるか。この場合、電場は二つの成分、つまり偏光板の軸に対して平行な成分と垂直な成分に分かれる。平行な成分は偏光板を透過するが、垂直な成分は吸収される。こうして、この図に示したケースでは、エネルギーのちょうど半分が透過することになる。

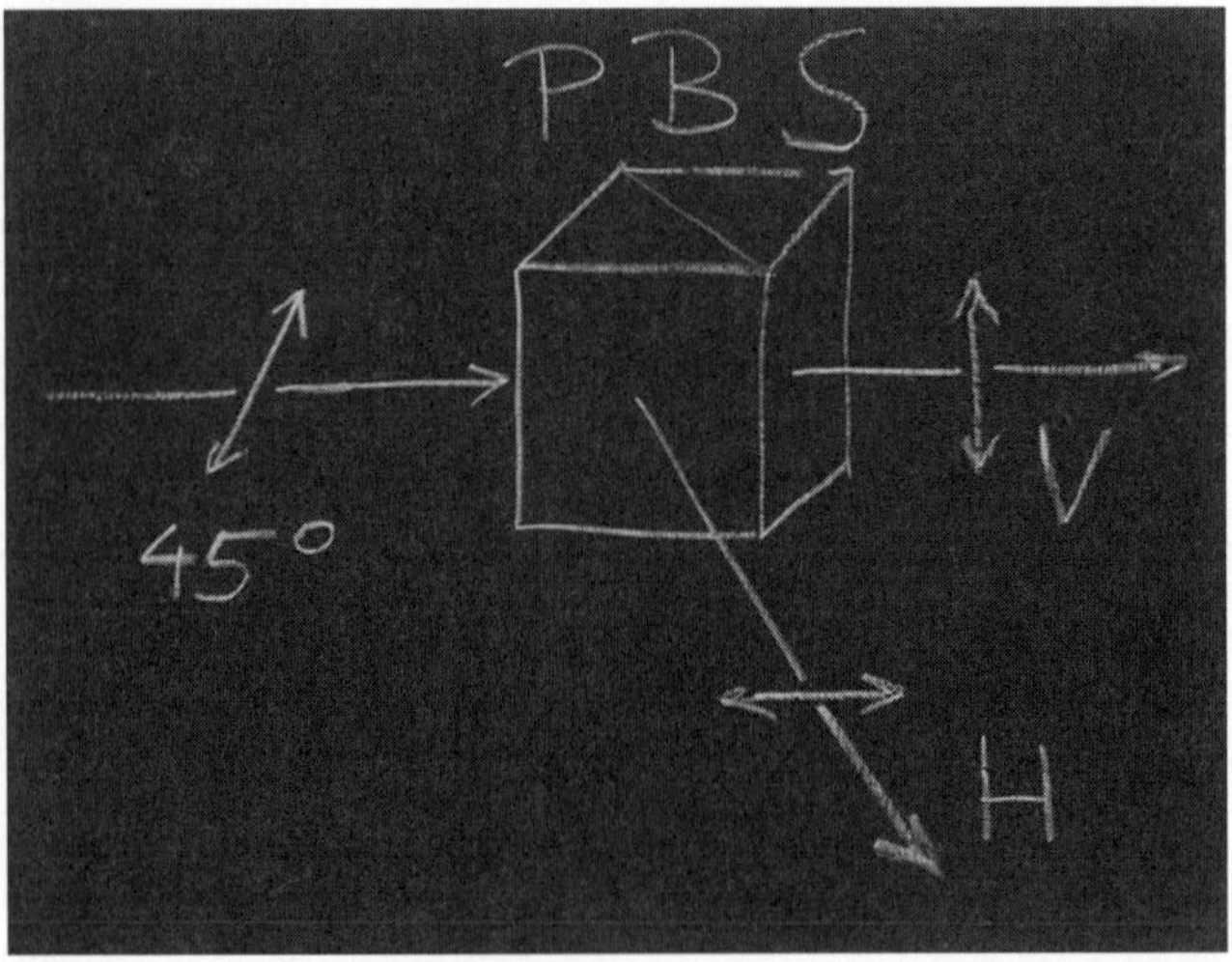

図16　偏光ビームスプリッター（PBS）は、あらゆる偏光を縦偏光（V）と横偏光（H）という2つの成分に分解する。この図では、45度の偏光という特殊なケースについてこのことが示されている。45度の偏光を分解すると、横偏光と縦偏光が同じ比率となる。

これまでのところ、一つの偏光が透過してもう一つの偏光が偏光板の材料に吸収されるというものを見てきた。実験によっては、両方の偏光を利用したい場合もあるが、その場合には偏光ビームスプリッター（PBS）というものを使う。PBSはサイコロのような形をしているが、実際には二つの楔形《くさび》が貼り合わされている。これらの楔は普通のガラスではなく、特殊な結晶でできていて、この中では二つの偏光が異なる速度をもつ。この図からわかるとおり――」と教授は言いながら、再び黒板に図を描く［図16］。「一方の偏光が透過し、もう一つの偏光は反射されて横に曲がる。このようにして、どんな強さの光線が入射しても、互いに垂直に偏光した二つの光線として利用することができる。

ここまで見てきた偏光は、電場が直線的な一方向に振動するパターンだった。だからこれは直線偏光と呼ばれる。電場の振動方向の角度は、その偏光の特徴を決定する。たとえば、振動の方向が横や縦なら、それぞれ横偏光や縦偏光の光となる。すべての偏光は、横偏光成分と縦偏光成分に分解できる。これらの相対比は角度によって決まる。

同様に、互いに直交する二つの方向を用いることもできる。たとえば横軸から三〇度傾けた新たな横軸と、縦軸から三〇度傾けた新たな縦軸を設けることができる。こうすると、これらの新たな角度に沿ってどんな偏光も分解することができ、通常とは異なる比率に分解することになる。軸の角度はしばしば基準系と呼ばれるので、私たちは横軸に対してゼロ度の基準系とか、三〇度の基準系などという言い方をすることがある。このような基準軸のとり得る角度は無限に存在する。

電場との関連で光の偏光に関する話をまとめれば、偏光には直線偏光だけではなく、もっと複雑なものもある。最も重要なのは円偏光で、これは電場が直線的に振動するのではなく、らせんを描くように回転する偏光だ。明らかに――」と言って、教授は両腕で大きならせんを表そうとする。「右回りと左回りの偏光が起こり得る」

個々の光子の偏光

「ここまでは、古典的な光の偏光について話してきた」と教授が続ける。「しっかり覚えておかなくてはいけないのは、異なる光の重ね合わせとして任意の偏光を生じさせられるということだ」と言って、また黒板を指さす［図16］。「しかしここで、じつに興味深い話になる」こう言って、教授は改めて語気を強める。「光というのは、じつはばらばらの光の量子、すなわち光子でできていると考えよう」

この言葉を聞いて、講義室全体が静まり返る。学生たちはこの入門科目で初めて、量子物理学に関する何かを習おうとしているのだ。量子物理学がおもしろいということはみな知っていて、教授が量子物理学の話を始めたことに驚いている。この分野で何かを理解したければ、数学の知識がたくさん要るだろうとずっと思ってきたからだ。

「光線をもう一度見てみると、たくさんの光の量子、すなわちたくさんの光子でできていることがわかる。そうだとすると、私たちの発見したことの一部は簡単に理解できる。二枚の偏光板を平行に配置すれば、一枚目を透過した光子はすべて二枚目も透過する。二枚のあいだで光子が一枚目の偏光板の定めた向きに偏光しているということがわかっていれば、このことは明らかだ」

教授は先ほど黒板に描いて残しておいた別の図を指さす［図13］。「こちらも同様に、図の下の部分は理解できる。二枚の偏光板が互いに垂直に配置されていれば、一枚目を透過した光子はすべて二枚目に吸収されてしまう。

これまでのところ、量子の世界を理解するのはとても簡単に思われる」教授は言葉を止め、学生に満面の笑みを見せる。

「だが、量子力学的に真に新しい現象が登場するのは、二枚の偏光板が互いに平行ではなく垂直でもなく、なんらかの斜めの角度、たとえば四五度で配置されたケースを考えるときだ」教授は中央の図を指さす［図13］。

「ここで、エネルギーの半分が透過するということを学んだ。光の場を偏光板に対して一部は平行に、一部は垂直に分解すると考えて、私たちはこれを理解した。

しかしここで、光子の概念においてこれが何を意味するのか考えてみよう。大事なのは、個々の光子は分割できないということだ。だからそれぞれの光子は偏光板を透過するか偏光板に吸収されるかのいずれかのはずだ。すでに見たとおり、光の半分は透過する。つまり、一枚目の偏光板を透過した光子の半数だけが二枚目も透過できる。今までのところ、量子レベルにおいても、ここで起きていることを理解するのに概念上の問題はないように思われる。

だが、個々の光の粒子、すなわち個々の光子が一枚目の偏光板を出たあとのことを考えてみよう。知ってのとおり、光子は一枚目の偏光板の角度によって定められた方向に偏光する。それから光子には何が起きるのか。二枚目の偏光板を透過するのか、それとも吸収されるのか。二枚目の偏光板が一枚目と平行であれば、光子が透過するのは明らかだ。二枚目が一枚目に対して垂直であれば、光子は吸収される。だが、斜めの角度、たとえば平行と垂直のちょうど中間にあたる四五度だったら、光子はどうふるまうのか［図13］。光子はどうなるのか。明らかに、従来の考え方はここでは役に立たない。強力な光線があった場合、エネルギーの半分は透過し、半分はその角度に配置された偏光板に吸収された。しかしここで私たちが見ているのは一個の光子、一個の量子であって、分割することができない。つまり、一個の光子の半分が透過して半分が吸収されるということはあり得ないんだ［図17］。

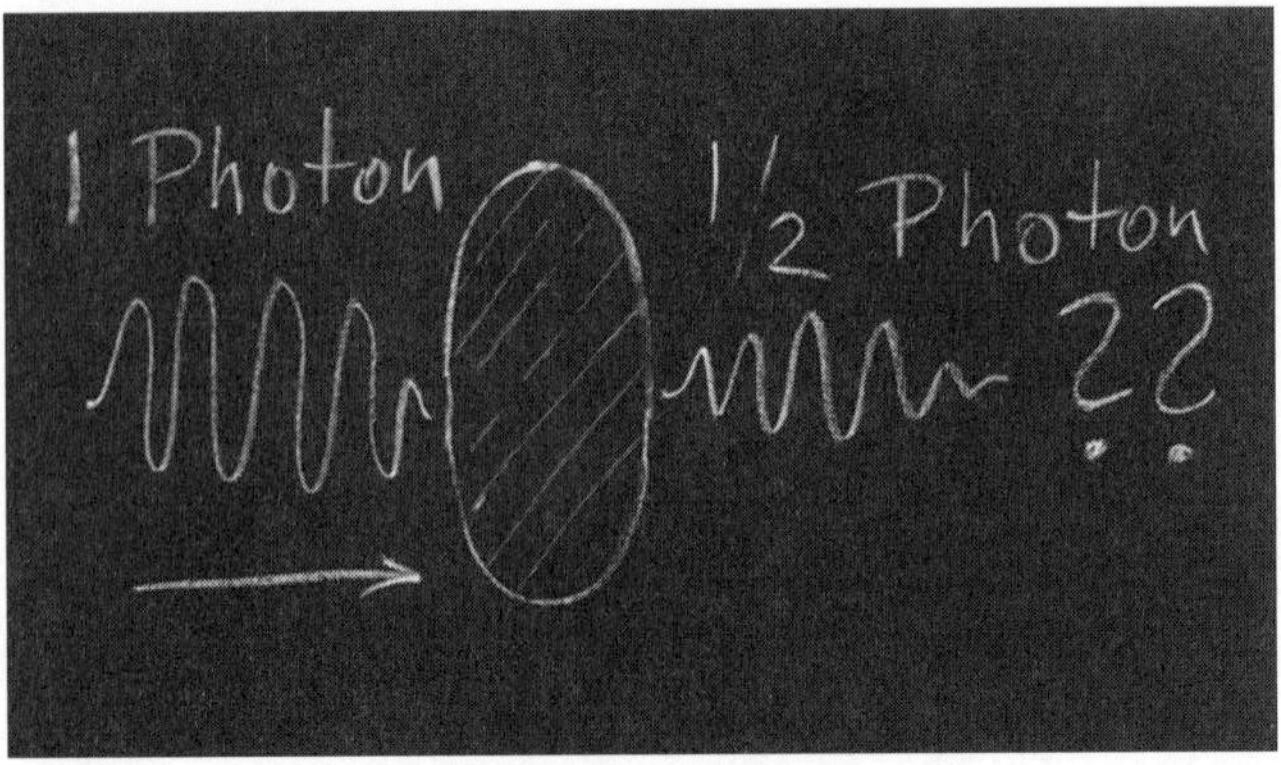

図17　縦偏光の光子1個が45度に設置された偏光板に入射する。この場合、1個の光子の半分が透過するのだろうか。量子物理学によれば、それはあり得ない。なぜなら光子は光の量子なので、それ以上分割できないからだ。

考えられる可能性は、光子が透過するか吸収されるかの二つしかない。ということは、光子には二つの可能性が半々ずつあるということになる。つまり、透過する確率が五〇パーセントだ。各光子が透過する確率が五〇パーセントなら、多数の光子を集めればその半数が透過することになる。そしてエネルギーの半分が透過し、半分は吸収される。これは光線について得た結果と同じだ。

ここできわめて重要な問いについて考えたい。じつは、量子物理学において考えられる最も重要な問いの一つだ」教授は足早にあたりを行ったり来たりする。「ある特定の光子が透過するか吸収されるかは、どうやって決まるのか。偏光板にぶつかる個々の光子は、自分が透過するか吸収されるか知っているのだろうか。さらに言えば、自分が何をすべきかをどうやって知るのだろう」

教授は講義室の中央で足を止め、黒板に背を向けて立ち、学生に向かって高らかに言う。「これについては、じつは何の規則もない。個々の光子がなぜ透過か吸収のいずれかをするのか、説明することはできない。光子のふるまいを説明できる隠れた特性があるわけではなく、光子に何か印のようなものがついているわけでもない。この確率は根本的なものだという以外、どうやってもそれ以上説明することができない。

量子物理学では、私たちは多数の粒子について、それらがどうふるまうか、『集団《アンサンブル》』について説明することしかできない。ごくまれに、単独の粒子のふるまいをあらかじめ予想できるだけだ。一般に、個々の光子のふるまいを説明することはできないが、それが単に私たちの無知ゆえではなく、このような確率の根本的な役割が宇宙の仕組みの基本的な性質であると信じるべきもっともな理由がある。

私にとって、これは物理学でこれまでに得られたとりわけ重要な発見の一つだ。物理学が、あるいは科学全般が、何をするか考えてみてほしい。私たちは何世紀ものあいだ、原因と説明を求めてどんどん奥深くへと探求を進めてきた。そして不意に、最も奥深い場所、個々の粒子のふるまいに行き着いたとき、原因を突き止めようとしてきた探求が終わったことに気づく。原因などないのだと。私が思うに、宇宙がこんなふうに根本的に不確かなものであるという事実は、私たちの世界観にまだきちんと組み込まれていない」

教授は口をつぐみ、学生たちを見回す。一部の学生の顔には、教授自身の興奮が映し出されているのがはっきりと見て取れる。しかし、彼のメッセージの重要性を理解できているのか心もとない学生もいる。

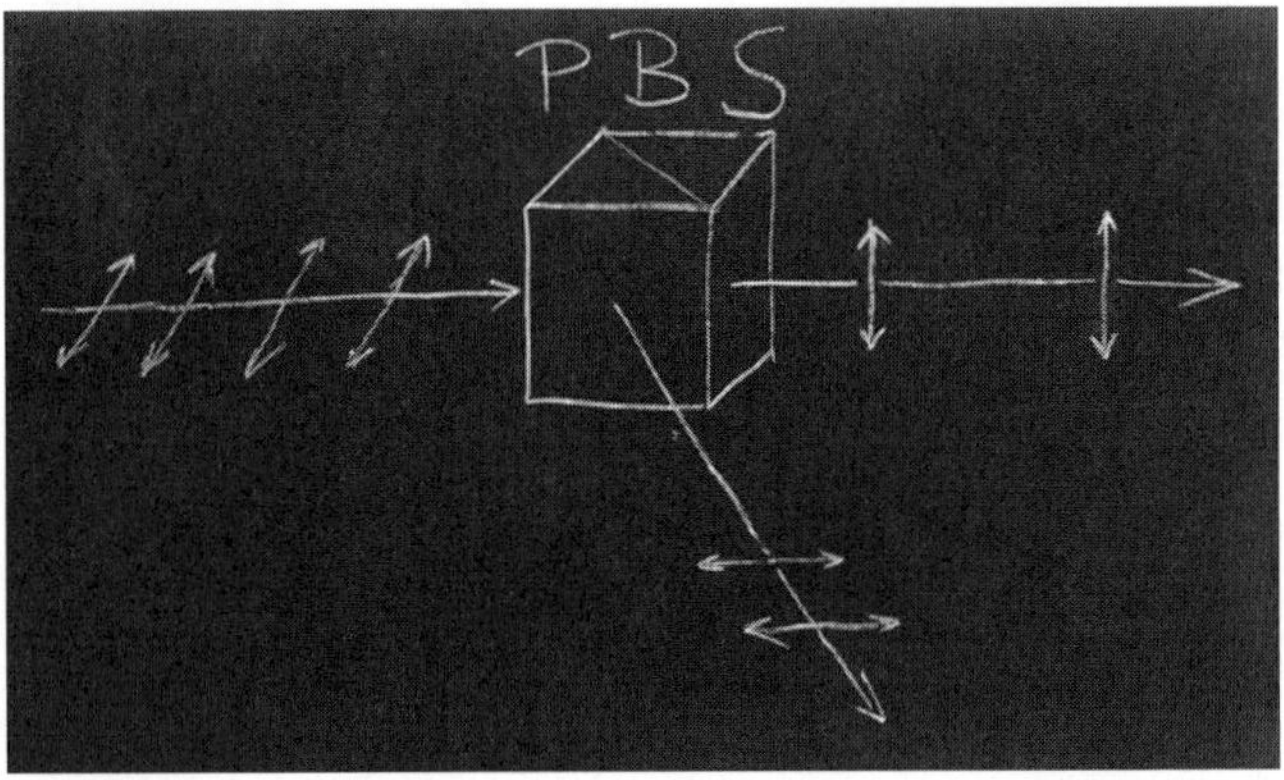

図18　45度に偏光した光子の流れが偏光ビームスプリッター（PBS）に入射する。光子の半数は透過し、半数は反射する。透過した光子はすべて縦偏光となり、反射した光子はすべて横偏光となる。各光子は分割不可能で、PBSからの出射光2本のいずれか一方に存在する。しかし、特定の光子が反射するか透過するかは完全にランダムに決まる。

「ともあれ、先ほどの話に戻ろう。個々の偏光した光子のふるまいの物理学についてだ。一歩先へ進んで、四五度に偏光した光子の流れが二チャンネルの偏光装置に入射するとしよう［図18］。個々の光子が偏光ビームスプリッターを透過するか、それとも反射してわきにそれるかは同じ確率だ。したがって、各光子が偏光装置を透過する確率が五〇パーセント、反射する確率が五〇パーセントとなる。

ここで偏光ビームスプリッターを通ったあとの光子の偏光について、非常に興味深い点がある。透過した光子はすべて縦偏光となり、反射した光子はすべて横偏光となっているはずだ。そこで、偏光ビームスプリッターから出てきた各光子は、たとえば自分が最初は四五度に偏光していたのか、それとも偏光ビームスプリッターに入射する前からすでに横偏光だったのかを忘れているだろう。

ここで大事な問題にぶつかる」と教授が言いながら、再び黒板の図を指さす［図18］。「偏光ビームスプリッターに入射した光子の半数が透過し、半数が反射することはわかった。だが、どちらの道をたどるか、各光子はいつ決めるのか。私の描いた図では、光子が偏光ビームスプリッターの内部にいるときに決定を下すように見える。そうだとしたら、直進を続けるか、それともビームスプリッターから反射される道をたどるかの決定は、このときに下されるはずだ。こう説明すれば簡単だと思うだろう？」教授は学生たちを見回す。

「もちろん！　それ以外あり得ない」と、後方の席で熱心に講義を聴いていた学生が、どちらかというと独り言のように言う。

これを聞いた教授が、再び笑顔を浮かべて言う。「いや、この説明は単純すぎるな。この説明のとおりなら、量子力学ももっと簡単に理解できるんだが」

教授は自分の言葉が学生の気持ちを引きつけたことに満足したようすで、黒板に「重ね合わせ」という言葉を書く。

「いよいよ量子物理学で一番大事な概念に入るよ。量子の重ね合わせだ。じつは光子がどちらの道を進むか決めるのは、ビームスプリッターを出ていくときではないんだ。反対に、ビームスプリッターから出たあと、光子は両方の可能性が重なった状態にある。ある意味で、この言い方は非常に危険かもしれないが、光子は同時に両方の光線の中に存在するんだ。この重なり合った二つの可能性とは、光子が透過したか反射したかだ。波を想像しよう。波が打ち寄せてきて、直進する波と横にそれる波と、二手に分かれる。

ただし、これはとても抽象的な波だ。宇宙のどこかに存在する本物の波ではない。私たちが検出器をそれぞれの光線の中に置いたときに、検出器が光子を検出する確率を決めることだけを目的とする波なんだ。要するに確率の波だね。

ここで、二本の光線の中に光子検出器を一つずつ置いたとしよう。この検出器は光子を検出する。光線の中に光子が存在すれば、『カチッ』と音を立てる。二つの検出器のどちらか一つが必ず光子を検出する。だが、それがどちらかはまったく決まっていない。光子を検出する確率は、どちらも五〇パーセントだ」教授は興奮したようすで黒板を手で叩く。「この瞬間に初めて、光子はどちらの道に進むか決める。それまではこの状況について、二つの可能性が重なり合っているとしか言えない。

アメリカの物理学者ジョン・アーチボルト・ホイーラーは、じつに奇妙な言い回しでこれを表現したことがある。『光子は両方の道をたどるが、一つの道だけをたどる』と言ったんだ。ずいぶん挑発的な表現をしたものだね」と教授は言って微笑む。「だが、核心をついている」今度は学生たちに顔を向ける。「今、君たちは混乱しているかもしれないが、混乱しているのは君たちだけじゃない！」

「今までの話を振り返っておこう」教授は少し間をおいてからまた口を開く。「図に示した方法で偏光した光子一つを偏光ビームスプリッターに送り込むと必ず、その光子は透過と反射という二つの可能性の重なり合った状態で出てくる。しかしおもしろいことに、これは二つの偏光の重ね合わせでもある。もともと、光子は四五度に偏光していた。それが今度は、透過した光線の中にあれば縦偏光、反射した光線の中にあれば横偏光になっている。したがって、それぞれの出射光の中に検出器を一つずつ置けば、光子はいずれか一方の検出器で検出されるはずだ。したがってこの光子は、どちらの光線の中にあるかによって、縦偏光か横偏光という明確な偏光をもつ。

しかし最も重要なのは、一方の検出器が光子を検出した場合、もう一つの検出器は絶対にその光子を検出しないはずだということだ。光子は一つしかなくて、二つあるわけではないからね」

「一つの光子が一回しか検出音を立てないって、どうして言い切れるんですか？」と、学生から質問が飛ぶ。

「じつにいい質問だ！」と教授が応じる。

「理論がそう言っている。でももっと大事なのは、実験でそれが完璧に実証できるということだ。個々の光子を使ってその実験が行なわれていて、まさに考えていたとおりのことが起きるということが確かめられている。二つの検出器のうち光子を検出するのは一方だけで、両方が検出することはない。これこそまさに、光の量子的性質の最終的な証明になる。

だが、こんな疑問が浮かぶかもしれない。もう一つの検出器は自分が光子を検出すべきでないとどうやって知るのか。光子が検出されるまで、光子を検出する確率は二つの検出器のあいだで等しい。先ほどの言い回しを使えば、光子は両方の可能性の重なり合った状態にある。物理学でこれを説明する場合、『光子がどちらかの検出器で検出された瞬間、重なり合いが破れる』という言い方をする。重なり合いの破れは、いたるところで起きる。光子が二本の光線だけでなく、もっとたくさんの可能性に広がっているという、もっと複雑な状況も考えられる。そのどこかに検出器を一つ置いて光子を検出したら、あたり一面に広がっていた重なり合いが、その瞬間に破れるんだ。

これは瞬時に起きる」と教授が言葉に力を込める。「光の速度より速い。遠くの恒星に検出器が一つあって——」と言いながら、教授は両手を空に向ける。「別の遠い恒星にもう一つの検出器があるとしよう。そしてこっちの検出器が光子を検出する。この瞬間に重なり合いは壊れる。もう一つの検出器は光子を検出することができなくなる。即座に、自分はもはや検出音を鳴らすことが許されないのだと悟る。

この重なり合いの破れも、アインシュタインが望まなかった量子現象だ。具体的に言うと、彼はこれが光よりも速く起きるという点が気に入らなかった。しかし私たちは、二つの検出器がともに検出音を鳴らすことはないということを認めなくてはならない。というのは、光子は分割不可能だからだ。この種の実験を実験室で最初にやったのは、アメリカの物理学者ジョン・F・クラウザーだった。一九七四年のことだ（スチュアート・J・フリードマンと共同で実施。フリードマンは二〇一二年に死去したため、二〇二二年のノーベル物理学賞の授賞対象とはならなかった）。それからフランスの物理学者フィリップ・グランジェとアラン・アスペが一九八六年にやった。しかし、長距離の実験は行なわれていない。いずれやったらおもしろいかもしれないね。

今どきのたいていの物理学者たちと同じように、私たちも量子物理学が確率を与えると考えるだけで、波が広がっていくリアルな像を思い描くのを拒めば、問題は生じない。しかし、アインシュタインはそういう姿勢が気に入らなかった。物理学は常に、そこにある物理的実在を記述するべきで、確率を与えるだけではだめだと思っていたんだ。彼はマックス・ボルンに宛てた手紙で、『神はサイコロを振らない』と自分は確信すると書いている。もっとも今の私たちは、神がじつはサイコロを振るのが大好きだと思っているがね」と言って、教授は笑みを浮かべる。

「神は宇宙を創造したときにずいぶん気ままにやったみたいで、たとえば今話した個々の量子のふる

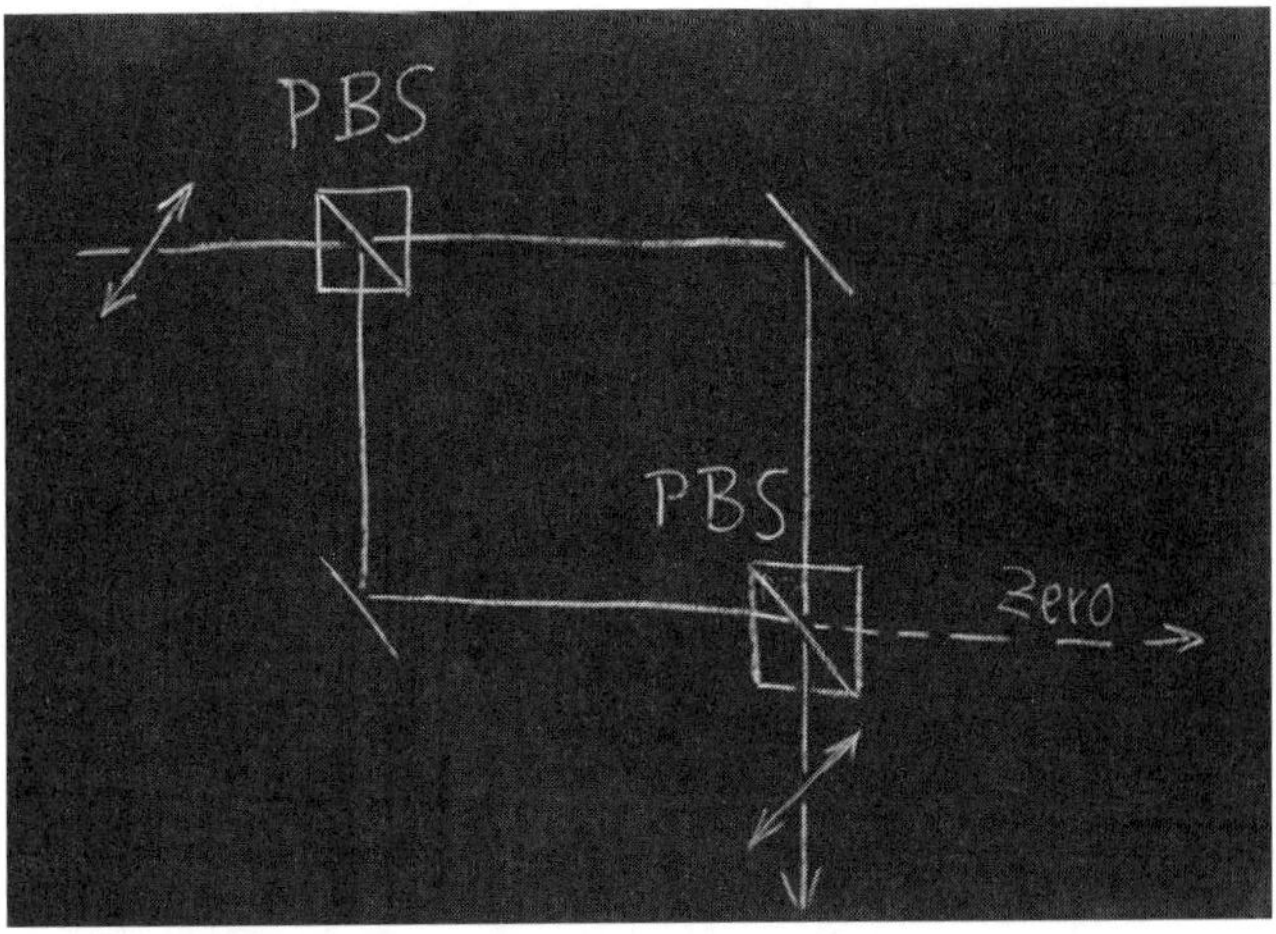

図19　上部で特定の方向、たとえば45度に偏光した光子1つが偏光ビームスプリッター（PBS）に入射する。鏡を使い、ここから出てくる2つの経路の方向を転換してある特定の点で再び交わらせ、そこに2つ目のPBSを置く。2つの出射光のうち、一方には光子が存在せず、もう1つの出射光には45度に偏光した光子1つが再び存在する。これは量子重ね合わせの結果である。

まいのような特定のケースで何が起きるか、神自身にもわからない。自分にとっておもしろい世界を作ったんだね。話がそれたが」と言って、教授は微笑む。

「君たちはこう考えるかもしれない。光子が二つの可能性の重なり合った状態にあるって、どうしてわかるのか？　実験で証明することはできるのか？　光子がビームスプリッターの中にいるときに自分で道を選ぶのではないと言えるのはなぜなのか？　じつはこれまでのところ、私は君たちにいっさい証拠を示していない。それをこれからやろう」

　では、もう少し複雑な状況を考えよう」と言って、教授は黒板に新しい図を描く［図19］。

「ここに偏光ビームスプリッターが二つある。上の一つ目で、私たちがすでに知っているとおり、おもしろいことが起きる。そこから出てくるとき、光子は二つの道にいる状態が重なり合っているんだったね。つまり縦偏光と横偏光という二つの偏光になっている。それから別の偏光ビームスプリッターで二つの光線を再び合わせたら、どうなるかな?

では、ここで起きることを詳しく追ってみよう。上の経路では、光子は縦偏光になっている。だから二つ目の偏光ビームスプリッターを透過するはずだ。私たちの偏光ビームスプリッターでは縦成分が透過するということを思い出そう［図15］。

次に、下の光線の経路を見てみよう。光子が反射したときにたどる経路だ。横偏光になっているから、光子は二つ目の偏光ビームスプリッターで反射されるはずだ。

最後に、二つ目の偏光ビームスプリッターのところで、重ね合わせになっている両方の成分がともに下向きの光線に入って出てくる。右側に出てくる光線には、どちらも含まれていない。つまり、この下向きの光線の中に縦と横の両方の成分が合わさっているんだ。

これは何を意味するのか。二つの光線を合わせて、もとの四五度の偏光を再び生じさせたことは確かだ。というのは、この四五度の偏光は、まさに横偏光と縦偏光の重ね合わせなのだから［図19］。

このささやかな実験は、実際にたくさんの実験室で行なわれている。これがなぜ、光子が一つ目の偏光ビームスプリッターを通ったあとで重ね合わせの状態にあることの証明になるのだろう」と教授は問う。しかし彼は今や自分の考えにどっぷりと浸っていて、もはや学生とやりとりをしていない。ひたすらしゃべり続ける。

「これが事実でないと仮定しよう。たとえば――」と、教授はまた先ほどの図［図19］を示しながら言う。「各光子が一つ目の偏光ビームスプリッターを通過した直後に、透過するか反射するか、つまり縦偏光になるか横偏光になるかを自分で決めるとしよう。この場合、個々の光子は縦偏光か横偏光のいずれかの状態で二つ目の偏光ビームスプリッターに到達するはずだ。やはり光子は右側の出射光中に存在するが、二つ目の偏光ビームスプリッターを通過するときに自分の偏光を変えるべき理由はない。だから、この出射光は横偏光と縦偏光の成分の混ざり合ったものであり、光子の半数が横偏光、半数が縦偏光になっているはずだ。これは、すべての光子が四五度に偏光している光線とはまったく違う。出射光に含まれるすべての光子が四五度に偏光しているという状況に到達できるのは、各光子が両方の道をたどること、すなわち重ね合わせによる以外にない。これは個々の量子的粒子がただの古典的な波動ではなく重ね合わせの状態にあることを示す決定的な証拠だ」教授は最後のほうで声を強め、それからしばらく黙り込む。

「今日、君たちに話したことは――」教授は講義室にある大きな時計を一瞥《いちべつ》してから続ける。「量子物理学において格別に重要な事実だ。もちろん、何が起きているのかをすべて理解するには、数学もたくさん学ぶ必要がある。だが、今日習った『確率』と『重ね合わせ』という二つの概念は、量子物理学をやっていくうえで、実験家にも理論家にも常について回るはずだ。

もう一度強調しておくが、量子物理学は未来の事象に関する確率を与えるだけだ。特定の観測において特定の結果が生じる理由はまったく説明してくれない。量子物理学は、私たちも見たとおり、一つ目の偏光ビームスプリッターを通ったあとで、ある特定の光子がある特定のビームの中で検出される理由を説明してはくれないんだ。

だが、量子物理学は確率についてきわめて正確な予想をする。私たちの例で言うと、多数の光子が入射すれば、正確にその半数が透過して半数が反射すると確信できる。つまり量子力学は集団について非常に正確な予想をするというわけだ。

じつは、量子物理学が個々の事象の発生について正確な予想をするという状況もある。まさに君たちの目の前にもその例がある」教授は黒板に描いた最後の図を再び示す［図19］。

「量子物理学は、二つ目のビームスプリッターを通った直後に各光子がこの下向きの光線の中に存在し、右側の光線が通っていたはずのルートには光子が存在しないと確実に予想する。これが成り立つのは、量子力学が明確な予想をした場合、すなわちある事象の起きる確率が一かゼロ、確実に起きるか絶対に起きないかのいずれかしかないという状況においてのみだ。

もう一つ、量子の重ね合わせという重要な概念も習ったね。この状況は通常、ある粒子が実験において生じ得るさまざまな可能性の重なり合った状態にあると複雑な説明がされる。私たちの場合、可能性は二つしかない。一つ目の偏光ビームスプリッターを通ったあとの二つの光線だけだ。そこで、起こり得る二つの結果のいずれかを観測することになる。もっと一般的な言い方をすれば、起こり得るたくさんの観測結果の一つだ。さらに、これが起きた場合、量子力学的状態が崩壊し、ほかの可能性はいずれももはや起こり得ない。

最後に――」授業の終了時刻になって講義室内がざわつき始めたので、教授が声を張り上げる。「私は君たちにもっと興味をもってほしいと思っている。今日勉強したようなことを、哲学的関心から研究した人たちもいる。その人たちは、自然というものが、量子物理学が記述するように本当に奇妙なものなのかを知ろうとした。何よりおもしろいことに、そして誰もが驚くだろうが、初期の実験は、個々の量子的粒子がそうした奇妙なふるまいを示すということを証明しただけでなく、新しいテクノロジーの土台を築くという成果も残したんだ。今日、私たちは計算や通信に関する新しい概念について語る。そこでは個々の量子的粒子の量子的ふるまいが不可欠だ。量子コンピューターについては、君たちも聞いたことがあるかもしれない。これは従来のコンピューターをすべて合わせたよりもはるかに高速で計算できる。量子暗号のことも聞いたことがあるのではないかな。これを使えば、絶対に安全な方法でメッセージを送ることができる。量子テレポーテーションについてはどうかな。これは系の量子状態をはるか遠くに送れる技術だ」

「転送してくれ、スコッティ！」と、最前列の学生が『スタートレック』の有名なセリフを叫ぶ。

「ああ」教授は微笑みながら言う。「それはちょっと違うかな。でも、じつはそれよりもっとおもしろいんだ。ただし、詳しいことを勉強するまでには少し時間がかかる」

学生から拍手がわく。量子暗号や量子コンピューター、量子テレポーテーションについてもう少しクォンティンガー教授から話を聞こうと、前に出てくる学生もいる。やがてだんだんと、講義室から人の姿が消えていく。

アリスとボブが双子を発見し……

授業のあと、アリスはボブに自分の観測装置は故障しているみたいだと話す。スイッチの設定を変えても、赤と緑のランプの点滅する頻度が変わらないからだ。「たぶん、スイッチが装置全体にぜんぜん影響しないようになっているか、壊れているかのどっちか」と彼女は言う。

ボブも同じように感じている。スイッチをどう操作しても、検出器のランプが伝えてくることを変えられない。彼は自分の観測しているものが、本当に発生装置から送られてくるものと関係があるのか確かめようともしていた。発生装置から観測装置につながっているケーブルを抜いてみたら、驚くなかれ、二つのランプはまったく点灯しなくなった。

「つまり」とボブが言う。「ランプの点滅は、入ってくるものと絶対に関係している。少なくとも、ケーブルを抜いたら点《つ》かなくなるんだから。でも、入ってくるものについて、装置が何か意味のある特性を測定しているとは思えない」そこで二人はジョンのところに行って、装置に何か不足か不具合があると報告することにする。

ジョンの研究室に行き、ボブが説明を始める。赤や緑のランプが点滅するタイミングは正確に記録したが、その点滅になんらかの規則性があるとは思えない。赤と緑のランプの点滅は、あるときは赤、あるときは緑といった感じで、完全にランダムなようだ。スイッチの設定を変えても結果は変わらず、何の規則性も見られない。そのうえ、ケーブルを抜いたら何も検出されなくなった。

アリスも自分のことを話す。二〇〇秒間にランプの点滅する回数を数えたら、どちらのランプも平均で一〇〇回くらい粒子を検出したことを示していたが、スイッチの設定とは無関係だった。

アリスとボブは、ジョンが気の毒がって心配してくれるものと思っていた。ところが意外にも、ボブが説明を始めるとすぐに、ジョンは笑顔を浮かべる。二人が話すのを聞いているうちに、笑顔がどんどん広がっていく。

ジョンはとても気長な聞き手で、二人にすべてを説明させ、正確には何をどうしたのかと質問し、それから言う。「すごい！　よくやったね。君たちの話は全部正しいよ。感心した」

アリスは信じがたい気持ちで応じる。「装置は壊れていないってことですか？　このめちゃくちゃなデータでいいんですか？」

ジョンが答える。「まさにこれこそ、ネットワークがちゃんと働いているときに起きるべきことだよ」

「じゃあ、観測なんて要らないじゃないですか！」ボブが声を上げる。

「いいや、観測は必要だ」とジョンが言う。「君たちがこんなにちゃんと作業をして、装置について的を射た質問をしてくるとは。君たちはきっと答えを見つけられるよ。焦る必要はない」

「ヒントをもらえませんか？」とアリスが懇願する。

「そうだね、ちょっと助けが必要かな」とジョンが答える。「あの実験には、君たちがまだ利用していない性質が一つある。君たちの観測データは両方とも同じ発生装置とつながっているという事実だ。あとは君たちが自分で見つけてくれ。今よりももっとわくわくするよ。僕はこれから授業だ。次の結果について話したければ、いつでも電話して」こう言うと、ジョンは立ち去る。

アリスとボブはすっかり途方に暮れる。どうしたらいいのか。それぞれのステーションで起きることに規則性がまったくないということはわかった。そしてジョンもその発見は正しいと認めてくれた。さらに厄介なことに、どうやらこれが粒子の正しいふるまい、あるいは発生装置からやってくる何かの正しいふるまいらしいのだ。

「ランダムにカチカチ音を鳴らすのが量子の仕事なら、思っていたよりぜんぜんおもしろくない！」とアリスが声を張り上げる。

「これはもうやめて、もっと現実的なプロジェクトを始めるほうがいいかもね」とボブが言う。二つのステーションが同じ発生装置と結びついているという事実が何を意味するのか、ボブは独り言をつぶやきながら考える。二つのステーションで観察したデータどうしの関係を調べればいいのか？　だが、その関係とはどんなものなのか。また装置をいじって調べるしかない。

翌朝、アリスとボブは少し遅刻する。プロジェクトへの熱意が薄れてしまったからだ。それでも二人は九時半ごろにそれぞれの実験室に入り、観測を始める。しばらくあれこれやってみたところで、アリスはボブに電話して、自分のところの装置は昨日と何も変わらないと報告する。ボブは自分のところもそうだと答える。二人は心配しないことにする。この装置はまさにそういうものだとジョンに言われたからだ。

「あのさ」とボブが言う。「ジョンがちょっとヒントをくれたよね。僕たちのステーションが同じ発生装置とつながっているっていう事実を僕たちが利用していないって。これってどういうことかな？　どうしたらいいんだろう」

「いいことを思いついた！」とアリスが声を上げる。「私たちの検出器が何かを検出するタイミングを比べてみない？　何か関係があるかもしれない。ランプが点くタイミングはとても正確にわかるはずよ。音の鳴った時間はコンピューターのディスプレイでわかるし、実験装置の時計はとにかく正確で、ナノ秒まで狂いがないんだから。ナノ秒って言ったら、一秒の一〇億分の一よ。だから関係のありそうな検出を記録しない？」と電話口でアリスが言う。

しかしボブはこう答える。「検出の回数が多すぎるから、僕たちが確実に同じ瞬間に始められるようにする必要がある」ボブは、コンピューターを使えばカウント作業を二人が同時に開始できることにも気づく。そしてアリスは、二人がコンピューターを一定の時間に設定できることに気づく。

そこで二人はアイデアを実行する。それぞれのコンピューターが時間ゼロに設定された状態で同時にスタートするように設定する。また、装置のカウント時間を一〇〇秒に設定する。前日の結果から、二人は検出がだいたい一〇〇回起き、そのおよそ半分は赤、半分は緑になると予想する。実際にやってみると、一〇〇秒後、コンピューターの画面にデータが現れるが、ひどくごちゃごちゃしている。エントリーがずらりと並んだ長いリストだ。

各エントリーは、一つの検出器が何かを検出したときの一回に対応する。エントリーは、時間、スイッチの設定（＋、0、－）、点灯したランプが赤（R）か緑（G）かの記録で構成され、これが各回について記載されている。たとえばリストにある典型的なエントリーはこんな具合だ。

22.327033758 + G

これが意味するのは、カウントの開始後二二・三二七〇三三七五八秒で緑（G）の検出器が何かを検出し、スイッチの設定はプラス（＋）だったということだ。そこでアリスはボブに電話し、「結果を比べない？　まず、同じ時刻に粒子が検出されたかどうか」と言う。

ボブは休憩に入ろうとしていた。そこで両方のリストをプリントアウトして、カフェテリアで会おうと提案する。

アリスは少し慎重な口ぶりで、「今回の観測で、何か不備があったってこともあり得るから、念のためにもう少し観測してからにしない？」と言う。

二人はデータをさらに三回集める。毎回、双方の装置をきっかり同じ開始時刻に設定する。最終的に、一〇〇秒分のリストが四つできる。それから二人はカフェテリアで落ち合い、カフェラテを買う。

「これよ」とアリスは言って、四つのリストをテーブルに置く。

「がんばってるわね。さすが、うちの学生だわ！」と、ウェイトレスをやっている大学院生が笑顔で声をかけてくる。「生まれつき科学向きの遺伝子をもっているのね」

ボブが応じる。「いえ、まだわからないんです。これまでのところ、あまりうまくいってないみたいです。量子の知識がないので」

ウェイトレスが二人を励ます。「何かで読んだんだけど、あの有名な教授、何て名前だったかしら、思い出せないけど、とにかくその教授が『量子力学を理解できる人などいないと断言してよいと思う』って言ったそうよ」

「リチャード・ファインマンですね」とアリスが言う。「じつは、ファインマンはある種の量子力学でノーベル賞をもらっていました。うちの教授がおっしゃっていましたが、その量子力学はあらゆる素粒子の実験結果を計算するのにとてもすぐれているんだそうです」

「でも僕たちは自分の実験さえ理解できないんだから、ノーベル賞なんてとうてい無理だね」とボブが言う。「それはさておき、リストを見てみよう」リストはとても見づらいので、アリスとボブはまず、双方のエントリーの数が一致しているか確かめることにする。一つ目のリストでは、赤と緑を合わせてアリスのエントリーは一〇二個、ボブのエントリーは九八個だったことがわかる。

「まずい」とボブが言う。「僕の装置は君のよりだめだね。ほかのリストも見てみよう」

二つ目のリストのエントリーは、アリスが九五個、ボブが一〇〇個だ。データセットを照らし合わせたところ、両者の検出回数が等しい組み合わせはなく、ボブのほうが少し多いか、あるいはアリスのほうが少し多い、ということが判明した。おもしろいことに、平均すると一〇〇回で、これはアリスが前日に一人で自分の装置をいじっていたときに気づいたのと同じだ。

「でも同じ種類の現象を観測したら、回数は同じになるはずだよね。やっぱり僕たちの装置は故障しているんだよ」

前の日に自分の装置が故障していると勘違いしてしまったアリスは少し慎重になっていて、こんなことを言う。「ねえ、またジョンのところに行って、装置が故障しているなんて言ったら、その変なふるまいこそまさに期待どおりだって言われるわよ。そしてそんな変なふるまいをするように装置を設定したんだって、また得意顔をされるに決まっているわ」

そんなわけで、二人はしばらく粘ってリストを眺める。「あのさ」とボブが切り出す。「僕らが二人とも何かを検出した正確な時間を調べてみるのはどう?」

「でもそれは無理よ。検出回数が違うんだから、何回か抜けてしまったに違いないわ」とアリスが言う。それでもほかにいい考えもないので、二人は一つ目のリストに並んだデータの詳細を調べる［表1］。

表1

アリスのリスト			ボブのリスト		
00.3822234518	-	G	00.8820031592	0	R
01.1295527532	-	R	02.2409987810	0	G
02.2409987809	-	R	03.0977710128	0	G
03.3001879990	-	G	...		
...					

一行目の二つのエントリーは一致しない。二行目も、その次もそうだ。

時間についても相関がないらしいとわかったところで、気分は盛り上がらない。ボブの気持ちが離れ始め、目の前の紙をぼんやりと見つめる。そのとき、何かがふと目に留まった。三行目のアリスの時間のエントリーは、自分の二行目のとほぼ完璧に一致している！　最後の二桁が違うだけで、その差はわずか数ナノ秒だ。ほかの桁は一致している。二人はにわかに興奮し、二つのエントリーを丸で囲む［表2］。

「きっと、発生装置が粒子を二つ一緒に送り出して、それが同時に二つの検出器に届いたんだわ！」とアリスが声を上げる。

表2

アリスのリスト			ボブのリスト		
00.382234518	-	G	00.882031592	0	R
01.129527532	-	R	02.240987810	0	G
02.240987809	-	R	03.097710128	0	G
03.300187990	-	G	…		
…					

二人は一気に引き込まれ、これと同じようにまったく同じかほぼ同じ数字が同時に記録されたペアがないか探してみる。すると、たくさん見つかる。最終的に、各リストのエントリーのうちおよそ五

分の一が、差が数ナノ秒以下のペアになっていることがわかる。

このナノ秒レベルの差は、装置に固有の誤差ではないかとアリスが言う。「どんな時計だって、すごく細かい測定に使うならある程度の誤差は避けられないし、私たちの実験ではそれがナノ秒レベルなんだからなおさらよ。だからこれは気にしなくていいんじゃない？　で、このデータをどうする？　検出のだいたい五分の一は二つの検出器のあいだで相関していることがわかった。きっかり同時に起きるのね」

ボブが口を開く。「発生装置がきっかり同時に粒子を二つ送り出すからに違いない。双子の兄弟みたいなものなんだ」

「違う、双子の姉妹よ」とアリスが言う。

「どっちだっていい――とにかく双子なんだ」とボブが笑いながら言う。「ジョンが説明してくれたとおり、その双子たちがグラスファイバーを通って二つの観測ステーションへ向かって、同時に到着する。って言えるのは、同時に検出されているから」

アリスが言う。「でも、それならグラスファイバーは二本ともぴったり同じ長さじゃなきゃだめだけど、そんなことはほぼあり得ないわ」

ボブはスマートフォンを手に取り、ジョンに電話する。「ジョン、発生装置から僕たちの実験室につながっているグラスファイバーは、二本とも同じ長さですか？」

ボブが感嘆の声を上げる。「お見事！　とても重要なことに気づいたね。二つの実験室のあいだで起きている相関に目をつけたとは、すでにこの件の本質にたどり着いているのは間違いない。うん、同じ長さになるように、ずいぶん気をつけたよ。君たちのためにね。もっとも、発生装置から二つの実験室までの距離は、正確には同じじゃないんだが。アリスのほうのグラスファイバーを、一メートルほどコイル状に巻いた。アリスの実験室のほうが少し発生装置に近いからね。二本のファイバーはほぼ同じ長さで、差は数センチ以下だ。君たちは、一致《コインシデンス》を見つけたんじゃないか？」

ボブが答える。「ああ、離れた二つの場所で同時に二つのことが起きたとき、そう言うんですか？」

ジョンが応じる。「そのとおり。ほかにも何か発見した？」

ボブが答える。「じつは、いつもそうなるわけではないということがわかりました。一致が起きるのは、だいたい五回に一回だけです。それ以外のときは、僕のところで検出があっても、反対側に双子の弟がいないみたいなんです」

「それに」とアリスがボブのスマホに向かって声を張り上げる。「私のほうで検出があっても、反対側に双子の妹がいないときもあるみたいなんです」

ジョンの声が笑みを含む。「へえ、すごいね。君たちは実験を本当にちゃんとやっている。一致は正確に言うと全体の二二パーセントで起きるはずなんだ」

「どうしてそんなことがわかるんですか？」とボブが尋ねる。

ジョンの答えは謎めいている。「まあ、これについては、君たちが自分でストーリーを作らないとね。自分で説明をいくつか試してごらん。僕からは説明しない。もっと続けてみたらいい。じゃあ」

ここで電話は切れる。

アリスとボブは、一致が全体の二二パーセントで起きるはずだとジョンが言っていたのはどういう意味かと考え始める。やがて二つの説明にたどり着く。一つは、発生装置が粒子を一つだけ放出するときと双子の粒子を二つ同時に放出するときがあって、双子の粒子を放出するのが全体の二二パーセントだとする見方だ。もう一つの可能性は、発生装置は常に粒子をペアで放出するが、一部の粒子が消失するか、検出器の性能が不十分で粒子をすべて検出することはできず、その結果として一致が二二パーセントになるというものだ。アリスとボブは、二つのどちらが実際に起きているのかを確かめる方法がないことに気づく。

「でも」とアリスは訴える。「私があなたのデータを見ないで自分のだけを見たら、どの検出もかなり同じように見えるわ。ランプがランダムに点滅して、粒子がだいたい同じペースで届くんだから、発生装置が二種類の何かを放出しているって考えなきゃいけない理由はない」

ボブは興奮している。「それはすごくいい考えだ！　発生装置はいつも粒子をペアで放出するんだけど、両方の粒子を検出できるのが五回に一回くらいって考えられない？」

二人はすぐさまジョンにまた電話をして、この考えを報告する。「本当にすごいね！」とジョンが言う。「この実験につきものの、回収効率の抜け穴問題をもう発見したとは」

「なに、問題ですって？」とアリスが聞き返す。

「そうだな」とジョンが答える。「すでに教えすぎてしまったかもしれないけど、じつは問題があるんだ。発生装置は実際にいつも粒子をペアで放出しているんだけど、検出された粒子の相方も検出できるのは、全体の二二パーセントだけでね」

「それのどこが問題なんですか?」とアリスが尋ねる。

「うん、その質問に答えると、この実験について君たちが知るべき以上に話してしまうことになる」

こう言うと、ジョンはまた電話を切る。

アリスとボブは興奮しながらも、もっと何か見つからないかと、データを改めて入念に調べる。

「一致しているケースだけを抜き出して調べるのはどう?」とアリスが提案する。

そこですべての一致に印をつけると、全部で二〇個ある。ここで結果をペアにして、赤と緑のどちらのランプが点灯したか比較しようと決める。ランダムに点灯していたので、予想どおり二つのランプがだいたい半々の割合で点灯していた。アリスのリストでもボブのリストでもそうだった。もっと正確に言うと、アリスのリストでは赤が一一回、緑が九回、ボブのリストでは赤と緑が一〇回ずつとなっている。

「どの色がどの色とペアになっているか見てみましょうよ。同じ色がペアになるときと、違う色がペアになるときがあるんじゃない?」とアリスが言う。

そこでランプの色を調べてみると、あまり心がときめくような状況ではないことがわかる。同じ色がペアになるときもあれば、違う色がペアになるときもある。すべてのリストをさらに詳しく調べると、赤と赤の組み合わせが八回、緑と緑の組み合わせが九回あったことがわかる。両方の側で同じ色になる場合のほうが、違う色になる場合よりも多いようだ。赤と緑の組み合わせ、つまりアリスの赤のランプとボブの緑のランプが点灯したケースは一回だけで、緑と赤の組み合わせが起きたのは二回だけだ。

「何か意味がありそうなんだけど、どういうことかしら？」とアリスが言う。「今までにわかったことを整理しない？　ときどき、具体的には全体のだいたい二二パーセントで、双子が見つかる。とりあえず、それ以外のケースは無視していい。ランプの色については、四通りの組み合わせが全部起きてる。同じ色の組み合わせのほうが、違う色の組み合わせよりも断然たくさん起きるみたい」

今度はボブが言う。「リストを見ると、色の出る順番にはパターンらしきものは見当たらない。これ以上のことは、どうやったらわかるんだろう。規則性みたいなものがもっとあるのかな」ボブは頭を抱える。アリスは宙を見つめながら、髪を指に巻きつける。もう昼に近いので、今日のところはこのへんで切り上げて、明日また装置に戻って何ができるか考えることにする。

夜のあいだ、アリスはあまり眠れない。点滅する赤と緑のランプ、コンピューターの画面、調べたばかりのデータのプリントアウトが、夢に次々と出てくる。夢の中で、プリントアウトはくっきりと鮮明に見える。印字されたデータをはっきり見ることはできないが、エントリーの並んだリストを記した紙が目の前にあるのが見える。そこに三つの列があることにぼんやりと気づく。一つには時間、一つには赤か緑かの結果が記されている。しかしもう一つ、二人がこれまで目を向けていなかった列がある。ジョンからスイッチの設定もできると言われたのを思い出す。それもプリントアウトに記載されていた。夢の中で、この第三の列が絶えず現れては消え、＋から－へ、それから０へといった具合に移り変わっていく。何か重要なことがまだつかめていないのは確かだ。しかし夢の中で、アリスはそのことを気にしない。自分とボブがそれぞれの結果を調べたときに、結果はスイッチの設定とはまったく関係していないことがわかったからだ。とにかく気にしなくていい。

翌朝目覚めると、アリスは夢を思い出す。すぐさまボブに電話して、スイッチの設定が何か関係しているのではないかという思いつきを伝える。

「自分のプリントアウトを見てみたんだけど」とアリスは言う。「全部、スイッチはマイナスの設定なのよ。そっちのはどう？」

ボブも自分のプリントアウトを調べる。スイッチはすべてゼロだった。ボブとアリスはそれぞれ前日に実験室に着いたときの設定をそのまま使っていた。その日、二人はスイッチの設定を気にしていなかった。

だから、これからするべきことは明らかだ。また実験室に行って、二つの数字の相関に対してスイッチの設定が影響するかどうかを調べるのだ。装置がペアを検出する時間に影響するのかもしれない。二人がスイッチの設定を同じにするかどうかによって、結果が変わることがあるのかもしれない。

二人は急いで朝食を済ませると、それぞれの実験室へ向かう。しかし、何をどうすればいいのだろう。どちらの装置のスイッチも、＋、0、－という三つの設定ができるようになっている。全部で三掛ける三の九通りの組み合わせが可能だ。なかなか厄介だ。そこで二人はもう少し作業を簡単にするため、まずは両方のスイッチを同じ設定にして、プラスとプラスの組み合わせで始めようと決める。今回も前回と同じく、一〇〇秒間カウントして、時間や点灯したランプの色などすべての結果をプリントアウトする。そして今回もやはり、一回一〇〇秒の観測を四回行なう。

今回、二人はやる気満々で、別の場所への移動などしたくないと思い、電話でやりとりする。大事なことは前日にわかったので、二人は双方で粒子を検出したときのデータをすばやく見つけ出す。結果は前と同じだ。両方で揃って検出できるのは、全体の五分の一から四分の一ほどだけだ。それ以外のときは、ボブかアリスのどちらかだけで検出があり、双子は現れない。そこで二人は、双子の検出が起きなかったケースをリストから抹消し、残ったペアのランプの色を比べることにする。

「最初の結果では」とアリスが言う。「私は緑」

ボブが答える。「僕も緑だ」

二つ目は、アリスが「赤」でボブも「赤」。

三つめは、アリスが「赤」でボブも「赤」。

四つ目は、アリスが「緑」でボブも「緑」。

二人の気持ちが一気に高ぶる。明らかに、常に両方が同じ色になっている。

四つのリストをすべて比較すると、色が違っていたのは一回だけだったことがわかる。このとき、アリスは赤でボブは緑だった。ほかのときはいつも同じ色だ。アリスとボブは、重大な発見をしたと確信する。二人はこの一回を測定ミスとして無視することにする。二人とも実験の授業で、どんな実験でもなんらかの測定ミスは起きるものだと習った。教授たちは、ミスというのはほぼ不可避なのだと繰り返し言う。だから二人は、両方のスイッチをプラスに設定すれば、両方の結果が同じになると結論する。さらに、「赤と赤」と「緑と緑」の組み合わせが同じ頻度で起きると結論する。

アリスとボブにとって、発生装置の送り出す粒子のペアがなんらかの方法でまったく同じように作られているとする考えは魅力的だ。こんなペアなら、揃って緑を点灯させるか、あるいは揃って赤を点灯させるはずだ。だが、スイッチの設定が実際にどんな役割を果たすのかは、まだ二人にはわからない。わかっているのは、両方のスイッチがプラスなら、両方の結果が同じになるということだ。

次のステップは、両方のスイッチをゼロにして同じことを試し、その場合にどんな一致が生じるかを調べることだ。すると、二人は同じパターンを見出す。両方で粒子を検出したとき、両方の結果は同じになる。つまり「赤と赤」か「緑と緑」になる。さらに、両方のスイッチをマイナスにしたときにも、同じ結果が得られる。

……そして隠れた特性を考え出す

「ここで観察したことの説明を考えない？」とアリスが提案する。「二つの粒子が同じなのは間違いない。同じ性質をもって生まれたの」

「でもそれってどんな性質？　見当もつかない」とボブが言う。

それでもアリスは、この点について心配していない。「何だってありでしょ。わからなくたって問題ない。どちらの検出器に検出されるかを決めて、緑か赤のどちらのランプが点くかを決めるものである限りはね」

「そうかもしれないね」とボブが言う。「とりあえず、こう考えられる。両方の粒子がなんらかの指示を運んでいて、君の粒子が検出器のところまで来ると、その指示を見て、自分が赤と緑のどちらの検出器に進むべきかを知る。そして僕の粒子も同じようにするってね」

「その考え、すごくいい！」とアリスが応じる。「スイッチの設定が同じ場合、両方の指示が同じになるってことがわかった。一卵性の双子みたいにね」

「どういうこと？」とボブが尋ねる。

「簡単な話よ」とアリスが興奮した口ぶりで言う。「一卵性《アイデンティカル》双生児がなぜ瓜二つ《アイデンティカル》なのか、わかるでしょ？　完全に同じ遺伝子をもっていて、その遺伝子が髪の色や眼の色などいろいろな特徴を決めるからよね」

　ここでボブはアリスの興奮を理解する。「二つの粒子の運んでいる指示が、まさにその同じ遺伝子みたいなものなのかもね。それぞれの粒子は、スイッチがプラスのとき、ゼロのとき、マイナスのとき、それぞれの観測結果のための遺伝子をもっているに違いない。この遺伝子が同じなら、両方の粒子は同じ指示を受けていて、結果として一致が起きる」

　しかし、アリスはこう答える。「厳密に言うと、個々の粒子がスイッチの三つの設定全部に対して指示とか遺伝子とかをもっている必要はないわ。三つの設定のうち一つについてしか観察されないんだから」

「そうだね」とボブが言う。「発生装置は、それぞれのスイッチが三つの設定のうちどれになっているかを知って、その設定に合った指示を与えて粒子を送り出せばいいんだからね」

　アリスは窓の外に目をやり、それから警告する。「でも、これだけでは十分じゃないかもしれない。粒子が発生装置を出発してから、私たちがぎりぎりの瞬間にスイッチの設定をすばやく変える可能性もあるから。その場合、粒子はどうしたらいいかわからなくなる。生まれたときに与えられた指示が、スイッチの設定に合わなくなってしまうわけだから。そうだとすると、二つの粒子はスイッチの三つの設定それぞれに合った指示をもっている必要があるわね」

ボブはアリスの言ったことをしばらく考えて、それから口を開く。「いや、そんな実験は無理だよ。光の速さを考えたら、そんなにすばやく動くことはできないから。でも、技術的には可能かもしれない。だからとりあえず君の説を支持することにして、僕たちの考えについてジョンが何て言うか確かめてみようよ」

そこで二人はジョンに電話をかける。ジョンは、二人がすっかり夢中になっていることをすぐさま察知する。二人が完全相関の観察について話すと、ジョンは心から感服する。隠れた指示を粒子が運んでいるという考えを二人から聞くと、ジョンはさらに感心する。

「完全相関を発見したばかりか、アインシュタインやポドルスキーやローゼンと同じ推論にたどり着いたなんて、本当にすごいよ」

「アインシュタインやポドルスキーやローゼンって、どういうことですか?」とアリスは知りたがる。

「うん、今は説明する時間がないんだけど、今日の午後、僕の研究室に来てもらえる? そうしたら説明してあげられるから」

ジョンによるアインシュタイン、ポドルスキー、ローゼン入門

アリスとボブが研究室の椅子に落ち着くと、ジョンがちょっとしたレクチャーを始める。

「アインシュタインが量子物理学へのきわめて重大な貢献のおかげでノーベル賞をもらったことは、前に話したね。相対性理論ではなくて光電効果の説明で受賞したんだったね。アインシュタインが批判を繰り広げたことについても話した。特に量子物理学におけるランダム性の新たな役割に対して、『神はサイコロを振らない』と言って批判したことはよく知られている。

ところが一九三五年、アインシュタインに『青天の霹靂《へきれき》』が起きる。これは彼の仲間の物理学者、レオン・ローゼンフェルトが好んだ言い方だ。アインシュタインはベルリンで第一線に立つ物理学者だった。二〇世紀の最初の三分の一にわたって、ベルリンは科学、人文学、芸術の分野で世界の中心の一つだった。現在よく知られている数々の科学者や芸術家が、そこで活動していた。少しだけ例を挙げれば、物理学者のエルヴィン・シュレーディンガー、化学者のフリッツ・ハーバー、生理学者で医学者のオットー・ハインリヒ・ワールブルク（以上の三人はノーベル賞を受賞している）、建築家のヴァルター・グロピウスなどがいた。しかしナチスが権力を掌握すると、すべてが終わった。自由が終焉を迎え、多数の知識人、とりわけユダヤ系の知識人に対する苛酷な迫害が始まった。

一九三三年三月、アメリカを旅行中だったアインシュタインは、ドイツには戻るまいと決めた。ナチス政権に抗議するため、プロイセン科学アカデミーでの職を捨てた。ベルギーとイギリスに短期間滞在してから、一九三三年一〇月にアメリカへ渡って、それ以降はそこにとどまった。プリンストン高等研究所で、量子物理学の基礎について考え続けた。

一九三五年、ボリス・ポドルスキーとネイサン・ローゼンという二人の若手物理学者と共同で、アインシュタインは『物理的実在の量子力学的記述は完全と見なし得るか』という論文を執筆した。哲学みたいなタイトルだね。それでも、アメリカ物理学会が出している《フィジカル・レビュー》っていう物理学の学術誌の第四七巻一〇号に掲載されたんだ」

ジョンはコンピューターの前に行き、《フィジカル・レビュー》のホームページ（https://journals.aps.org/archive/）にログインして論文をダウンロードする［図20］。

「論文自体はかなり専門的で、どうやらアインシュタイン自身はあまり気に入らなかったらしい。シュレーディンガーに宛てた手紙によると、言葉の問題があったから、この論文は議論をたくさん重ねたうえでポドルスキーが書いたのだとアインシュタインは言っている。彼が望んでいたほどの傑作にはならず、むしろ主たる論点はいわば学識に覆い隠されて埋もれてしまった」

ここでアリスが口をはさむ。「アインシュタインはこんなにたくさん数式を使わないで、もっとシンプルに書くことはできなかったんですか？」

「実際そうしたよ」とジョンが答える。「一九四九年に書いた『自伝ノート』（中村誠太郎・五十嵐正敬訳、東京図書）では、大事な点をとてもシンプルにわかりやすく説明している。

of lanthanum is 7/2, hence the nuclear magnetic moment as determined by this analysis is 2.5 nuclear magnetons. This is in fair agreement with the value 2.8 nuclear magnetons determined from La III hyperfine structures by the writer and N. S. Grace.[9]

[9] M. F. Crawford and N. S. Grace, Phys. Rev. **47**, 536 (1935).

This investigation was carried out under the supervision of Professor G. Breit, and I wish to thank him for the invaluable advice and assistance so freely given. I also take this opportunity to acknowledge the award of a Fellowship by the Royal Society of Canada, and to thank the University of Wisconsin and the Department of Physics for the privilege of working here.

MAY 15, 1935 PHYSICAL REVIEW VOLUME 47

Can Quantum-Mechanical Description of Physical Reality Be Considered Complete?

A. Einstein, B. Podolsky and N. Rosen, *Institute for Advanced Study, Princeton, New Jersey*
(Received March 25, 1935)

In a complete theory there is an element corresponding to each element of reality. A sufficient condition for the reality of a physical quantity is the possibility of predicting it with certainty, without disturbing the system. In quantum mechanics in the case of two physical quantities described by non-commuting operators, the knowledge of one precludes the knowledge of the other. Then either (1) the description of reality given by the wave function in quantum mechanics is not complete or (2) these two quantities cannot have simultaneous reality. Consideration of the problem of making predictions concerning a system on the basis of measurements made on another system that had previously interacted with it leads to the result that if (1) is false then (2) is also false. One is thus led to conclude that the description of reality as given by a wave function is not complete.

1.

ANY serious consideration of a physical theory must take into account the distinction between the objective reality, which is independent of any theory, and the physical concepts with which the theory operates. These concepts are intended to correspond with the objective reality, and by means of these concepts we picture this reality to ourselves.

In attempting to judge the success of a physical theory, we may ask ourselves two questions: (1) "Is the theory correct?" and (2) "Is the description given by the theory complete?" It is only in the case in which positive answers may be given to both of these questions, that the concepts of the theory may be said to be satisfactory. The correctness of the theory is judged by the degree of agreement between the conclusions of the theory and human experience. This experience, which alone enables us to make inferences about reality, in physics takes the form of experiment and measurement. It is the second question that we wish to consider here, as applied to quantum mechanics.

Whatever the meaning assigned to the term *complete*, the following requirement for a complete theory seems to be a necessary one: *every element of the physical reality must have a counterpart in the physical theory*. We shall call this the condition of completeness. The second question is thus easily answered, as soon as we are able to decide what are the elements of the physical reality.

The elements of the physical reality cannot be determined by *a priori* philosophical considerations, but must be found by an appeal to results of experiments and measurements. A comprehensive definition of reality is, however, unnecessary for our purpose. We shall be satisfied with the following criterion, which we regard as reasonable. *If, without in any way disturbing a system, we can predict with certainty (i.e., with probability equal to unity) the value of a physical quantity, then there exists an element of physical reality corresponding to this physical quantity.* It seems to us that this criterion, while far from exhausting all possible ways of recognizing a physical reality, at least provides us with one

図20 アインシュタイン、ポドルスキー、ローゼンによる、量子もつれを初めて取り上げた論文のオリジナルの冒頭ページ。この論文はEPR論文と呼ばれている。

ともあれ、アインシュタイン＝ポドルスキー＝ローゼン論文の基本を説明させてくれ。この論文は、よくEPR論文と呼ばれる。科学者は重要な論文を指すのに、著者名の頭文字を使うことが多いからね。ところで、この論文は時間とともに重要性が着々と増していった。ほかの研究者の論文でどのくらい言及されるかというのが、論文の重要性を測る尺度の一つなんだ」

「僕は学士プロジェクト研究をやっていて、そのことに気づきました。たいていの人は、研究論文を書くときにほかの論文を引用する。なぜなんですか？」とボブが質問する。

「理由はいろいろあるよ。一つは、自分の論文でほかの人の研究を利用する場合、その研究が自分のものだという印象を与えないように、引用であることをはっきりさせるべきだからだ。もう一つの理由は、自分の見解がほかの研究者と一致している場合、その研究者の論文を引用すれば自分の見解の信頼性が高まるからだ。それに、ほかの人の研究に対して自分の貢献がどんな位置づけとなるのかを示したいという場合も多い。ほかの研究者が追い求めてきたブレークスルーを、自分がなし遂げたと思う場合は特にね。

要するに、引用される回数が多いほど、その論文の内容が重要だって考えられるわけだ。もっとも、誤った印象を与えるおそれもある。論文に有名な誤りがある場合も、頻繁に引用される可能性があるからね。EPR論文について言えば、引用数は年月とともに着実に増えていった。《フィジカル・レビュー》に受理された論文でEPR論文が引用された件数をグラフにしてみた［図21］。見てのとおり、一九三五年の発表直後には、ほとんど引用されていない。それが今では、年に一〇〇件をゆうに超えている。これはとてもめずらしいことなんだ。たいていの論文は全部で一、二回くらいしか引用

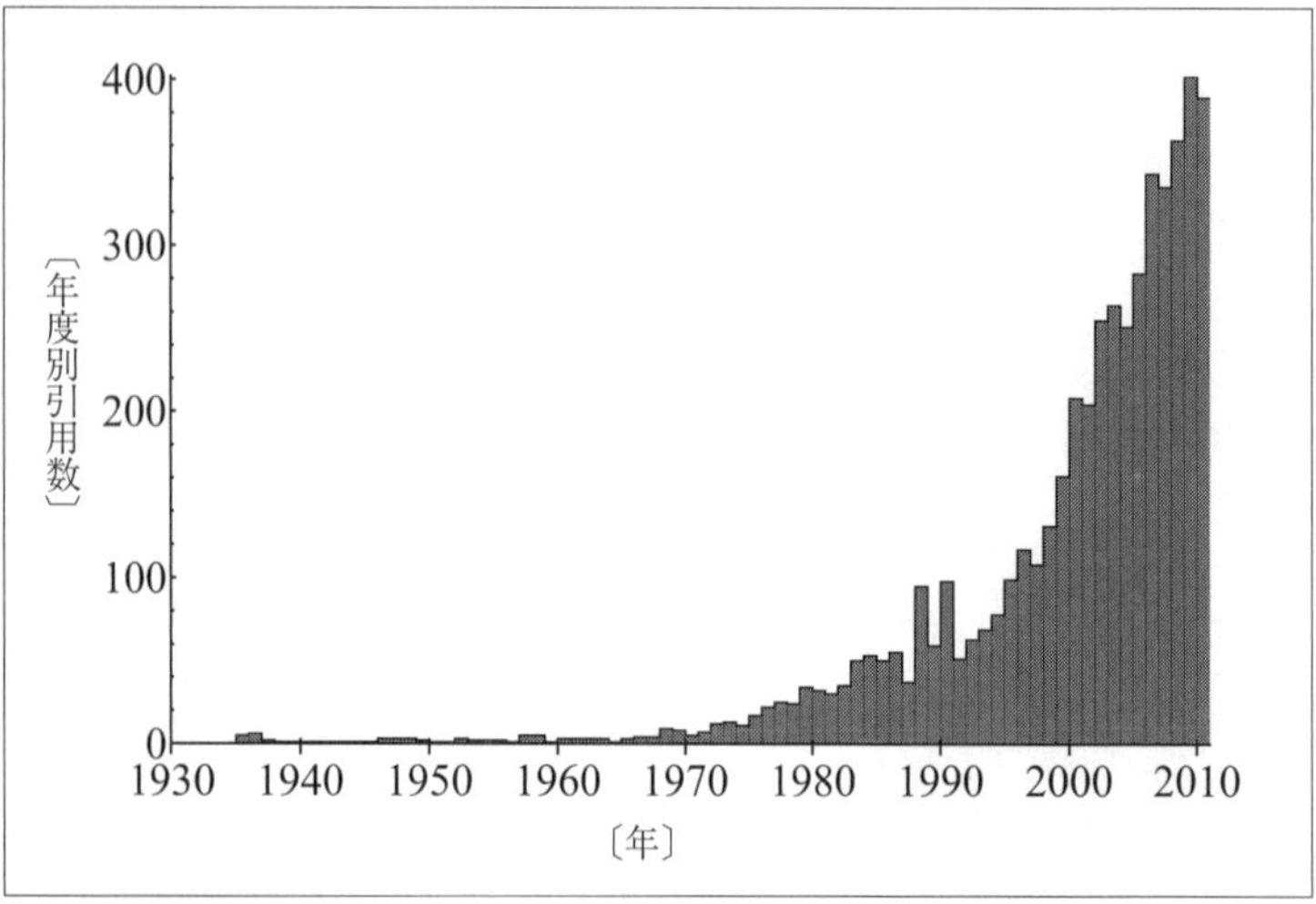

図21　《フィジカル・レビュー》に受理された論文におけるEPR論文の年度別引用数。当初、EPR論文はほぼ完全に無視されていたが、今日では大きなインパクトをもっている。

されないし、ふつうは時間とともに引用数は減っていくからね」

アリスが言う。「すごく不思議じゃありませんか？　こんなに重要な論文が、最初はほとんど無視されていたなんて」

ジョンがうなずいて話を続ける。「ＥＰＲ論文のアイデアは、今、世界で進められている最先端の物理学研究においては非常に重要だ。だけどＥＰＲ論文の内容について話す前に、もっと大きな話を少ししておいたほうがよさそうだ」

ジョンは椅子の背に体を預けると、天井を見上げる。「物理学では現象を記述する場合、僕たち物理学者が打ち立てた理論《セオリー》を使う。科学における理論《セオリー》というのはとても精密な概念で、一般的な意味の『理論《セオリー》』とはだいぶ違う。日常生活で『理論《セオリー》』と言ったら、物事がどんなふうに起きるかについての直感とか感覚みたいなものを指すことが多い。しかし、物理学の理論というのはもっと精密で、未来に起こり得る観察や観測結果についての正確な予想なんだ。そして、物理学者は野心の塊だ。より普遍的な理論、よりたくさんの説明ができる理論を見つけたくてたまらない。実際、このような姿勢は物理学に限らず科学全般でかなりの成功を収めてきた。物理学ではなく生物学から例を挙げれば、チャールズ・ダーウィンの進化論はとても広い範囲で成り立つ。ちっぽけなウイルスや細菌から僕たち人間に至るまで。

だけど、さっきも言ったように、物理学者はものすごく野心的だ。最終的にあらゆるものを説明できる理論を見つけたいと思っている。だから少なくとも原理的に、あらゆる物理現象を記述できる最終的で普遍的な物理理論を築くという大きな夢を抱いている。

そんなふうに『万物理論』を見出そうとする取り組みは野心の行き過ぎではないか、いずれそんな理論が見つかると期待することは理にかなっているのかと、疑問を抱くのは当然だろう。物理学者のなかには、その理論がすぐに見つかるかもしれないと思っている者もいる。というのは、物理学や科学全般において、かつては科学的な説明の埒外《らちがい》にあった物事の多くを説明できる理論が次々に生み出されているからだ。こうした物理学者たちは、こんな目覚ましい成功を収めてきた取り組みがいつか挫折する理由などないと主張する。

現代科学の取り組みが始まってからまだほんの数百年しか経っていないんだから、そんな理論にたどり着くのはまだまだ先だって言う物理学者もいる。さらに、そんな万物理論など、さまざまな根本的な哲学的理由から到達不可能かもしれないと主張する物理学者もいる。その理由の一つは、物理学の理論は必ず観測対象を記述する必要があるから、観測者自身を対象とすることができないということだ。

そこでこの物理学者たちは、自分自身を記述するためには自分を外側から見る必要があるが、そんなことはもちろん不可能だと言う。それで、万物理論もあり得ないって言うんだ。

だけど、この議論はわきに置いておこう。哲学の深い沼にはまってしまわないように。これは確かにおもしろいけど、僕たちのやるべきことの範疇《はんちゅう》を超えているからね」とジョンが続ける。

「こうした根本的な考察とは別に、ある特定のときに人類がもっている物理理論が、適用可能だと主張される分野において実在の完全な記述となっているかどうかを問うことは確かに妥当だ。そしてこれこそまさに、ＥＰＲ論文が量子力学について抱いた問いなんだ」

「理論が完全かどうかは、どうしたらわかるんですか？」とアリスが尋ねる。

「ＥＰＲは、われわれが物理的実在性に目を向けなくてはならないと訴えた。アインシュタインは実在論者だった。人間とは無関係に、そして人間がそれを観察するかどうかとは無関係に、現実が『そこ』にあるというのが、彼にとっての根本的な信念だった。

ＥＰＲはそれから、理論が完全であるためには、『物理的実在のあらゆる要素が物理理論において対応するものをもたなくてはならない』と主張した」と言って、ジョンはＥＰＲ論文の冒頭ページに記された一節を指さす［図20］。

「それってめちゃくちゃ大変じゃないですか！」とボブが口をはさむ。「その物理的実在の要素って何なんですか？　それが物理的実在か、それ以外の実在か、それともどちらでもないのか、どうやったらわかるんですか？」

「それがこの仕事の大変なところだね」とジョンが答える。「僕が理解している限りでは、ＥＰＲがここで意味しているのは、単に世界で僕たちのまわりにあるもの――存在して、議論の対象となり得るあらゆるものだ。物理的実在の要素とは、たとえば黒板とか人間などといったものだ。

アインシュタイン、ポドルスキー、ローゼンの三人は、この考えについてかなり悩み、物理的実在の要素というのは純然たる思考だけで見つけることはできず、『発見するには観測が必要だ』と述べている。たとえば僕たちの例で言えば、この黒板の物理的実在性というのは、僕たちがそれについて特徴を記述できて、観測ができて、色やその他のさまざまな特徴を調べることができるという事実を根拠とすることができる。つまり全体としてＥＰＲが問うているのは、われわれが実在の要素を目の前にもつのはどんなときで、われわれはそれをどうしたら知ることができるのか、ということだ。実在性の完全な定義を示すのは、確かにとても難しい。EPR論文はそれを試みようとさえしていない。代わりに、実在の要素の存在について、有名な基準を示している。必要条件ではなくて十分条件だ」

「いつも混乱してしまうんですが」とアリスが口を開く。「『十分条件』って何ですか？　それから『必要条件』って何ですか？　私たちの講義を担当している教授はみんな、それが何かを説明しないで、ただその言葉を使うんです」

「そうだね。基本的に、基準があれば対象を識別できる。たとえば、目の前にいるものが象かどうか、どうしたらわかる？」

こう言うと、ジョンは黒板に象の絵を手早く描く［図22］。

アリスは感心する。「こんなに絵がうまいなんて知りませんでした」

ジョンがちょっと照れたように言う。「アートにはずっと関心があった。アーティストになろうかとも思ったんだけど、結局は科学への思いがまさった。それはさておき、この象の話をしよう。四本の脚、長い鼻、大きな耳、二本の牙、象にはこれらが必要だ。色はグレーで、体はかなり大きくなくてはだめだ。目の前の動物がこの特徴を全部備えていたら、象だって確信できるよね」

「でも、この特徴を全部備えている必要はないんじゃないですか？」とボブが言う。「たとえば、牙のない象ってたくさんいますよね。奪われてしまったとかで」

「それに」とアリスが続ける。「赤ちゃん象なら、大きくなくてもいいし」

「そのとおり！」とジョンが言う。「さっき挙げたのは『十分条件』なんだ。ある動物が長い鼻と四

図22　十分条件と必要条件について説明するため、ジョンは象が実在の要素だという事実を確立するのに使える、象のさまざまな特徴を指摘する。

本の脚をもっていて、巨大でグレーで、牙と大きな耳をもっていたら、それは象だと考えて間違いない。でも、この特徴を全部備えている必要はない。脚を一本失った象とか、赤ちゃん象とか、いろいろな象がいるよね。だから、これらの条件がすべて必要というわけじゃない。だけど全部揃っていたら、目の前にいるのが象だと確信するのに十分だ」

「興味がわいてきました」とボブが言う。「実在の要素に関するEPRの基準って何なんですか?」

「そんなに焦らないで」とジョンが言う。「オリジナルの論文に書いてあることを読んであげるから」

実在性の基準

ジョンはEPR論文の冒頭ページのプリントアウトを再び手に取り、声に出して読んでいく［図20］。

「『いかなる意味でも系を乱すことなく、物理量の値を確実に（すなわち確率1で）予想できるなら、この物理量に対応する物理的実在の要素が存在する』

さっきの引用と同じで、これもオリジナルの論文ではイタリック体で書かれている。この定義をものすごく重要だと考えたんだね。それで、ちょっと専門的に聞こえる。シュレーディンガーに宛てた手紙で、学識に埋もれてしまったってアインシュタインが言っていたのは、こういうことかもしれないね。確かにこの基準は、もったいぶって堅苦しく感じられる。でも、原理としては単純なんだ。では、これが何を言っているのか、そして何を言っていないのか、簡単な言葉を使って分析してみよう。まず、『確実に予想』するとはどんな意味だろう。ここで混乱を避けるように、気をつけなくてはいけない。物理学者にとって予想というのは、必ずしも予言者にとっての予想と同じ意味ではない。未来を予言するという意味ではないんだ。単に、生じ得る観測結果を突き止めるという意味だ。言い換えれば、『予想』というのは基本的に、特定の観測でどんな結果が得られるかを知ることなんだ。

簡単な例で考えてみよう。晴れた夜に外へ出て月を見るとする。一瞬だけ目をそらしてまた見上げたら、月がまた見られると確実に予想できる。ここにはなんらかの実在の要素があって、僕たちはこれをふつう『月』と呼ぶ。ところが物理学者は一歩先へ進んで、予想できる物理量の一つは空に浮かぶ月の位置だと言うんだ」

「でも」とアリスが遮る。「誰もこの位置を確実に予想することはできないんじゃありませんか？　どんなときも不確実なことってありますよね。月がどこにあるか、正確に知ることはできません」

「そうだね」とジョンが言う。「そのとおりだ。君の言うことは、物理学におけるあらゆる観測のもつ重要な性質を指摘している。いかなる量も、観測すれば必ずわずかな不確実性が伴う、ということだ。限りなく正確な観測装置というのはないからね。だから月の位置を予想したければ、特定の時点における位置を可能な限りきちんと観測するだけでなく、その情報から未来の位置も計算しなくてはならない」

「そういえば」とボブが口を開く。「思い出したんですけど、未来の月の位置を正確に知るためには、月だけでなく太陽、地球、それにほかの惑星全部の位置を知る必要があるんですよね」

「そう」とジョンがうなずく。「まさにそのとおり。この種の観測では、必ずなんらかの誤差が生じる。だから月の位置を無限の精度で予想することはできない。でも、宇宙旅行者が月へ行くのに十分な精度で、というなら予想できる。ちゃんと目的地に到着できる程度の精度で、宇宙船の軌道を計算することはできる。だけど簡単に言えば、確実な予想というのは、観測誤差のない予想とは違うんだ」

「それなら」とアリスが言う。「さっきおっしゃっていたように、これが十分条件であって、必要条件ではないというのはどうしてなんですか？」

「うん、確かに、実在の要素が存在するケースはあり得る。でも、物理量の値を確実に予想することはできないんだ。僕たちは未来に起きることについて確かなことはわからないし、それどころか、未来に起きることについて何もわからないということもあるかもしれない。たとえば僕たちはみな、のちに自分の人生において大事な存在となる人に出会う可能性があるけれど、今のところはそれが誰だかわからない。その人はすでに実在の要素だ。ＥＰＲの基準では、こういうケースはカバーできない。でもその人が自分と同年代ならすでに生まれているはずで、すでに存在しているのだから、すでに実在の要素となっている。ともあれ、アインシュタイン、ポドルスキー、ローゼンは、何かを確実に予想できるなら、それに伴って実在の要素が存在していると考えるのは合理的だと確信していたんだ」

アリスとボブの実験における実在性

「でもそれって、アリスと僕のやっている実験とどういう関係があるんですか？」とボブが質問する。

「この『確実な予想』っていうのをどう使うんですか？」

「では、実在の要素に関するこのEPRの推論を、君たちの実験にあてはめてみようか」とジョンが答える。「一日目、君たちが観測して得た個々の結果は完全にランダムだってことがわかった。それぞれのスイッチの設定がプラスかゼロかマイナスかに関係なく、赤と緑のランプが同じ確率で点滅した。この場合、EPRの定義に従った実在の要素を個々の観測結果に認めることはできないという結論に至るだろう。それでも、実在の要素が存在する可能性はあるんだ」

「はい、初日の結果はそうでした。それから、私たちがどうしてそんなに不満を感じるのか、その理由も説明してくださいましたね」と、アリスは笑顔を浮かべて声を上げる。「私たちの観測の裏に実在性があるのかどうかわからなかったからです。でも、二日目にすべてが変わったんです」

「そう」とボブが同調してから、「二日目、僕たちの結果が完璧に相関しているのに気づきました。スイッチの設定を同じにすると、結果は赤か緑かどちらかの同じ色になったんです。でも、EPRの実在性の基準とどう関係するのかはわかりません」と顔をしかめる。

二人はしばらく黙り込む。ジョンは何も言わない。二人に自分で答えを見つけてほしいからだ。ヒントを一つだけ与える。「一方の結果がわかったら両方で同じ結果が出るっていうのはどういう意味なのか、考えてごらん」

「わかりました！」とアリスが不意に言う。「ボブがスイッチを私と同じ設定にしている場合、自分の結果がわかったらボブの結果も完璧に予想できます。私のスイッチがプラスでランプが緑だったとします。その瞬間にボブもスイッチをプラスにしていたら、ボブのランプも緑になるって、確実に予想できます」

ボブが続けて言う。「そうだ！　これなら実在の要素に関するＥＰＲの定義があてはまります。僕たちは二人とも、相手の結果を確実に予想することができますから。やっとすっきりした！」ボブは頭を叩く。「どうしてもっと早く気づかなかったんだろう。僕の緑のランプが点いたら、アリスの緑のランプも点くってわかるんだ」

「もしも私がスイッチをあなたのと同じ設定にすればね」とアリスが言う。

「でも、ちょっと待って！」とアリスが急に大きな声を出す。「私たちが実験で実際に扱っているものについて、ちょっと思いつきました。発生装置で作られたものは、グラスファイバーで二つの実験室に送られます。ということは、発生装置から送られてくるのは光のパルス、パルスのペアのはずです。でも、クォンティンガー教授は私たちがやっているのは量子の実験だっておっしゃっていたから、このパルスはじつは光子なんじゃありませんか？」とアリスは勝ち誇ったように言い切る。

「そうだ！」ボブが興奮をあらわにする。「発生装置は光子のペアを生成して、各ペアの光子の一つを君に、もう一つを僕に送っているんだ。このモデルから、双子が検出される理由が簡単に理解できる。でも、それだけじゃない。いつも双子が検出されるわけじゃない理由もわかるんだ。光子が途中で消えてしまうのかもしれないし、検出器が不完全で、やって来る光子を検出し損ねることもある。つまり一部は消えて、一部は検出されないんだ」

「大当たり！」とジョンが高らかに言う。「君たちは、自分のやっていることを理解するための大事な一歩を踏み出した。僕にはわかっていたよ。ここで何が起きているのか、君たちが突き止めるに違いないって、ずっと信じていた。では、地下に行って発生装置を見てみようか？　もう君たちに見せていいことになっている」

「ぜひ！」とアリスとボブが答える。

地下に着くと、ジョンが箱を開ける。そこにあるのは、まさに光子のペアの発生装置だ［図23］。「とにかく少し動かないと」

ジョンがすべてのパーツについて説明していく。

「けっこう単純みたいですね」とアリスが言う。

「そう、単純だ」とジョンがちょっと得意げに言う。「でもここまで単純にするには、実験開発に何年もかかった。発生装置がどんなものかわかったら、君たちがするべきことは、両側の観測結果の相関について説明するだけだ。たとえば、両方のスイッチを同じ設定にすると必ず結果が同じになるのはなぜか、どんな理由が考えられる？」

「ええと」とアリスが言う。「それぞれの光子について、起こり得る結果は赤と緑の二つです。そしてスイッチの設定は三種類あります。光子の特性で、起こり得る値が二つのものって何かしら？」アリスは頭を抱える。

「わかった！」とボブが声を上げる。「クォンティンガー教授が光の偏光について講義したのを覚えてる？　それぞれの光子は縦偏光か横偏光のどちらかになるって習ったよね。だとしたら、僕たちは光子の偏光を調べているのかもしれない。二つの結果のどちらか、たとえば赤いランプが横偏光に対応していて、もう一方の緑のランプが縦偏光に対応しているみたいな」

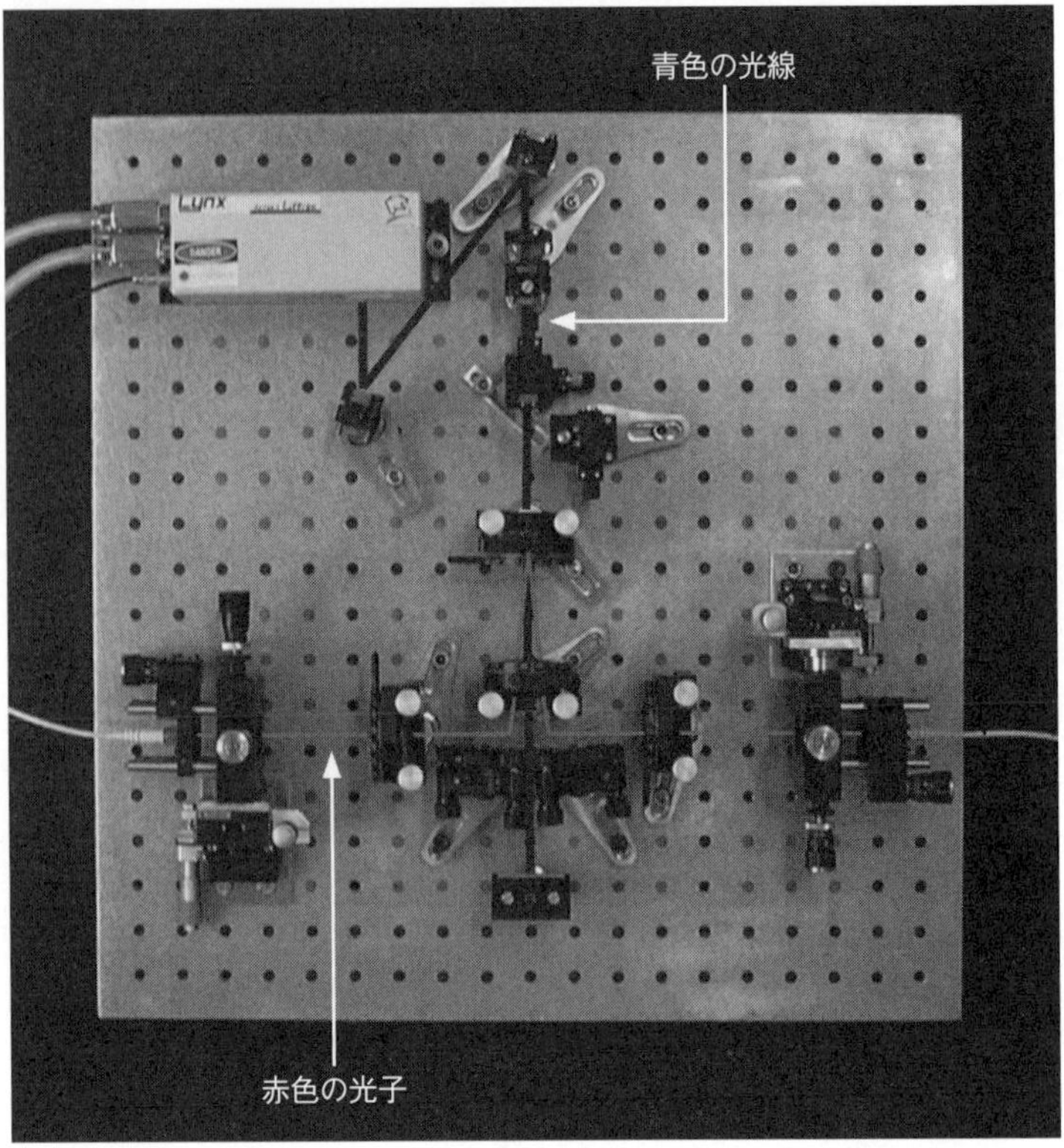

図23　量子もつれ状態となった光子の発生装置。レーザー（図上）の生成する青色の光線が図中央の結晶に入射する。量子もつれ状態となった赤色の光子のペアがここで生成される。これらの光子は方向を転換され、最終的にグラスファイバーに入る（図下右および図下左）。

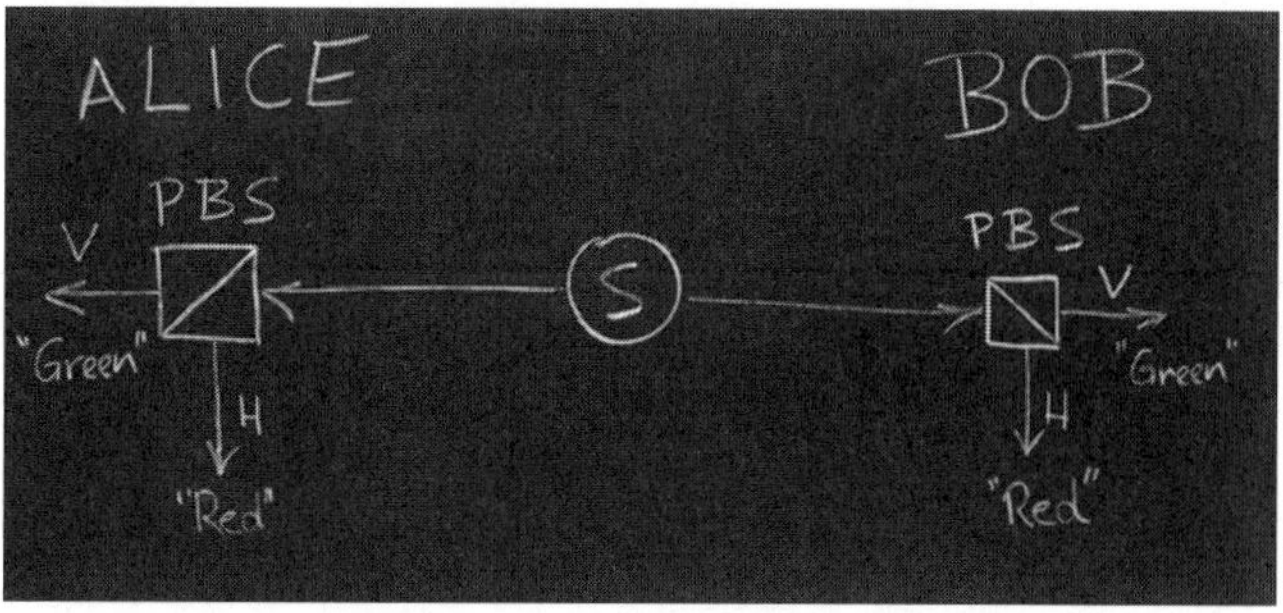

図24　アリスとボブの実験の背後にある原理。発生装置（S）が光子のペアを送り出す。アリスとボブは、偏光ビームスプリッター（PBS）を使って光子の偏光を観測する。結果が横偏光（H）なら赤いランプが点灯し、縦偏光（V）なら緑のランプが点灯する。さらにアリスとボブは、入射光に対してPBSを回転することによって角度を変えることができる。

「また正解だ」とジョンが応じる。「だけどそうすると、スイッチの設定の意味を考える必要があるね」

「ええと」と言いながら、アリスが思案する。「あの講義で教授は、偏光の向きを変えて、まったく違う観測結果を得る方法を教えてくださいました。だから、スイッチのプラス、ゼロ、マイナスという三つの設定は、私たちのそれぞれがもっている偏光装置の三つの角度と対応しているのではありませんか？」

「また大当たり！」とジョンが言う。「ゼロはゼロ度に対応していて、プラスは左三〇度の傾き、マイナスは右三〇度の傾きに対応している」

「この偏光ビームスプリッターには出力が二つあるはずです」とボブが言う。「結果が二つですから」ボブは黒板の前に行き、小さな図を描く［図24］。実験装置の原理を表したもので、発生装置一台と、ボブとアリスの偏光装置二つが描かれている。

「どうやら、光子のペアは同じ偏光をもって生まれるらしい。だから、偏光装置の角度を両方で同じにして同じ偏光を観測すると、赤か緑か、つまり横偏光か縦偏光かについて、同じ結果が出るんだ」

「何が起きているか、ついにわかったわね」とアリスが言う。「プロジェクトは完了ね」

「うん」とボブが同意する。「君の偏光装置がゼロじゃなくプラスかマイナスのとき、僕たちの観測結果が完全に一致することはないだろう。それでも、プラスやマイナスに設定した君の検出器が点灯する確率を予想することはできる。だから基本的に、僕たちは結果を説明することができるようになったんだ」とボブは勝ち誇ったように話し終える。

「確かに」とジョンがボブの言葉を受ける。「君たちはその偏光モデルを使って、すべての結果の説明を試みることができる。君たちは、一つの光子に関する一回の観測からなんらかの結果が得られると考えればいい。選択した偏光装置の角度のそれぞれについて、横偏光か縦偏光かという結果だね。このとき、相方の光子が同じ偏光をもっていることがわかっている。アリスの偏光装置が君のと同じ角度なら、君はアリスの観測結果を確実に予想できる。赤と緑のどちらのランプが点くか、確実に予想できるんだ。アリスが別の角度を選んだ場合でも、君は少なくとも二つの検出器のそれぞれが点灯する確率を予想することができる」

「じゃあ、終わったってことね！」とアリスが言う。「実験は終わったのよね？」

「そう！」とボブが声を上げる。「発生装置はとても単純だってことがわかった。この装置が放出する光子のペアは、両方とも横偏光か、両方とも縦偏光かのどちらかだ。アリスと僕の偏光装置が同じ角度なら、結果は同じになる。角度が違ったら、同じ結果にはならない」

ジョンが満面の笑顔になる。「これはかなり初期に議論されたモデルだ。じつはこれが間違っていると反証したアメリカの物理学者ウェンデル・ファーリーの名前をとって『ファーリーの仮説』って呼ばれている。シュレーディンガーはこのアイデアを、可能性のある提案、可能性のある打開策として持ち出したんだ」

「間違っていたんですか？　どこが間違っているんです？」とボブが問う。

「それはね」とジョンが答える。「自分で考えて。僕はもう行かないと。クォンティンガー教授と僕の博士論文について話す約束があるんだ。それから、ＥＰＲの話はまだ終わってないよ」

ボブはジョンの背中に向かって叫ぶ。「こんなふうにほったらかしにしないでくださいよ！」

ジョンが肩ごしに叫び返す。「君たちならわかるよ！　今までにやった観測について全部よく考えるんだ。そうしたら、自分のモデルのどこがまずいかわかるよ」

ジョンはこれだけ言うと、廊下を曲がって姿を消す。

アリスがボブの顔を見る。ボブも見返す。二人は頭を抱える。二人とも、どうしたらいいのかさっぱりわからない。実験室に戻っても無駄だろう。ジョンによれば、必要なデータはもう全部揃っているそうだから。二人はコーヒーを買い、席に座ってすべてのデータを見直す。

「ジョンは、僕たちの考えた偏光のモデルでは、すべてを説明することはできないって言ってたね。一方の偏光装置をゼロに設定したら、横偏光か縦偏光のどちらかになって、もう一方の光子も同じように横偏光か縦偏光になるってわかってる。相手側の偏光装置もゼロなら、そっちの観測結果がどうなるかは確実にわかる」とボブが言う。

「ジョンは僕たちの偏光モデルが間違ってるって言ってたけど、偏光を使えばすべてが説明できるっていう考えは合ってるとも言っていた。この二つのあいだに何かかみ合わないものがあるに違いない。本当にわけがわからない。何がどうなっているんだか」

「わからない。でも、何が起きているのか、よく考えてみましょうよ。私が偏光装置をゼロに設定すると、光子の半分が横偏光になって、残りの半分が縦偏光になるとする——ゼロ度の角度に対して横偏光か縦偏光になるの。

つまりこれは光子の流れね。そこでは光子がそれぞれ横偏光か縦偏光になってる。そして、まったく同じ光子の流れがボブの装置にも送られる。ボブの偏光装置もゼロに設定されていたら、私のところで横偏光になった光子がボブのところでも横偏光になる。縦偏光の場合も同じじゃね」

「ということは」とボブが勝ち誇ったように言う。「僕らのモデルは正しいんだ。完全相関を見事に説明してるじゃないか」

「ひょっとすると」とアリスが続ける。「完全相関が起きた別のケースも調べるといいんじゃない？私が偏光装置をプラスに設定するとする。この場合、光子の半分は前のから三〇度傾いた角度に対して横偏光を示して、この角度に対して縦偏光を示す光子もいくらかあるはず。それから、ボブの光子も同じように横偏光か縦偏光になっているはずね。ここにちょっと図を描いてみましょうか［図25上・中］。やっぱり、私たちはデータを完璧に説明できるわ」

「何が問題なのか、僕にはまだわからない」

「私もよ。でも、マイナス三〇度のケースも調べてみたらどうかしら」

「それは意味ないよ。マイナス三〇度はプラス三〇度と同じだよ。ただ回転させただけだ」

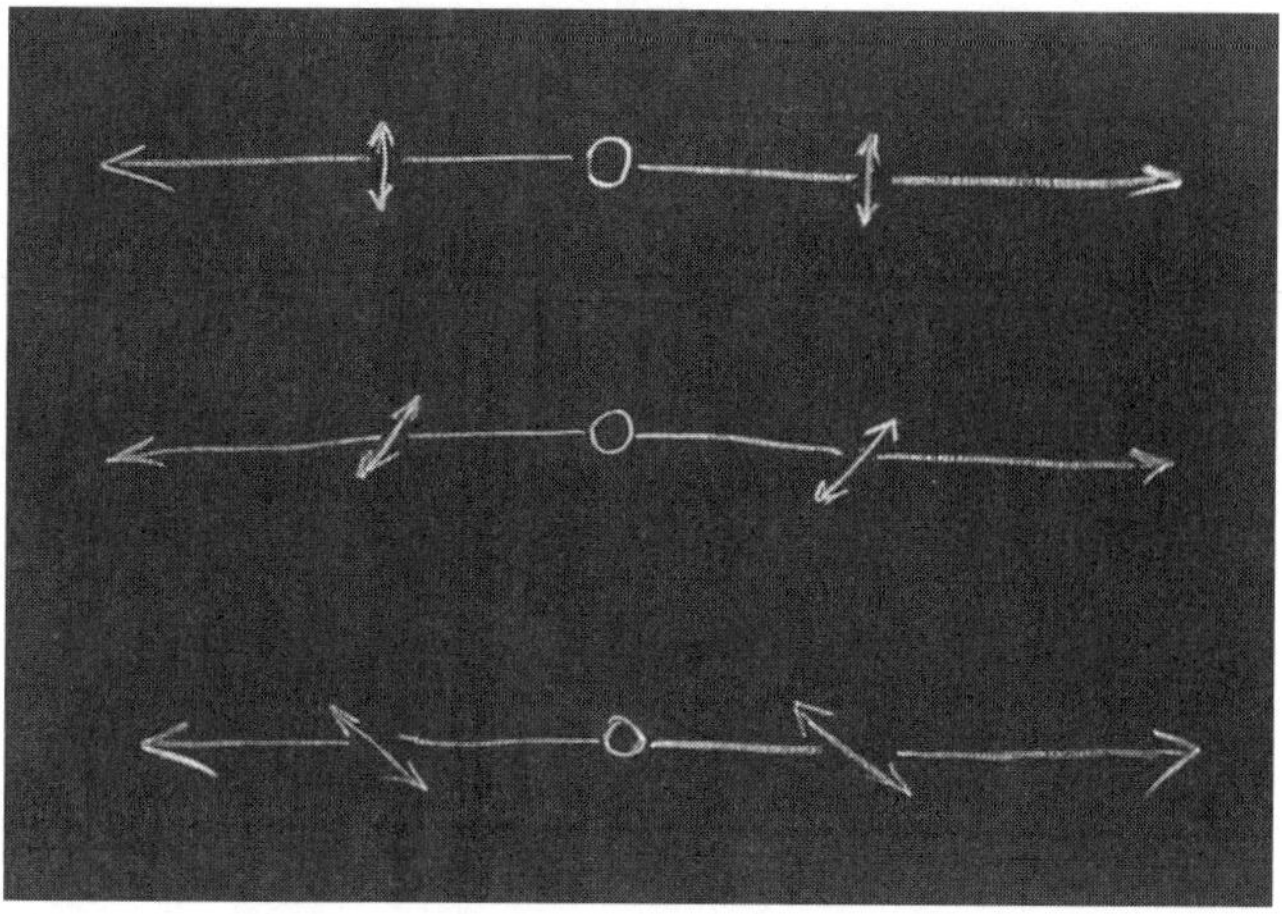

図25　中央の発生装置が同じ偏光の光子のペアを放出する。光子の1つは左へ、もう1つは右へ向かう。2つの光子の偏光は、たとえば2つとも縦方向であったり（図上）、またはある方向へ30度傾いたり（図中）、逆方向へ30度傾いたり（図下）する。

「でも考えてみましょうよ。それでもう一つ図を描くの」［図25下］

「答えは目の前にあるのに、僕たちには見えてないいんだろうな。モデルのどこかが間違ってるんだ。何がいけないいんだろう」

「わかった！」とアリスが不意に大声を上げ、椅子から飛び上がる。「発生装置はどれを放出すべきか、どうやって知るのかしら」

「どういうこと？　発生装置がどれを放出すべきか、どうやって知るのかって。発生装置は同じ偏光の光子を放出するんだよ」

「そうだけど、どの角度に対して？　横偏光か縦偏光かっていうのは、ゼロ度に対して？　プラス三〇度に対して？　それともマイナス三〇度に対して？」

「同じことじゃないかな」

「違う、同じじゃないわ！　この図を見てよ。この三つの図［図25］はそれぞれ違っているけど、三つのあいだで違っているのは光子の偏光の角度だけよ。発生装置はどうやってあらかじめ偏光装置の角度を知って、どんな光子を放出すべきか知ることができるのかしら。さらにわからないのが、たとえば私が偏光装置をゼロ度に設定して、あなたがプラス三〇度に設定した場合ね。ステーションはどちらも基本的に同じだから、違いはないはず。この場合に放出される光子のペアは、どんなふうに偏光するのかしら。ゼロ度に対して横偏光か縦偏光になるのか、それともプラス三〇度に対して横偏光か縦偏光になるのかしら」

「君の言いたいことがわかったよ！」とボブも興奮したようすを見せる。「どんな光子を送り出すか、発生装置が決めなくてはいけなくて、だから偏光装置の角度をあらかじめ知っていて、それに合わせてふるまう必要があるんだ」

「でも、それでは説明できない気がする。だって、私たち二人は何十メートルどころじゃなく、それよりずっと遠く離れている可能性だってあるんだから。じつは、私たちは実験中にすばやくスイッチを切り替えられるのかもしれない。すごくすばやく切り替えれば、発生装置を混乱させられるかもしれない。たとえば、ある瞬間に私が偏光装置をゼロに設定すると、発生装置はそのゼロに合わせて横偏光か縦偏光のどちらかの光子を送り出す。でも、それから私がすばやく別の角度に変えたら、にわかに私の偏光装置の軸に合わない光子を受け取ることになる」とアリスが言う。

「でも、それはどうでもいいことかもしれない。発生装置は、起こり得る全部の角度に対して横偏光と縦偏光の光子を混ぜ合わせて放出するのかもしれない。図にしてみよう」とボブが言う［図26］。

「これで、うまくいかない理由がはっきりしたわね」とアリスが続ける。「光子のペアがたくさんあ

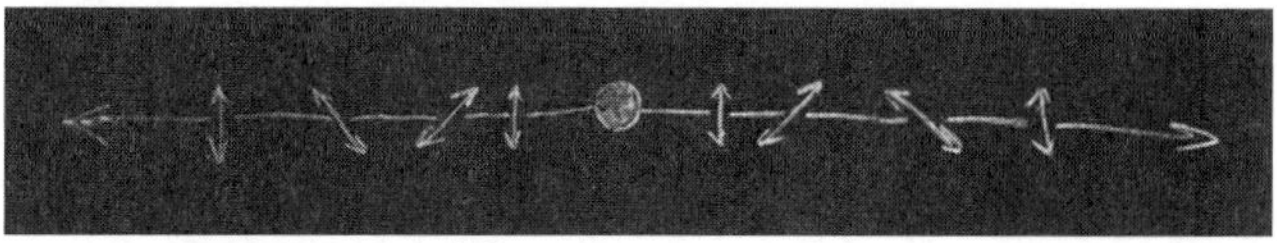

図26　発生装置が光子のペアを次々に放出する。各ペアで2つの光子は同じ偏光をもつ。しかし偏光の向きはペアごとに異なる。このような図では、アリスとボブの観測結果は説明できない。

るなかで、両方とも横偏光か縦偏光で揃っているペアはほんの一部だけ。ほとんどのペアは揃ってないの」

「そのとおり。僕たちが二人とも偏光装置をゼロに設定して、ゼロ度の角度に対して横偏光か縦偏光の光子を二人とも選び出したら、両方で同じ結果が出るのは明らかだ。両方揃って横偏光か、揃って縦偏光かのどちらかになる。今度はたとえば、プラス横偏光の光子、つまり三〇度傾けた軸に対して横偏光の光子のペアを選び出すとしよう。それが僕のゼロ度の偏光装置に入射したらどうなるか。一部は横偏光のチャンネルに入って赤いランプを点灯させるだろう。これは望んでいたとおりだ。だけど縦偏光のチャンネルに入って、緑のランプを点灯させるものもあるはずだ。君のほうでも同じことが起きる。君のところでも、光子の一部は横偏光のチャンネルに入って、一部は縦偏光のチャンネルに入る。つまり赤のランプが点くときもあれば、緑のランプが点くときもある。ランプはいつも一緒に点くのかな？」

「絶対に違う。光子は反対側の光子がどうするか知らないから。覚えてる？教授から、量子力学は確率を与えるだけだって教わったでしょ。つまり、私のところに届く光子はそれぞれ横偏光と縦偏光のどちらに進むか自分で決めなくてはいけなくて、あなたのところに届く光子も同じように、横偏光か縦偏光のどっちのチャンネルに進むか自分で決めなくてはいけない。光子はそれぞれ独立して決めるはず。ときには、というよりじつはかなりのケースで、違う色のランプが点くはずよ」とアリスが言う。

「そのとおり！」ボブが声を上げる。「僕たちのモデルではうまくいかないのは、光子の三分の二が偏光の観測結果の決まっていない状態で放出されるからなんだ。観測結果が未確定で確率的でランダムなんだから、君の結果を僕が確実に予想することはできないはずだ」

「すごいわ。ジョンに報告に行きましょうよ」

アリスとボブは居ても立ってもいられず、ジョンが教授との話を終えて研究室に戻ってくるのを待つことにする。やがてジョンが戻ってくる。上機嫌なようだ。

「クォンティンガー教授は、僕の博士論文の概要と、すでに書いた何章かを基本的にオーケーしてくれた。あと何週間かで書き上げて、博士号をもらえそうな気がするよ。ところで、君たちは僕に何か言いたいことがあるみたいだね。顔に書いてある。さあ、入って」

アリスとボブは研究室に入り、再び椅子に腰を落ち着ける。自分たちの発見を説明し、光子がそれぞれ固定した偏光をもってペアで生成されるが、二つの光子の偏光は同じであるというモデルについて話す。それから、発生装置がたくさんのペアの入り混じったものを放出するが、各ペアはさまざまな角度で偏光していると考える理由も説明する。最後に、このモデルが正しいと思わない理由を説明する。というのは、このモデルでは実験で起きた完全相関が得られないからだ。

「しっかりとよく考えているね。すばらしいよ、アリスもボブも。君たちは間違いなく物理学者だ。モデルを完成させて、その帰結をきちんと見出すことのできる人たちだ」

アリスとボブはこれを聞いて、うれしさでいっぱいになる。

「でも」とジョンが続ける。「問題がある。君たちの偏光装置が同じ角度のときに二つの光子が同じ観測結果を出すのはなぜか、その理由を説明する必要があるね」

「はい、本当にそれは謎です」と、ボブが頭を抱えながら言う。「実験で、二つの光子を同じ方法で観測すると同じ偏光が見られることがわかりました。でも、観測前には光子がその偏光をもっていないということも確認しました。そして、各光子についての個々の観測結果がランダムだと考えると、すごく不可解なことがあります。遠く離れた場所で起きている二つのランダムなプロセスがいつも同じ結果を出すなんて、どうしたらあり得るんでしょうか」

「まさにそこなんだ」とジョンが力を込めて言う。「シュレーディンガーが一九三五年にEPR論文を補足する論文を書いたんだけど、その中でこの点をとてもわかりやすく解き明かしている。彼にとって、二つ合わせた観測については完璧に予想できるのに、一つひとつの観測については完璧な予想ができないということは、とても驚くべきことだった。ランダムな要素がある。彼の考えでは、これは量子物理学においてのみあり得ることで、ほかのところではあり得ないことなんだ。シュレーディンガーはこの状況を表す『量子もつれ』という用語を作って、この量子もつれ﹅﹅﹅こそ量子物理学の本質的な特徴だと言った」

アリスが口を開く。「私が偏光装置をある特定の角度に設定して観測したら、私の装置がボブの装置に、こっちで観測しているものを教えてあげるっていうことですか？」

ジョンは笑顔を浮かべる。「アインシュタインとポドルスキーとローゼンは、その問題に気づいていたよ。三人はそれを公式化して、今ではそれが局所性の仮定って呼ばれている。『観測の時点で二つの系はもはや相互作用していないので、第一の系で生じる事柄の結果として第二の系で真の変化が起こることはあり得ない』としたんだ」

「またわけのわからないのが出てきたな」とボブが言う。

「大丈夫」とジョンが言う。「もっと詳しく説明しよう。彼らが言おうとしたのは、君たちの実験にあてはめるとだいたいこういうことだ。観測の瞬間、二つの物理的な系、すなわち発生装置で生成されてそれぞれの観測ステーションに送られた二つの光子は、もう互いに作用しあっていない。二つは遠く離れている。実際、すごく遠く離れていて、どんな信号もどんな情報も、アリスのステーションからボブのステーションへたどり着くまでには長い時間がかかる、ということは簡単に想像できる。知ってのとおり、どんな信号も光の速度を超えることはできないからね」

「じゃあ、私の観測についてボブのステーションに伝える情報はあり得ないんですね。なんだかすごくおもしろい！」とアリスが声を上げる。「ということは、あの説明は却下だわ」

ボブはもう少し粘る。「それが正しいって、どうしたらわかる？　君と僕の観測ステーションはすぐ近くにあるんだから、君の観測結果を伝えるのに間に合うように信号が僕の装置に届くことだってあり得るんじゃないかな」

ジョンが割って入る。「確かに理論上は、君たちの実験にその可能性は残っている。でも何年か前にインスブルック大学でグレゴール・ヴァイスらが実験をして、その可能性はきっぱりと否定された。まあ、これについてはあとにして、今はこの新たにわかったことで何ができるか考えることに集中しよう」

「わかりました」とボブが応じる。「僕たちの実験がどんな距離でもうまくいって、一方のステーションから相手のステーションに信号を送って何かを変えることはできないっていうのを信じます。でもそうだとすると、大きな問題があります。装置がたまたま同じ角度に設定されるのなら、僕らの見た完全相関はどうしたら説明できるんですか?」

「それのどこがいけないのかな?」とジョンがボブに問う。

「いえ、いけなくはないのかもしれませんけど、答えは出ていないですよね。実在の要素に関するEPRの主張について、僕の記憶が正しければ、それは僕たちの実験にもあてはまるはずです。偏光装置の角度がどうであれ、とにかく観測をすれば、アリスの側の観測結果を確実に予想することができます。アリスは偏光装置を同じ角度に設定すればいい。そうしたら、僕の予想が正しいってアリスは証明できますよね」

「そのとおりです」とアリスが続ける。「ボブの言うことはわかります。だから、ボブがスイッチを私と同じ設定にしたら、赤でなく緑のランプを点灯させるボブの光子が物理的実在の要素をもっているに違いないと考えるのは理にかなっています。つまり、緑のランプが点くようにボブの装置にふるまわせる何かが、ボブの光子にあるはずです。それがこの光子のなんらかの特性に違いありません。

それはたやすく見えるものかもしれませんが、それが偏光ではあり得ないということはわかっています。あるいは何か隠れたもの、見るのがすごく難しいものか、もしかしたら直接観測することさえできないものかもしれません」

アリスの話を理解して、ボブは口を開く。「ねえ、すごくいいたとえを思いついた。人の体の特徴を決定する遺伝子にたとえられるんだ。黒髪になるか金髪になるかは遺伝子によって決まる。つまりこれって、例の双子の話とよく似てるよね。特定の双子のペアを選んだときに、二人とも髪が黒かったら、それは髪の色を決める遺伝子が同じだからだ」

アリスが続ける。「そうね、そう考えられる。たとえばスイッチが両方ともゼロのときには、スイッチがゼロのときに緑か赤のどちらが点灯するかを決めるゼロの特徴を光子がもっているって考えればいいのね。そういう特徴が存在するって断言できるのは、両方のスイッチが同じ設定のときは必ず同じ色のランプが点くから。別の言い方をすれば、二つの光子は横偏光か縦偏光か、同じ偏光を示すということ」

「君たちが今もちだしたのは、隠れた変数って呼ばれているものだよ。では、隠れた変数とは何か、簡単に説明しよう。一卵性双生児の男の子が二人いるとする。

まず、僕たちにわかる限り、二人はそっくりだ。まったく同じ特徴をもっている。

次に、二人の成長を考えると、二人の特徴は最初から同じだったことに気づく。双子の兄弟は生まれつき、髪の色も眼の色も、その他もろもろも、同じだったんだ。

それから、二人は同じ遺伝子をもっているからそっくりなんだと、ごく簡単に説明できることを僕たちは知る。細胞の中に同じ情報をもっているんだ。

この遺伝子は、双子の兄弟のもつ隠れた特性と見なせる。じつは、この遺伝子は体のすべての細胞に入っているのだけど、長らく知られていなかった。現代の生物学研究で発見されるまではね。そんなわけで、これらの隠れた特性が二人の特徴を決定する。個々の特徴の発現は、遺伝子に書き込まれた固有の情報によるものなんだ。一卵性双生児の場合、この固有の情報が同じだから、二人の特徴が同じになる。

だけど、個人の特徴が完全に遺伝子で決まるわけではない。環境も影響する。母親の胎内にいるときのわずかな条件の違いから始まってね。たとえば一卵性双生児でも、指紋は違う。個々の特徴のうち、どこまでが環境によるもので、遺伝子の影響はどのくらいかという問題については、科学者のあいだでまだ激しい議論が続いている。もっとも僕たちの議論に関しては、これは重要ではないけど。

同じ説明を君たちの量子実験にもあてはめたらよさそうだね。両方で同じ観測をすれば、二つの光子が同じ特徴をもっていることがわかる。双子の場合、観測とはたとえば髪の色を調べることだ。光子の場合、偏光装置をある角度にしたときの偏光を調べることだ。つまり、光子も遺伝子みたいな何かを運んでいるなら、このたとえは完璧だ。じつは、こういう説明については、物理学者がすでに考えている。しかしおもしろいことに、この説明は量子の双子にはあてはまらないんだ。量子の双子は、ふつうの双子とは相当違っているんだ。量子もつれ状態にある量子のペアがそっくりなことについては、隠れた特性では説明できない。これについてはこれから詳しく見ていこう」

局所的な隠れた変数に関するジョンの話

「物理学者が局所的な隠れた変数モデルと呼ぶものの議論に入ろう。たとえば生物学における遺伝子などがそのモデルの例だ」とジョンが続ける。

「基本的な問題は、観測結果が粒子のもつ未知の特徴で説明できるかどうかだ。たとえば、君たちがそれぞれの偏光装置をゼロ度に設定した場合、それぞれの粒子は横偏光と縦偏光のどちらを示すか、そして緑と赤のどちらのランプを点灯させるかについての指示を受けていると主張される。このような変数を『隠れた変数』と呼ぶ。こう呼ぶのは、必ずしも直接見られるわけではないからだ。正しい観測結果が現れるように作用すれば十分なんだ。『局所的』と呼ぶのは、たとえばアリスの側の観察結果はボブの側の観察結果とは無関係だからだ。結果はアリスの装置の局所的な設定と、粒子のもつ隠れた変数だけに依存する。

ここで大事なのは、アリスとボブ、君たちがいつでも好きなときに偏光装置の角度を選べるという点だ。実際、光子が発生装置を出たあと、ぎりぎり最後の瞬間でも、角度を変えられる。これはとても重大な影響をもたらすので、プラスとゼロとマイナスという装置のすべての設定において、隠れた変数という実在の要素が存在する必要がある。というのは、アリスが三つの設定のどれを選ぶにしても、ボブがスイッチをアリスと同じ設定にすれば、自分のと同じ色のランプがボブのところでも点くと確実に予想できるからだ。つまり、アリスがプラスの設定を選んで赤いランプが点くのを観察して、ボブもスイッチをプラスに設定したら必ず、ボブのところでも赤いランプが点くと確実に予想できる。つまり、偏光装置の角度が何度であっても、粒子は両方とも明確な結果を示す用意ができていなくてはならない。

これは、アインシュタインとポドルスキーとローゼンが指摘した、ある非常に重要な点と関係している。アリスとボブのそれぞれの観測ステーションは、じつはもっと遠く離れていてもかまわないんだ。たとえば極端な話、何光年も離れていてもいい。一つが地上にあって、もう一つが遠くの恒星にあって、そのあいだに発生装置があってもいいんだ。こんな実験はまだ実際には行なわれていないけれど、いつか実行していけない理由はない。そして僕たちにわかる限りで言えば、結果は同じになるはずだ」

「つまり、ここで私たちはまたＥＰＲの局所性の仮定に出会うってことですね」と、アリスが口をはさむ。

「そのとおり」とジョンが答える。「アリス、君が予想した実在の要素は、ボブが君と同じスイッチの設定を選ぶかどうかとはまったく無関係なはずだ。さらに、この系がこうした追加の実在の要素をもっているかどうかは、ボブがそもそも実験をやる気があるかどうかともまったく無関係なはずだ。

同様に、二つの粒子は同じ隠れた特性をもっていて、僕たちが実際に見るかどうかとは無関係に、プラスかゼロかマイナスかの三つの設定それぞれに対してどっちのランプが点くかを決めるはずなんだ。僕の仲間のマイク・ホーンが前に指摘したことなんだけど、単純に言えば、僕たちは二つの粒子それぞれが、特定の角度の偏光装置に入射したときにどうふるまうべきかを教える指示のリストをもっていると考えることができる。間違いなく、粒子は、偏光装置のすべての角度について必要となる可能性のある指示をもっているはずだ。つまり、プラスとゼロとマイナスだけに制限すれば、リストはこんなふうになる——」

ジョンは黒板にリストを書き始める［図27上］。

「次の粒子はこんなリストをもっているかもしれない」と言って、ジョンは黒板に二行目を書く［図27中］。「さらにその次はこう［図27下］、といった感じで続いていく。それぞれの粒子には、こんなふうに明確な指示が与えられているんだ」

「なるほど、両方の粒子に同じ指示が与えられているのは間違いないですね」とアリスが言う。「そして、それぞれの粒子がそのリストをもって進んでいくんですね」

「確かに」とボブが議論を引き継ぐ。「偏光装置にぶつかると、粒子はその角度を調べる。それから、自分が検出してもらうにはどっちの検出器に向かえばいいか、指示のリストを調べるんだ」

「それは」とジョンが続ける。「かなり単純化した言い方だけどね。でも原理としては、隠れた変数というのはそういう働きをする。それぞれの粒子が、どんな観測がされたときにどんな結果を示すべきかを定める特性を備えている。ということは、完全相関は両方の粒子のもつ隠れた変数が同じだっていう事実で簡単に説明できる。どの観測が行なわれるかは最初からわかっているわけではないから、すべての粒子は行なわれる可能性のあるすべての観測についての指示をもっている必要があるんだ」

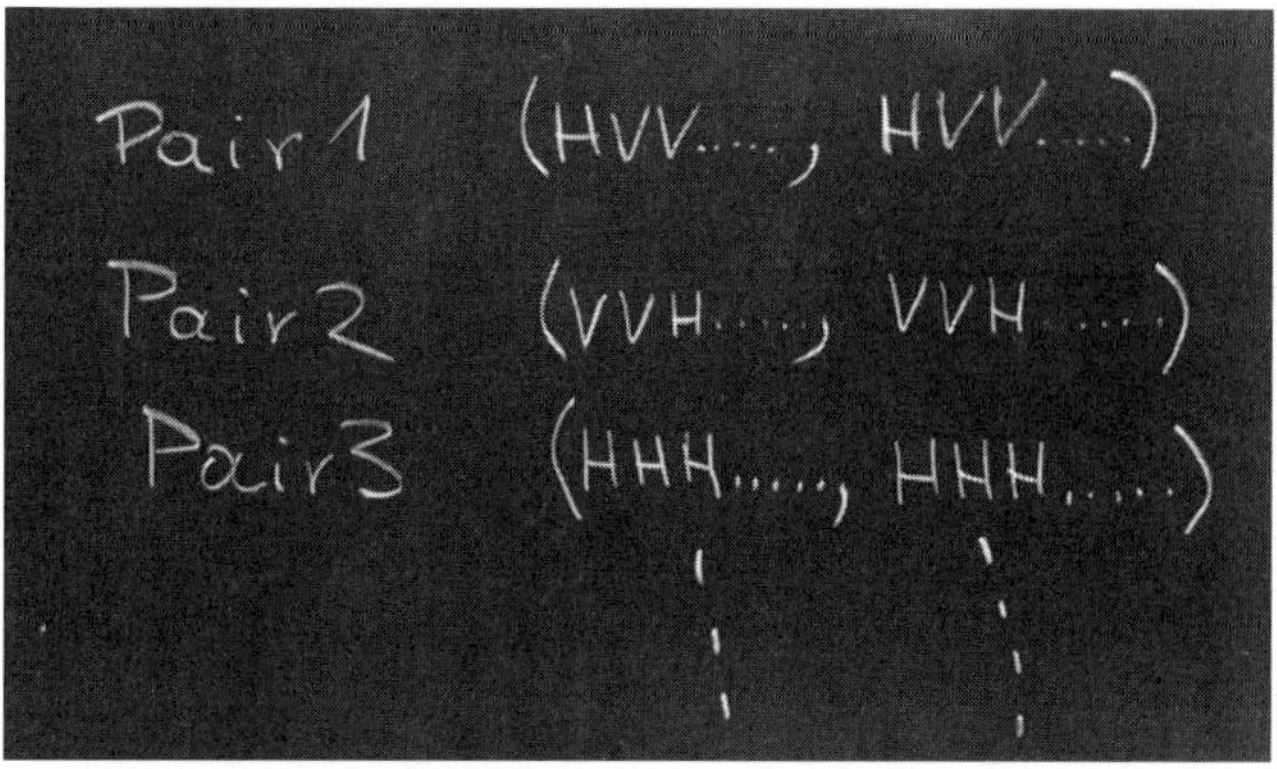

図 27　完全相関の達成を目指す光子のペア 3 組の指示のリスト。各光子は、偏光装置がとり得るすべての角度に関する指示をもつ。これらの指示は、光子がその角度に対して横偏光（H）と縦偏光（V）のどちらになるべきかを伝える。カッコ内で、コンマの前の指示はペアの第 1 の光子に対するもので、コンマのあとの指示は第 2 の光子に対するものである。第 2 の光子は常に第 1 の光子と同じ指示をもつ。しかし、発生装置が生成する光子のペアごとに指示は異なる。たとえば 1 行目は、プラス 30 度の偏光装置にぶつかったときには両方の光子が横偏光を示し、0 度かマイナス 30 度の偏光装置にぶつかったときには両方の光子が縦偏光を示すという意味である。

「このモデルはあり得そうね」とアリスが言う。「ちょっと複雑だけど、うまくいきそう」

「でも、残念なことがあってね」とジョンが続ける。「まあ、僕たちが調べている筋書きの中ですごくおもしろい点でもあるんだけど、この考え方は人間の双子にはよくあてはまる。けれど、量子もつれ状態にある量子的粒子にはあてはまらないんだ。この種のモデルが予想することを計算すると、それは起こり得るあらゆる観測について量子力学と一致するわけではない、ということをジョン・ベルが発見した（ベルの定理）。詳細は別の機会にとっておこう。ただそれだけ言っておきたい。このモデルは君たちが見た完全相関を説明できるからね。偏光装置を二つとも同じ角度にした場合の説明になる。でも、起こり得る相関を全部説明できるわけではないんだ」と言って、ジョンはモデルの説明を終える。

ジョンのレクチャーのあと、部屋はしばらく静まり返っている。やがてアリスがおずおずと口を開く。「あなたが私たちとやっているのは、どんなゲームなんですか？　私たちは偏光を使ったすばらしいモデルを考えたのに、結局それを却下しなくてはなりませんでした。次に二つ目のモデルを考えて、それは偏光を使ったのよりもさらにすばらしいのに、また違うと言われてしまいました。これはいつまで続くんですか？」

「大丈夫」とジョンがアリスを励ます。「トンネルの出口で光が差してくるところまであと少しだし、自然についてとても深い学びがもうすぐ得られるよ。でも今のところは、また君たちだけでやってほしい」

部屋を出るアリスとボブは、すっかり混乱している。あの隠れた変数モデルのどこがいけないのだろう。二人がそれぞれの装置を同じ設定にすれば、いつも同じ結果が出た。両方で同じ結果が出ているのに、その系には結果を決める特性がないとは、いったいどういうことなのか。あの説明が間違っているというのなら、正しい説明とはどんなものなのか。結果を説明できる別の方法としては、二つの装置のあいだでなんらかの秘密のやりとりをするくらいしか考えられない。しかしＥＰＲの局所性の仮定によって、遠く離れた二つの装置によるそのようなやりとりは否定される。ジョンが言ったように、装置の一つが地上にあって、もう一つが遠くの恒星にある場合、情報が届くまでに何年もかかる。というのは、光速より速く運動できるものはないからだ。そんなわけで、アリスとボブは再び混乱の極みに陥り、途方に暮れる。

「どうしたらわかるんだろう」とボブが言う。「ジョンがこのモデルが正しくないって言ったのは、どういう意味なのか。電話してみよう」

ジョンが電話に出ると、アリスが単刀直入に尋ねる。「私たちは頭の中だけで、あのモデルが間違っているということを確かめなくてはいけないんですか、前のときみたいに」

「いや」とジョンが言う。「もっと実験をやっていいよ」

「でも」とアリスがため息をつく。「もう、何を調べたらいいのかわかりません。二人の偏光装置を同じ角度にしたら、完全相関が見られました。二つの装置の設定が同じでなければ、完全相関は起こり得ないということも確認しました。それで、今度はどうしたらいいんですか？」

ジョンの返事はいささか謎めいている。「どうしたらいいか、僕が今教えてはいけないことになってる。君たちが自分で答えを探すんだ。一つだけヒントをあげよう。君たちはまだすべての可能性を調べてはいない。思い出して。スイッチの設定は自由に選んでいいし、光子の数を数えることもできるってことを」

やっぱりよくわかりません、とボブが言う。しかしジョンはそれ以上のヒントをくれようとはしない。

アリスとボブの実験がややこしい結果を出す

そんなわけで翌日の木曜日の朝、アリスとボブは気分の晴れないまま顔を合わせ、これからどんな観測をすればいいか考える。

「考えられる組み合わせは全部やったでしょ」とアリスが切り出す。「ボブと私、それぞれの設定について。実験装置をいじり始めたとき、最初にやったから。ほかに何ができる？」

「これまでにやったことを振り返ってみようよ。月曜日、僕たちは自分たちだけで光子を観測して、データに秩序がないことを発見した。それから、個々の光子の観測にルールがないからそうなるんだということを知った。完全にランダムだよね」とボブが言う。

「火曜日に発見したのは」とアリスが続ける。「光子が発生装置からペアで放出されるってこと。私たちの検出器では、光子全体の五分の一くらいしか検出できないとしてもね」

「それから水曜日には」と今度はボブが言う。「両側で同じ角度の偏光を観測すると、結果が同じになるということに気づいた。それで二人それぞれの装置で設定を同じにすると、完全相関が起きるのを発見した。でも、ちょっと待て。たまたま同じ設定を選ばなかったときの結果をちゃんと見ていなかった。この場合の数字も調べるべきじゃないかな」

アリスが抵抗する。「この数字から何がわかるって言うの？　ランダムだってわかったじゃない。私のほうで赤いランプが点いたとき、あなたが設定を私と同じにしていなければ、緑が点いたり赤が点いたり、ばらばらよ」

「でも、今ではその理由がわかってる」とボブが続ける。「君が装置をゼロに設定したら、つまり偏光装置をゼロ度に設定して光子を観測したら、最終的に光子を検出する検出器のチャンネルによって、偏光はゼロ度か九〇度のどちらかになるからね。それから、僕の偏光装置が同じ角度でなければ、光子はどちらかのチャンネルに進む。それだけだ。とにかく、得られる正確な数字を調べるべきかもしれない」

「つまり」とアリスが折れて、肩をすくめながら言う。「ほかにできることがないから、それをやるしかないってことね」

そこで二人は、ボブとアリスのそれぞれの設定で可能な組み合わせをすべて調べることにする。ただし、同じ設定の組み合わせはすでに実験済みなのでやらない。手順は単純で、アリスのスイッチをたとえばプラスに設定し、ボブのスイッチをゼロにして二〇〇秒間、緑と緑、緑と赤、赤と緑、赤と赤のそれぞれの組み合わせが出現する回数を数えるだけだ。念のため、すべての組み合わせで観測を二回ずつしようと決める。

前と同じようなリストができあがる。リストは全部で一二個ある。観測したすべての光子について、コンピューターが観測した時間、装置の角度、点灯したランプの色が記載されている。一二個のリストのプリントアウトを手に、二人はまたカフェテリアで会って、何が起きていたのか考える。

「このぐちゃぐちゃをどうするの?」とアリスが尋ねる。

「そうだな、両方の検出器が何かを検出した時間を調べるのが先決じゃないかな」とボブが答える。

アリスが笑顔を浮かべる。「その何かが光子だっていうことはもうわかっているわ。だから光子って言いましょうよ。そのほうが簡単でしょ」

ボブも笑顔を見せる。「うん、光子というのがどんなものかわかってるんだったら、みんなに教えてあげるといい。アインシュタインは光子の正体を突き止めることができなかった。晩年にこう言ったそうだ。『五〇年間、必死に考えてきたが、光量子とは何かという問いの答えに近づくことはできなかった。近ごろでは誰もがわかったつもりでいるが、それは間違いだ』ってね。でも、アインシュタインは安心していい。アリスがわかっているから」とボブがアリスをからかう。「でも、『光子』っていう言葉を使うのは、じつはそれが何だかきちんとわかっていなくても、状況について語る一つの手立てにすぎないと思う」

「そのとおりね」とアリスが認める。「たぶん、そういうことね。私たちには、目にするものについて語る手立てが必要だってことと」

今、二人にできるのは、どちらの側で何色のランプが点灯し、反対側では何色のランプが点灯したか、つまり緑と緑、緑と赤、赤と緑、赤と赤という四つの組み合わせに従って結果の回数を数えることだ。

「じゃあ、プラスとゼロの結果を見てみよう」とボブが提案する。「君の偏光装置を三〇度、僕のをゼロ度にしたときの結果だ。この設定で二〇〇秒観測した結果を二つ合わせると、一致が起きたのは八九回だ。つまり、両方の装置で同時に粒子を観測できたのが八九回ってことだね。赤と赤が三一回、緑と緑が三五回、赤と緑が一一回、緑と赤が一二回。これはどういう意味なんだろう。数字はみんな違っているね」

二人はしばらく数字を見つめる。やがてアリスが沈黙を破る。「ちょっとわかった気がする。両方で同じ色を記録した回数を合わせると、三一足す三五で六六回になる。違う色を記録した回数は、一一足す一二で二三回。ざっくり言うと、同じ色になる確率は、違う色になる確率のだいたい三倍ね。この数字を説明できるようにしないとね。私たちにわかっているのは、二つの偏光装置が互いに対して三〇度の角度だってこと」

「その意味ならわかる」とボブが続ける。「僕の装置はゼロ度に設定されていた。つまり緑の結果が出たとき、光子は縦偏光だったってことだ。それから、僕の結果から考えて、君の光子も縦偏光だ」

「そうね」とアリスが熱のこもった口ぶりで言う。「今度は私がこの縦偏光の光子を三〇度の角度で観測する。マリュスの法則を覚えてる？　教授が偏光について講義したときに教わった、あれね。あの法則によると、こういう光子は三〇度の角度に対して縦偏光だから、あなたの緑の検出器で観測される確率が七五パーセントになる。そして私の偏光装置に対して横偏光になっていて、二五パーセントの確率で赤の検出器で検出される。これはふつうの観測の不確定性の範囲内で観測されたものにすぎないわね」

「じゃあ、ほかの結果も見てみようよ」とボブが提案する。「次はゼロとプラスの実験を見るといいんじゃないかな。君の偏光装置をゼロ、僕のをプラスにする組み合わせだ」

ゼロとプラスの実験も、アリスの仮説に合致することが判明する。正確に七五パーセントと二五パーセントというわけではないが、それに近い。このわずかな誤差を二人は受け入れる。光子をカウントするとき、数字は決して正確にはならないとわかったからだ。数字はいくらかぶれるのがふつうなのだ。

「ってことは」とボブが言い出す。「ほかのどの実験でも、同じようなデータが得られるはずだ。『赤と赤』か『緑と緑』っていう同じ色の結果が七五パーセント、違う色の結果が二五パーセントだ」

二人がリストを調べると、ゼロとプラス、マイナスとゼロ、ゼロとマイナスの組み合わせのときには、確かにこの予想が当たっていることがわかる。しかしプラスとマイナス、マイナスとプラスの組み合わせでは、結果はかなり違って見える。この場合、同じ結果が二五パーセントで、違う結果が七五パーセントになる。

「でも、もう簡単に説明できるじゃない」とアリスが言う。「偏光装置のプラスとマイナスのあいだが六〇度開いているんだから。それなら、マリュスの法則はまさに私たちの観測を予想しているわ」

アリスとボブは気分が高揚してくる。自分たちの観測した数字がついに理解できたのだ。

「すばらしいデータだね」と、不意に背後から声が聞こえる。クォンティンガー教授がたまたまカフェテリアを訪れ、アリスとボブが頭を突き合わせてメモを調べているのを見かけて、こっそり近づいてきたのだった。教授は二人の前の紙を見ると、データの意味することをたちどころに理解する。

「すごい！　よくやった。まさにやるべきことをちゃんとやったね」

「でも、意味がぜんぜんわからないんです！」とアリスが声を上げる。

ボブも言う。「両方の設定を同じにすると、完全相関になりました。それで僕たちは単純に、両方の光子が同じ偏光をもって生まれたんだと思ったんです。でも、そのモデルは成り立ちませんでした。発生装置は自分がどちらの偏光を放出すべきか知ることができないので。つまり、光子は観測される前には偏光をもっていないんです。そして観測された瞬間に、ペアで同じ偏光をもつんです。僕はすっかり混乱しています」

「この完全相関を説明するために」と今度はアリスが言う。「粒子が何か未知の特性をもっているのではないかと考えました。隠れた変数があって、光子は自分がどちらの検出器を作動させるべきか、その変数から指示されているのではないかと。でも、ジョンに言われたんです。このモデルはベルの定理に反しているって。だけど私たちはまだこの定理のことを知らないんです。それから、もっと観測をするようにってジョンから言われました。だから私たちはほかの相関も観測しました。でも、よくわからないんです。光子が隠れた変数をもっているという仮定と、どうして合わないんでしょうか」

教授は腰を下ろす。

「君たちは確かに、局所的な隠れた変数モデルに反駁《はんばく》するのに必要なデータをすべて観測した。だが、私の話をもう少し聞いてほしい。アインシュタイン、ポドルスキー、ローゼンによるあの有名な論文、これについては君たちはもう知っているね、あれが発表されてから、北アイルランドの偉大な物理学者ジョン・ベルが、君たちの観測したような結果の重要性に気づくまで三〇年かかった」

「はい、ジョンもベルの定理のことを話していました。それで、その定理が関係しているんですか?」とボブが尋ねる。

教授が答える。「そうだ。では、これからすべて話してあげよう」

ジョン・ベルの物語

「ジョン・ベル［図28下］は北アイルランド出身の物理学者で、スイスのジュネーヴにある欧州原子核研究機構、通称CERN《セルン》で働いていた。CERNは第二次世界大戦後に創設された。この大戦は壊滅的な被害をもたらしたから、戦後にヨーロッパ各地から物理学者が集まって、新たな研究所を作ろうと決めた。そこに集まって、アイデアをやりとりし、ともに科学研究の目標を追求し、協力しようと考えたんだ。彼らはこうして相互理解を育《はぐく》もうと願った。研究所は、戦争中も中立の立場を守ったスイスに設置された。そこにはさまざまな先進的な装置がある。粒子加速器とかね。それでここは物理学で世界をリードする研究所の一つとなった。

ベルは故郷北アイルランドのベルファストで研究していたが、一九六〇年にCERNに移った。新しい粒子加速器の設計に関心があって、従来よりも効率のよいすぐれたものを製造するのに尽力した。しかしその一方で、基礎的なテーマにも強い関心を抱き続けていた。CERNが創設されたころ、そうした基礎研究は時流から外れていた。この種の議論はしばしば「単に哲学的」と見なされ、多くの物理学者はそんな議論はやめるべきだと考えた。「ふさわしくない」とされていたのだ。また、量子力学を個々の物理学者が理解するのは難しいかもしれないが、重大な問題はすでに、シュレーディン

図28　1942年ごろ、ダブリンに近いアイルランドの海辺に立つエルヴィン・シュレーディンガー（上左）。1953年、プリンストンでのアルベルト・アインシュタイン（上右）。1982年、リリプットバーン（ウィーンのプラーター公園にある子ども用鉄道）に乗るジョン・ベル（下）。

ガーやボーア、ハイゼンベルク、そしてイギリスのポール・ディラックといった量子力学を創始した巨人たちがすべて片づけてくれたとする見方も広く受け入れられていた。

量子力学についてのベルの懸念は、物理学者のあいだで真剣に受け止められていなかった。どんな議論がなされているかを知る必要があれば、偉大な創始者たちの論文を調べればいい、と彼らは思っていた。そしてベルはまさにそうして、驚くべき事実を発見したんだ。

アメリカ生まれのイギリス人物理学者デイヴィッド・ボームは、一九五二年、量子物理学を超えた理論である隠れた変数理論について書いた」

「隠れた変数については聞いています」とアリスが口をはさむ。「それは相関については役立たないってジョンに言われたんですけど、その理由がまだ私たちにはわからないんです」

「でも、隠れた変数理論って何なんですか?」とボブが尋ねる。

「うん、君たちの実験ではなぜそれが役に立たないのか、あとで説明しよう。だがまずは、隠れた変数理論とは何か。量子物理学は統計的な予想しかしない」

「それは違います」とアリスが割って入る。「私たちの場合、完全相関が起こります。私のところである観測結果が得られたら、ボブの偏光装置が私のと同じ角度になっている場合、私はいつでもボブのところで出る結果を確実に予想できます。だからこれはもう、統計的予想ではありません」

「すばらしい!」と教授が認める。「例外はある。だがたいていの場合、粒子がどちらの検出器に入るかを確実に予想することはできないんだ。だからこの統計的予想には、常に懸念が寄せられてきた。アインシュタインを筆頭にしてね。彼は、基礎的な理論にそんなふうにしてランダムな性質が入り込むのが気に入らなかった。決定論的な隠れた変数理論は、単にこのランダムな性質を克服する一つの方法にすぎない。要するに、それぞれの粒子が追加の特性をもっていて、じつはそれが粒子の進む道や、偏光装置にぶつかったときのふるまい、検出器に検出させるかどうかを決定するのだ。

こうした追加の特性を隠れた変数と呼ぶのは、私たちにはそれが直接観測できないと考えるからだ。見えるのは間接的な影響だけである。というのは、そうした影響が多くの粒子の統計を決定するからだ。つまり、ある発生装置から放出される多数の粒子の集団について見れば、隠れた変数は粒子のあいだにさまざまな形で分布しているかもしれないが、それぞれの粒子のふるまいは、それぞれがもつ隠れた変数によって明確に定められている。最終的に、たくさんの粒子を調べれば、量子力学による統計的予想が取り戻せる」

「すばらしいアイデアみたいですね」とボブが応じる。「それなら僕たちはランダム性や偶然について心配する必要がなくなります」

「確かにすばらしいアイデアかもしれないな。だが、私の話に戻らせてくれ」と教授が言う。「ベルはボームの書いた隠れた変数理論について聞くと、その状況に懸念を覚えた。一九三〇年代、ハンガリー生まれの有名な数学者のジョン・フォン・ノイマンが、すでにそのような理論が数学的には不可能だと証明していたからだ。ということは、フォン・ノイマンかボームのどちらかが間違っている。

この問題にベルはたちまち心を奪われ、フォン・ノイマンの論文とボームの隠れた変数理論を入念に検討し始めた。そして二つの発見をした。どちらも物理学でのちに大きな意味をもつことになる。ベルはまず、フォン・ノイマンによる最初の証明が誤りであることを証明できた。偉大な数学者だったフォン・ノイマンは、物理学では根拠が認められない仮定をしていた。その仮定については、私たちが深入りする必要はない。アメリカ人物理学者のデイヴィッド・マーミンは、このフォン・ノイマンによる仮定を『ばかげている』と言った。

関係した話がもう一つあって、それはオーストリア生まれの物理学者でノーベル賞受賞者のヴォルフガング・パウリとフォン・ノイマンとのやりとりにまつわるものだ。あるとき、フォン・ノイマンはとても興奮したようすで、自分はある重要な事柄を証明できるとパウリに言った。皮肉な物言いで知られるパウリは、こう返したそうだ。『物理学が単に何かを証明するだけでいいなら、君は偉大な物理学者だろうね』と。礼儀をわきまえていたとは言えないが、パウリの言うことには一理あった。物理学では直観もとても大事で、数学的に証明できればいいってわけじゃないんだ。

ともかく、ベルはフォン・ノイマンの証明を一蹴し、隠れた変数理論の可能性を調べる新たな領域への扉、もしかしたら量子力学を超えた場所へ至るかもしれない扉を開くことができた。つまり、ボームの理論には誤りがなかった。ボームが実際に言っていたのは、個々の粒子は明確に定められた軌道をたどるということだ。粒子は位置と運動量の両方を備えている。つまり、転がる小石と同じように、各瞬間に明確な速度があるということだ。厄介なのは、量子力学ではそれぞれの粒子が位置と運動量を同時にもつことはできないとされていることだ。これはハイゼンベルクの不確定性原理だね。そこで問題は、ボームはどうやってそれを回避するのか、ということだ。彼は自分の粒子がなんらかの追加的な力に導かれると考える。この力は『量子ポテンシャル』と呼ばれ、これによって粒子は量子力学の予想する場所に行き着くというのだ。

これはすべてきちんと成り立つと思われ、これで二重スリット実験も説明できた」
「わかりました！」とアリスが言う。「これで私たちの実験が説明できるんですね！」
「まさにそれが問題でね」と教授が答える。「ボームの理論では、発生装置から一緒に放出された量子もつれ状態にある二つの粒子のもつ量子ポテンシャルには、とても妙な性質がある。二つがどんなに離れていても、粒子の一つがもう一つに直接依存するんだ。別の言い方をするなら、アリス、君が自分の光子を観測して横偏光になっているのがわかったとする。すると瞬時に、光よりも速く、観測という行為がボブのところにある光子の量子ポテンシャルを変えてしまうんだ。このポテンシャルの非局所性については、たいていの物理学者が今でも嫌がっていて、だからボームの理論を受け入れない。受け入れない理由はほかにもあって、もっと専門的なんだが、君たちが気にする必要はない。

そんなわけで、フォン・ノイマンの証明が成り立たないことを見抜き、ボームの非局所的な隠れた変数理論を見たベルは、局所的な隠れた変数理論が原理として成立可能か考え始めた。その理論は、このような瞬時の非局所性をもたずに成り立つと思われた。

ベルはEPR論文から始めた。EPRの仮定に従った理論が数学的に可能かを知ろうとした。彼の論文は『アインシュタイン＝ポドルスキー＝ローゼンのパラドックスについて』というタイトルで、ニューヨークで創刊されたばかりの《フィジックス》という学術誌に一九六四年に掲載された。じつはこの雑誌はえらく短命で、わずか一年後には廃刊となってしまった。

ベルは論文で、完全相関と、隠れた変数の導入を余儀なくさせるEPRの実在性の基準から出発している。それからEPRの局所性の仮定を適用して、これらのアイデアにもとづいて構築された理論はすべて量子物理学の予想に反するということを証明している。君たちの実験について考えてみてほしい。君たちの得た結果は、量子物理学には合致するが、ベルによれば、君たちの得た数字を説明することはできない。君たちのモデルでは、それぞれの粒子がすべての生じ得る観測角度について横偏光と縦偏光のどちらになるべきかを命じる指示をもっているとされているが、これはまさにベルが否定した局所実在論的な考え方なんだ」

クォンティンガー教授はアリスとボブのリストをじっくり眺め、さらに言う。「ところで、君たちのデータにはもう一つ大事な点がある。今は数字だけだね、検出回数の。パターンは読み取れるかな？　明らかに、データにはばらつきがいくらかある。発生装置の放出する粒子の数がたまたまちょっと多くなったり少なくなったりすることがあるし、両側で異なる結果が出る回数も多少変動するからね。同じ結果が出た場合についても、同じことが言える。しかし、平均すると数字がどれくらいになるかわかるかな？」

アリスは得意げな笑みを浮かべる。それまで指でもてあそんでいた髪がきつくねじれた束になっていたが、それをやめて顔を輝かせる。「はい、それは調べました！　パターンがあるんです」

ボブが勢いよく割り込む。「結果の四分の三くらいが一つのパターンで、四分の一くらいが別のパターンでした」

二人は、マリュスの法則にもとづいて計算したパーセンテージを教授に見せる。

「これはすばらしい！」と教授が言う。「まさに理想的な結果が出たね。私にはそれがわかる。なにしろ私は発生装置の物理学を理解しているから。『プラスとゼロ』か『ゼロとマイナス』の場合、同時に検出された回のうち二五パーセントで違う結果になり、七五パーセントで同じ結果になるはずだ。『プラスとマイナス』にすると逆になって、同じ結果が二五パーセント、違う結果が七五パーセントになる。設定を同じにすると、違う結果がゼロパーセント、同じ結果が一〇〇パーセントになる。君たちのリストには、設定を同じにした場合の結果がちゃんと出ているね」

ボブが話しだす。「その二五パーセントと七五パーセントというのは、ベルによると、局所実在論の原理に反するんですか？」

「そうだ！」と教授はきっぱり言う。「哲学的な立場を実験による観測で否定できるというのはじつに妙な話だ。アメリカの哲学者で物理学者でもあるアブナー・シモニーは、哲学的な立場を実験によって否定できるとわかってうれしいと言ったことがある。今の状況はまさにそれだ。君と同じような実験をした人たちがいて、その結果は明らかに局所的実在論を否定しているんだ。

だが確かに、矛盾がどのようにして生じるかを君たちが自分で確かめるのはとても難しい。ベルは一般人向けに『ベルトルマンの靴下と実在の性質』という論文を書いている。彼はその論文を、彼自身と同じく物理学者で彼の友人でもあるウィーン出身のラインホルト・ベルトルマンがいつも左右で色の違う靴下を履いているという観察から始めている［図29］。ベルトルマンの靴下の一方を見て、それがピンクだったなら、もう一方がピンクではないということがわかる。このことは、ベルトルマンがその日の朝にそういう履き方をしたからということで簡単に説明できる。一方、これが量子の靴下なら、観測されるまで色はないが、それでも別々の色であることは確実だ。

そこで私も哲学者のために短い論文を書いた。その論文は研究室にあるよ。その論文で私は、ベル

図29　ウィーン出身の物理学者ラインホルト・ベルトルマンは、いつも左右で色の違う靴下を履いている。一方の靴下を見れば、もう一方は確実にそれとは違う色だとわかる。これが量子の靴下なら、観測した瞬間にはじめて色が生じるが、ベルトルマンの靴下はふつうの靴下だ。左右で色が違うのは、ベルトルマン博士がその日の朝にそのように履いたからだ。この絵を描いたのはジョン・ベル自身で、ベルトルマンは長年にわたり彼と研究協力をしていた。

の定理の単純なバージョンをちょっと展開したものを示している。そこでの議論は基本的に、ハンガリー生まれのアメリカ人物理学者でノーベル賞受賞者でもあるユージン・ウィグナーの説に従っている。ウィグナーは、ベルの定理が発表されたときにそれをくだらないと言って切り捨てず、むしろ関心を抱いた数少ない人たちの一人だった。彼はベル自身が先に示したものよりもはるかにシンプルな数学的証明を見出した。私の研究室に来てくれれば、コピーをあげられるよ。私がいなければ、秘書からもらってくれ」

しかし、アリスが強い口調で言う。「私たちはまだ学部生です！　複雑な数学的展開なんて理解できません」

教授は二人をなだめる。「証明に数学はぜんぜん使っていないよ。哲学者の集まりのために書いたんだ。私自身は哲学者ではないから、哲学的な議論も大して複雑でないのは確かだ。それからじつは、最新バージョンは前のバージョンよりちょっと改善している。ドイツ語版を読んでくれたある読者のおかげでね。その読者は物理学のバックグラウンドがまったくないビジネスマンだ。それでも、議論の中心的な点を単純にする方法を教えてくれた。だから大丈夫だよ、アリス、ボブ、君たちも読みこなせる。さらに大事なのは、この論文が君たちの実データと比較できる単純な結果を与えてくれることなんだ」

午後になり、アリスとボブはクォンティンガー教授の研究室へ行って、論文のコピーを一部ずつ受け取る。

アリスとボブは物事が自分たちの思っているとおりではないことを知る

クォンティンガー教授の論文［巻末付録］を読み終えると、ボブはため息をつきながらそれを机に置く。

「けっこうおもしろいけど、僕たちの実験とどんな関係がある？　どうつながるんだろう。僕たちは双子を調べているわけじゃない！」

アリスはもっと楽観的だ。クォンティンガー教授の論文にざっと目を通すと、光子のペアに関するベルの不等式が記されたところを示す。「私たちに必要なものは全部ここにあるわ」と彼女は説明する。「第一の光子が偏光Hを示して第二の光子が偏光H'を示すペアの個数は、第一の光子がHで第二の光子がH''のペアと第一の光子がH'で第二の光子がV''のペアを合わせた個数と同じかそれより少ないって書いてある。

私たちはただHとH'とH''を赤いランプの結果と同じと考えて、V''を緑のランプの結果と同じと考えればいいいんじゃないかしら。そしてHとH'とH''のときの偏光装置の角度をそれぞれスイッチがプラス、ゼロ、マイナスのときと結びつけるの」

「そうだね」とボブが続ける。「これはベルの不等式だ。クォンティンガー教授は論文で、個々の観測結果が局所的な隠れた変数によって与えられると仮定するだけでそれを導き出している。僕たちが今やるべきことは、HとH'とH''とV''を僕たちの実験で対応する設定や結果と結びつけることだ」

アリスが言う。「それなら、三種類の一致を考えれば十分ね。一つ目は私のところが赤でボブのところも赤、私のスイッチがプラスでボブのスイッチがゼロの場合。二つ目は私が赤でボブも赤、私のスイッチがプラスでボブのスイッチがマイナスの場合。三つ目は私が赤でボブが緑、私のスイッチがゼロでボブのスイッチがマイナスの場合。ベルによれば、一つ目の一致のパターンが起きる回数は常にほかの二つの合計よりも少なくなければいけないことになってる」

ボブは熱心に数字を入れていく。「一つ目の一致のパターンは全体の七五パーセント、二つ目と三つ目はそれぞれ二五パーセントの割合で起きるんだよね？　ベルによれば、こうなるはずだ」と言って、式を書く。

$$75 \leqq 25 + 25$$

「間違ってる！」と二人ははしゃいだ声を上げる。

ボブが言う。「局所性の仮定が間違ってるって、ついに証明できたね。僕の結果は君が自分の光子に対してすることにも依存するし、その逆もあるね」

アリスが反論する。「違う。私たちが証明したのは、そもそも私たちが実験をしなければ、現実が存在しないってことよ」

「じつは、別の可能性もある」

クォンティンガー教授の声を聞いて、アリスとボブが振り返る。二人が何をしようとしているのか知ろうと、教授が近づいてくる。

「一つには、反事実的確定性が成り立たないという可能性がある。これはつまり、実行されていない観測について議論するのは、原理としてだけでも、まったく意味がないということだ。この見方によれば、君たちがある角度に設置した偏光装置で一つの光子を観測するときに、仮に別の角度で偏光装置を設置していたらどんな偏光が生じたかについて議論するのは意味がない」

「でも、それってすごくおかしいですよね！」とアリスが言う。「議論するだけでもだめって、なぜですか？」

「君の言うとおりだ！」とクォンティンガー教授が言ってにっこりする。「物理学者たちは、まさにその問いについて考えている。物理学者と哲学者は、ベルの発見以来それについて熟考を重ねているが、いまだに最終的な結論は出ていないんだ」

「それで」とアリスはいくらか混乱して言う。「ベルの不等式が破れていることを私たちは突き止めました。今度はどうすればいいんですか？　結論ははっきりしていないみたいですね」

「うん、君たちはずいぶんたくさんのことを発見したよ」とクォンティンガー教授が言う。「それを定式化したらどうかな」

「それぞれの光子が観測される前から固有の性質、つまり偏光をもっているって考えるのは間違っている、ということはわかりました」とアリスが髪をいじりながら言う。

「そのとおり」と教授が言う。「だが、それだけじゃない」

「はい」とボブが口を開く。「別の説明が不可能だということも確かめました。光子がなんらかの方法で、自分が観測されたらどうふるまうべきかを知っていて、観測結果がなんらかの形で光子自体の性質によって決定されるという説明は成り立たないんです」

「すばらしい」と教授が言う。「しかしそのこと自体については、気にする必要はない。これが厄介であることには、重大な理由が一つある」

「哲学的な理由ですか?」とアリスが尋ねる。

「いいや、君たちが最初に得た単純な実験結果だ」

「ああ、完全相関ですね! 私たちは、両方の光子を同じ方法で観測すれば必ず同じ結果が出るということを発見しました。二つの光子は同じなんです」

「そうだね」と教授がきっぱりと言う。「まさに大事なのはそこだ。二つの観測装置で一つの系にある同じ性質を観測したときに、まったく同じ結果が出るのはなぜなのか――同時に、二つの光子がなんらかの指示、あるいは特定の結果を出すべき理由についてなんらかの情報をもっているという仮定が間違っているとわかっているならば。これはじつに理解しがたい謎だね」

二人はしばらく黙り込む。クォンティンガー教授は、二人の若者の頭がたった今教わったことを消化しようとフル回転しているのを感じて喜んでいる。

「私の考えでは、唯一の可能性は」とアリスが言い出す。「物事が何か不気味な形で結びついているということです」

「でも、その考えもやっぱりかなり理解しがたいよ」とボブが言う。「観測するまで現実が存在しないなんて。それが本当なら、世界は僕たちにかかっているってことになる。僕たちが観測するかどうかにね」

「あるいは別の誰かに」とクォンティンガー教授が言う。「アイルランド国教会の主教だったジョージ・バークリーは一七一〇年にこれを定式化し、ラテン語で『Esse est percipi』、『存在するとは認識されること』というごく短い言葉を添えた。じつは、バークリーはこれを神が存在する証拠と考えたんだ。究極の観察者としての神、人間がいなくてもなお世界を観察する存在としての神だ」

「でも、私はその結論を受け入れなくてもいいと思います」とアリスが勢い込んで言う。

「そのとおり」と教授が応じる。「どんな結論に至るかは、君たちしだいだ。これについて哲学的な意味を見つけて、ほかの人を納得させられれば、君たちはとても有名になれる。だが、今から三〇分でそれが起きることはないだろう。だから今日のところはそろそろ終わりにしようか」

光より速く、そして過去にさかのぼる？

光より速く移動できるものはないということは広く知られている。このことは一九〇五年、アインシュタインがかの有名な特殊相対性理論を提唱したときに発見された。彼の考えは基本的に、空間と時間を切り離すことはできないというものだった。両者はある種の統一体を形成し、それが現在では「時空」と呼ばれている。この時空が顕現する一例として、人の運動速度に応じて空間と時間をそれぞれ他方に変換させることができる。大事な点は、加速中の宇宙船の内部では、秒速約三〇万キロメートル（正確には秒速二九万九七九二・四五八キロメートル）という光の速度へ近づくにつれて、時間の過ぎる速さがしだいに遅くなっていくということだ。

そこで私たちは問う。どんどん加速していけば、光の速度よりも速く運動することは可能ではないのかと。アインシュタインの相対性理論から導き出される帰結の一つは、光の速度を超えることはできないということである。実際、加速して光速に近づくと、必要なエネルギーがどんどん大きくなり、光速に達するには無限量のエネルギーが必要となる。したがって、いかなる有質量物体も、すなわち静止時に質量をもついかなる物体も、光速に達することはできないと考えられている。宇宙旅行者も、宇宙船も、あるいは電子や原子といった有質量粒子も、それはできないのだ。

では、光の粒子が光速で進むことができるのはなぜなのか。その答えは、光の粒子である光子には静止質量がないということに尽きる。光速で進むことができるのは、静止質量をもたない物体に限られるのだ。

ここで、光速に達することができなくても、光速の限界を一気に超えて運動することがなんらかの方法で可能かもしれないと考えることはできる。アインシュタインは、光速より速く運動することが可能ならば、出発したときよりも前の時点に目的地へ到着することができるはずだということを示した。アインシュタインはこのことにかなりの懸念を抱いた。というのは、それが可能なら、とんでもないパラドックスが起こり得るからだ。最もよく知られているのは、祖父殺しのパラドックスだ。かいつまんで言うと、自分の祖父を殺し、それによって解消不可能な矛盾のループを生み出すことが可能になってしまうのだ［図30］。

ループはこんなふうに生じる。ある人物が宇宙船に飛び乗って時間をさかのぼり、自分の祖父が存命で父親がまだ生まれていない時代にたどり着いて祖父を殺すことができたら、その人物は生まれないはずだ。だから宇宙船に飛び乗ることはできないはずだし、時間をさかのぼることも、祖父を殺すこともできないはずだ。この場合、その人物はまだ生きていて、宇宙船に飛び乗って時間をさかのぼり、祖父が存命で父親がまだ生まれていない時代にたどり着いて祖父を殺すことができるはずで、その場合、時間をさかのぼることはできないはずで……といった具合だ。こんなふうに、無限の矛盾のループに陥ってしまう。

そこで、宇宙から矛盾を排除しておくには、いかなるものも光の速度よりも速く進むことができな

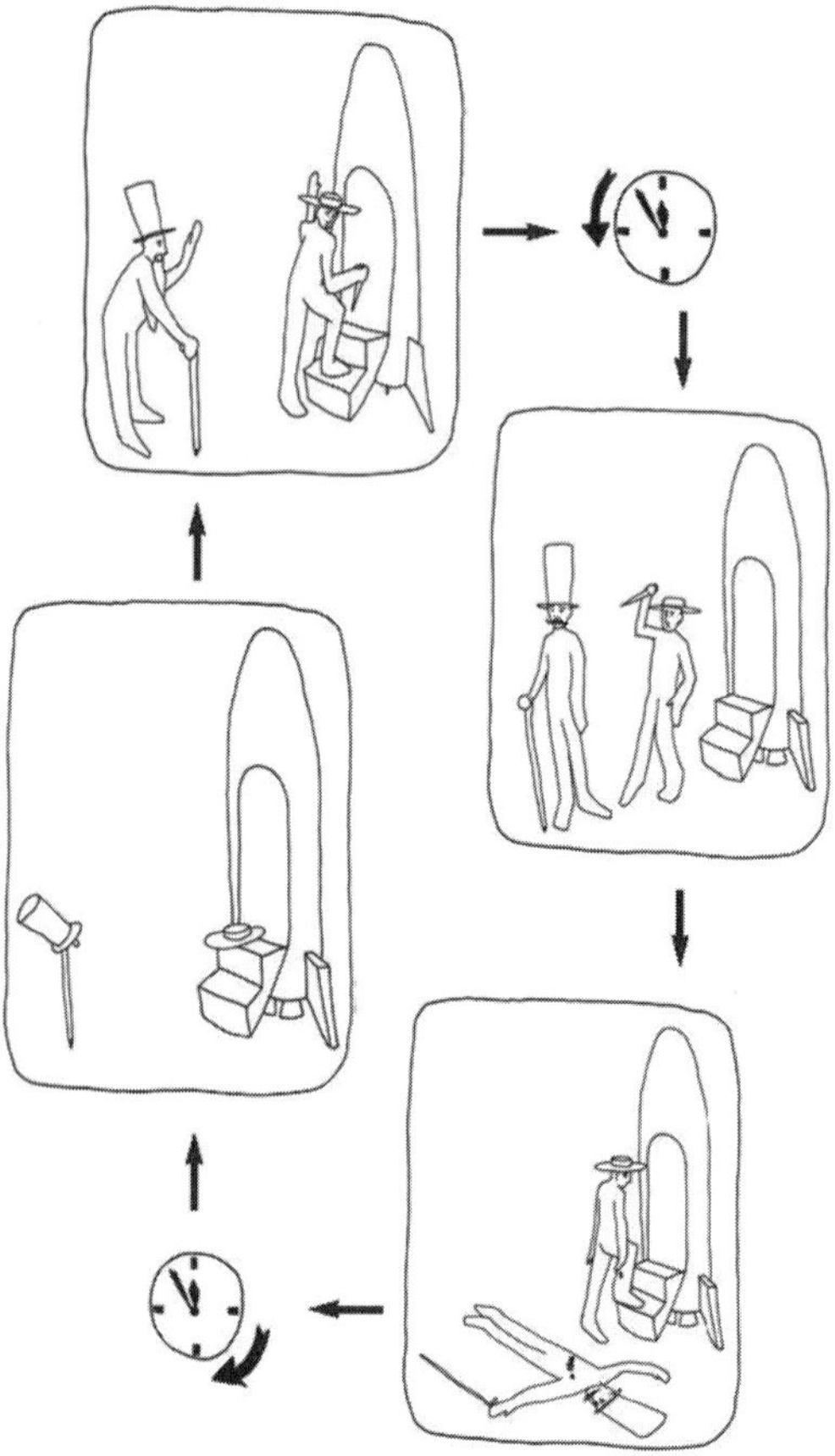

図 30　ボブ（上）が祖父に別れを告げ、宇宙船に乗り込む。それから宇宙船は光速より速く飛行する。ボブは父親が生まれるよりもずっと前、祖父がまだ若者だった時代に到着し、祖父を殺す。しかしそれからボブが出発した時代に戻った場合、祖父は早死にしているのでボブは存在しない。ボブが存在しないなら、過去へ旅して祖父を殺すことはできない。その場合、祖父は死なずに生きている。その場合、……。これは内的矛盾の連続ループである。

いとする制約が必要となる。宇宙が矛盾を抱えるわけにはいかない。二つの物事が互いに矛盾するわけにはいかない。明らかに、人は死んでいるか生きているかのどちらか一方なのだ。

この点をもう少しよく考えると、このような宇宙の無矛盾性をめぐる議論が実際に明らかにするのは、過去に影響を与えて今論じたような矛盾が生じる可能性がある限り、時間をさかのぼるのは宇宙の規則に反するということである。そこで、少し想像してみよう。このような矛盾が生じ得ない形で過去に旅することが可能だとしたらどうだろう。この場合、光速よりも速く運動することにはなんら問題がないように思われる。そうだとしたら、たとえば時間旅行者が過去の世界と重大な意味のあるやりとりをしなければ、いかなる問題も生じないと思われる。

もっと話を広げるなら、移動にとどまらず、信号伝達の問題にまで議論を拡大することもできる。光速よりも速く信号を送ることは可能なのだろうか。じつは先ほどの宇宙旅行者の話と同様の議論によって、光速よりも速く信号を送れるなら、自分自身の過去に信号を送れるということも示せる。ということは、自分の過去にさまざまな情報を送ることによって、先ほど見たのと同じような論理上の矛盾にたどり着くこともあり得る。

たとえば、ある大工が宝くじで一億ドルという巨額の賞金を獲得し、私たちがこの情報を過去に送るとしよう。新聞は、大工が明日、7、18、23、24、31、37の数字を選んで賞金一億ドルを獲得すると伝える。これらの数字が新聞に載って広まれば、たくさんの人が同じ数字のくじを買うのは間違いない。その場合、何百万という人が数ドルの賞金を手にするだけとなる。そのうちの一人が例の大工というわけだ。かわいそうに、彼が一億ドルを手にすることはもうない［図31］。先ほど見たのと同

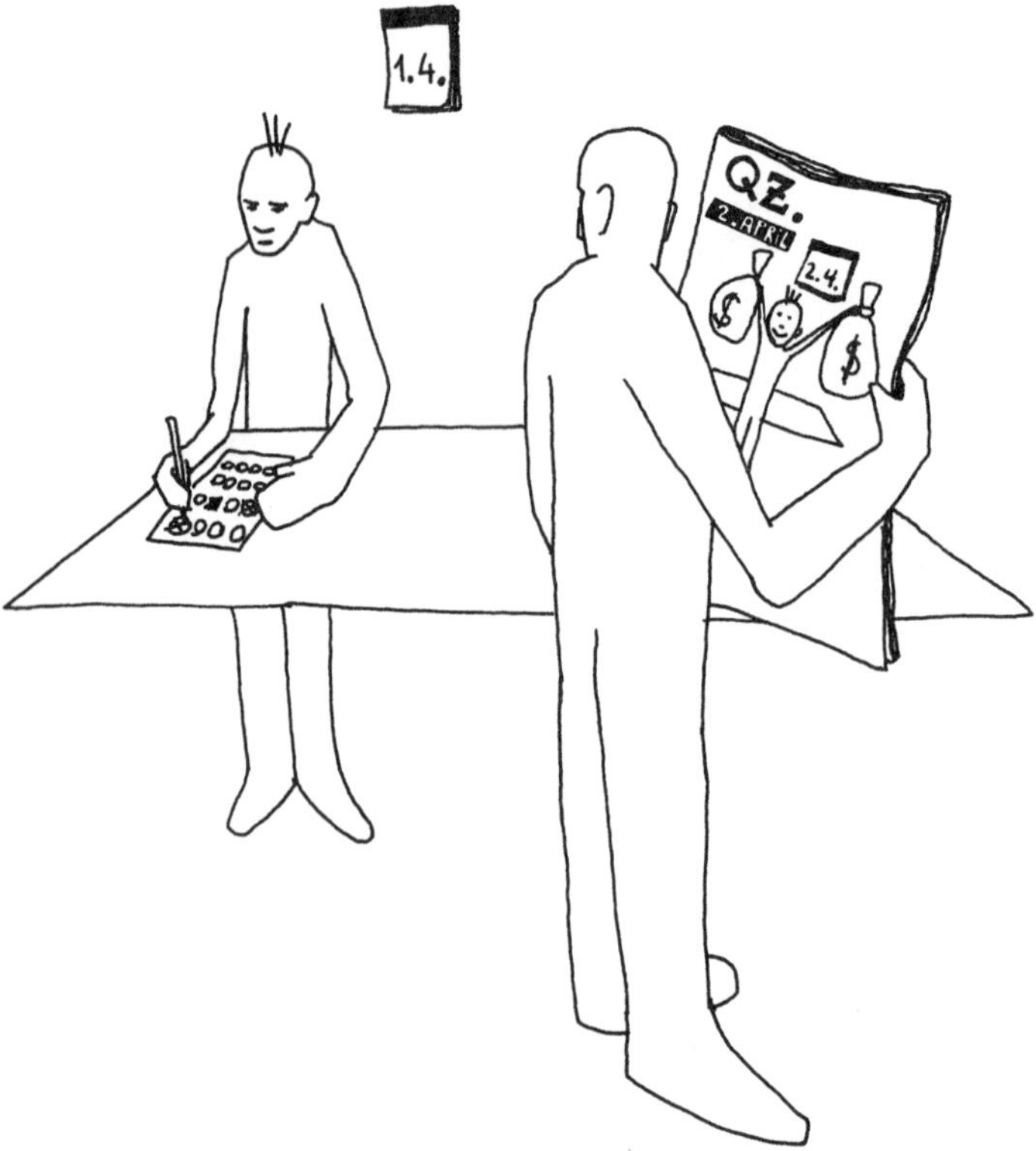

図31　光速より速く情報を送れるなら、過去に情報を送ることもできる。したがって、4月1日に4月2日付の新聞を読むことができる。4月2日の新聞に、誰かが宝くじで巨額の賞金を獲得したと書かれていて、そのくじの番号も書いてあるとしよう。この場合、誰もが同じ番号を選ぶことができるので、4月2日の新聞の内容は間違っているという矛盾が生じる。これも矛盾のループを生み出す。

じような論理上の矛盾が、明らかにここでも生じている。ということは、光速よりも速く信号を送るのは不可能に違いない。

だが、私たちはもう少し慎重になるべきだ。私たちのルールによれば、メッセージが理解されて過去を変えられるように光速より速く信号を送ることは不可能なはずである。単に理論のうえだけでも、送ったメッセージが理解されないなら、過去へ信号を送ることを禁止すべき理由はない。宝くじの番号についてのメッセージを過去へ送るときに、誰もその数字を読み取れないように暗号化されているとしよう。その場合、メッセージを受け取ってもその内容が理解できず、賞金を獲得することもできないので、過去が変わる可能性はまったくない。しかしそのためには、理論上だけでも解読される可能性がまったくないように、メッセージを暗号化する必要がある。

実際、物理学者は何かが光速よりも速く運動できる状況を発見している。ただしそうした状況のいずれにおいても、過去を変えるのに使えるような情報は伝達されない。その一例が量子力学だ。具体的に言えば、テレポーテーションなどの量子力学の応用がその例となる。

アリスとボブと光速の限界

再びアリスとボブのもとに戻ろう。二人は実験を終えたところだ。

アリスとボブは実験結果のレポートを書いてクォンティンガー教授に提出する。教授はこれをたいへん気に入り、最高の成績をつける。実験結果のさらなる意味について話したいから、いつでも好きなときに研究室を訪ねてほしいと二人に声をかける。

ある日の午後、アリスとボブはセーリングに行く予定だったが、霧雨が降り始める。そこで二人は教授に電話で都合を聞くことにする。

教授は一瞬ためらうが、それから決心する。「大量の原稿を抱えていてね。それでじつを言うと、今はちょっと疲れている。一休みしたいところなんだ。一緒にコーヒーでも飲もうか」

数分後、外では霧雨が降っているが、三人の目の前ではコーヒーから湯気が立ちのぼっている。アリスとボブは、クォンティンガー教授が自分たちの実験を高く評価してくれたことを改めて心からうれしく思う。

「議論すべきことがいくつか残っている」とクォンティンガー教授が言う。「一つは、君たちの実験ではどんな速度で観測に至るのかという問題だ」

一瞬、黙って考えてから、アリスが答える。「私の印象としては、ボブと私がスイッチを同じ設定にするといつも、同じ色のランプが点きます。つまり、両方の光子が同じ偏光をもっているということです。そして私の実験室とボブの実験室が発生装置から同じ距離にある場合、この二つの観測はぴったり同じ瞬間にできます」

教授が言う。「そのとおり。距離はほぼ同じだ。まあ数センチくらいの差はあるかもしれないが」

「でもその場合」とボブが言う。「とてもおもしろい状況になります。前に、光子は僕たちが観測をするまでは偏光をもたないと学習しましたから。僕たちが二人ともスイッチをたとえばプラスにするとします。ぎりぎりの瞬間に、一つの光子が緑と赤のどちらのランプを点灯させるかランダムに決めます。つまり、横偏光と縦偏光のどちらをもつか、ランダムに選ぶんです。するともう一つの光子が、どれだけ離れた場所にあっても、瞬時に同じ偏光をもちます。そして赤か緑のいずれか同じランプがもう一つの実験室で点くんです」

「まさにそれが大事なところだよ」と教授が言う。「二つの観測のどちらも実行されないうちは、光子の偏光について何も想定することはできない。むしろ逆に、ジョン・ベルが示したとおり、光子が観測される前に偏光をもっていると考えるのは間違っている」

続いてアリスが言う。「あの、さらに正確に言うと、光子か私のところの装置が、またはその両方が、ボブの側で下される選択とは無関係に赤と緑のどちらのランプを点灯させるか決定する特性をもっているかもしれないと考えるのは間違っています」

「よく覚えていたね、アリス」と教授が言う。

「でもそうだとすると」とアリスが言う。「重大な問題にぶつかります。一方の側の観測結果を光速より速く相手側に伝えなくてはならないんです。発生装置からの距離はボブの実験室と私の実験室で同じなので、二つの光子は同時に観測されます。ということは、情報を伝えるのは瞬時でなくてはなりません。これはアインシュタインの言う光速の限界を破ることになります。つまりアインシュタインは間違っているんです！」

「うん、間違っているかもしれない」とボブが言う。「でも、僕たちはまだその点を実験でちゃんと証明していないよ。僕たちがやっているのは、スイッチを設定してほんのしばらくのあいだ光子を数えることだけだ。それからスイッチをまた設定して、また数える。これを繰り返しているだけだ。つまり僕たちがスイッチの設定を変える速さはものすごく遅いんだ」

「でもね」とアリスが言い返す。「それのどこがいけないの？」

「うん」とボブが応じる。「原理として、装置のあいだで情報をやりとりするのは可能なはずだ。たとえば、アリスの実験室から僕の実験室まで、そして僕の実験室からアリスの実験室まで、それからもしかしたら発生装置にまで、広がっている場のようなものがあって、それが僕の選んだ観測についてなんらかの方法で反対側に伝えるのかもしれない。その情報が光速で伝わるなら、反対側に到達するのに十分な時間があるし、装置が光子とともに正しい結果を出すように決める時間も十分にあるはずだ。僕たちの実験室は三〇〇メートルくらい離れているだけだから、信号が僕の実験室を出てアリスのところにたどり着くまでには一マイクロ秒しかかからない。僕たちはそんなにすばやくスイッチを切り替えられないよ」

「そのとおり！」とクォンティンガー教授が言う。「この根本的な問題については、ベル自身がすでに指摘している。彼の言葉を借りれば、『各装置は、互いのあいだで光速以下の速度で信号をやりとりすることで相互関係を築くのに間に合うように十分な時間的余裕をもって設定される』ということだね。ベルは、粒子が飛んでいるあいだに設定を変える『タイミング実験』をすべきだと主張した」

「なるほど！　僕たちも実験室に戻ってその実験をやりたいです」とボブが力強く言う。すっかり実験主義者の気分になっているらしい。

「しかし、これは相当難しいぞ」と教授が言う。「両方の側で起きることのタイミングを合わせるには、ものすごく高精度で高速の時計が必要だ。さらに大事なのは、スイッチをとてつもなく迅速に設定できなくてはいけないということだ。一マイクロ秒よりも短い時間でやる必要がある。これは技術的にとても難しい。とはいえ、そんな実験がすでに行なわれている。最初の実験は、アラン・アスペの率いるグループが一九八二年にパリでやった。その実験では、二つの偏光装置のあいだで光子を非常にすばやく切り替えた。一九九八年にはインスブルックで決定的な実験が行なわれて、一九九九年に発表された。やったのはアントン・ツァイリンガーの指導したグレゴール・ヴァイスという学生と仲間たちだった」

「でも、ヴァイスはどうやってそんなにすばやくスイッチを切り替えることができたんですか？」とアリスが尋ねる。

「原理としては単純なトリックさ。実際にやるのは難しいがね」と教授が答える。「もう君たちも理解しているとおり、君たちの実験でスイッチの設定を変えると、変わるのは偏光装置の設定だけだ。

ヴァイスは偏光装置を固定して、その前に電気光学変調器と呼ばれる特殊な結晶を置いた。この変調器は、加えられた電圧に対応した角度で光子の偏光を回転させる。光子は結晶と偏光装置の両方を透過する。結晶と偏光装置が合わさると、調節可能な角度で回転した偏光装置と同じ作用をもつ。

「つまり、電圧をとてもすばやく変えることができて、それによって、偏光装置をとてもすばやく回転させるのと同じ効果が得られるってことですね？」とボブが考えを口にする。

「そのとおり」とクォンティンガー教授が答える。「ヴァイスが実験でやったのは、およそ一ナノ秒以内、すなわち一秒の一〇億分の一のあいだに、偏光の角度を変えて新しい設定にすることだった。これを送り手と受け手の双方で互いに独立してランダムに行なった。君とアリスのステーションと同じようなところでね」

「でも」とボブが言う。「それでも偏光を回転させるという決定は、アリスか僕がもっとはるかに早い時点で下さなくてはなりません。そしてその決定を相手側に伝える時間はまだ十分にあります」

「そうだね。偏光をどう設定するかという決定は、予想不可能な形ですばやく下さなくてはならない。ヴァイスは量子乱数生成器（ＱＲＮＧ）を使った。ビームスプリッターを設置して、弱い光源をそれに照射した。このビームスプリッターは、一方から他方へ情報を伝達するのに必要な一マイクロ秒よりもはるかに短い時間で乱数を生成した。したがって両方の側で、偏光の設定がきわめて高速で変更された。光子が一つ到着したら、ある設定でそれが記録され、それからすぐに設定を変更する、という手順を繰り返した。

大事なのは、両方の装置がそれぞれ独立して作動したことだ。したがって、二つの光子が両側でたまたま同じ設定で観測されることもあるし、別の設定で観測されることもある。もちろん、ヴァイスはいつどの設定を選択し、光子が検出されたかどうかについて、とても正確に記録する必要があった。データの長いリストを作成して比較した。すべてのデータが、君たちが偏光を低速で切り替えたときに見出したような情報を含んでいる。ヴァイスと仲間たちは、両側で設定を同じにすると同じ結果が出るということを確認した。違う設定にすると、ベルの不等式を破る結果が得られた」

「そうすると、光速で伝わる可能性のあるどんな信号も、説明の可能性としては否定されますね」とアリスが推論する。

「そのとおり」と教授が続ける。「ヴァイスは情報伝達の抜け穴と呼ばれるものをふさぐことができた。彼は、二つの観測装置のあいだでなんらかの情報伝達が行なわれる場合、それは光速の一〇倍以上の速さで行なわれる必要があるということの証明に成功した。ここで正確な数字はさほど重要ではない。アインシュタインの言う光速の限界よりも速いと言えば十分だ。もっと最近では、ジュネーヴでニコラ・ギザンの率いるグループが実験をやって、この速度が光速の何倍も速いことを示している」

「それはすごいですね」とボブが言う。「でも、その実験では実際、何が証明されるんですか？　僕の考えでは、情報伝達が行なわれたなら、それは光速より速かったはずだということが証明されます。でもアインシュタインによれば、光速より速い情報伝達は許されないはずです。何がどうなっているんですか？」

教授が答える。「情報の役割について純然たる論理的な立場から言えば、いくつかの別の見方が可能だ。一つは、情報伝達が行なわれていないとする見方だ。この見方は、現実の性質や情報の役割に関して重大な意味をもつだろう。これについてはあとでまた考えよう。もう一つは、情報が光速より速く伝わる情報伝達が行なわれているとする見方だ。これは空間と時間の性質に関して重大な意味をもつはずだ。いずれにしても、このような光速より速い情報伝達が懸念すべきものなのか、そしてアインシュタインの見解に反するのかどうかについて、私たちは明らかにする必要がある」

「間違いありません！」とアリスが訴える。「アインシュタインの見解に反しているのは確かです。アインシュタインは光速より速く運動するものは存在しないって言ったんですから」

「うん」とクォンティンガー教授が言う。「アインシュタインが言ったのは、仮に何かが光速より速く進んだ場合になんらかの矛盾に至るなら、たとえば祖父殺しのような矛盾が生じるなら、何かが光速より速く運動することはあり得ないということだ。過去にメッセージを送ることができるなら、やはりこの種の矛盾にぶつかるだろう。というのは、たとえばそのメッセージというのが前日の晩に抽選されたくじの番号だったりするわけだから。そんなメッセージを過去へ、たとえばおといに向けて送ったら、それを受け取った人は宝くじで賞金を獲得して、今日起きることを変えることができる。そうなると、過去へ送るメッセージが変わる、といったことが起きる」

「そうですね」とボブが言う。「では、情報を過去へ送るのに量子もつれを使えるかどうか確かめなくてはいけませんね」

アリスが続けて言う。「本物の信号を光速より速く送ればいいってことですね」

「ご名答」と教授が答える。「君の言うとおりだ。前のときと同様、光速より速く移動すれば、過去へ戻ることができる。そして、光速より速く伝わる信号があれば、それを過去へ送ることができる」

「でも、それこそまさに量子もつれでできることではないんですか?」とアリスが尋ねる。「私たちの実験では、ボブと私がスイッチの設定を同じにしたら必ず同じ色のランプが点きました。そしてどちらの側でも、どちらのランプが点くかはあらかじめ決まっていませんでした。私の光子は自分がどちらのチャンネルに進むか知りませんでした。それから決定を下して、たとえば上のチャンネルに進んで緑のランプを点灯させせました。するとボブの側でも、光子が同じことをしたんです。つまり、ボブの光子はどうふるまうべきかを私の光子から教えられたに違いありません。そうでないとしたら、どうしてこうなるんでしょう」

「わかった!」とボブが熱心な口調で言う。「僕がぎりぎりの瞬間に自分のスイッチをたとえばゼロに設定する。その場合、もしも僕のところで緑のランプが点いて、アリスのスイッチもゼロに設定されているなら、アリスのところでも緑のランプが点いたことが僕にわかる。つまりこれがメッセージなんだ。僕からアリスに緑のメッセージを瞬時に送り、アインシュタインの光速の限界に打ち勝つんだ」

「しかし、信号はどこへ行ってしまったのかな?」とクォンティンガー教授が言う。「たとえば君たちが朝に会って、あとでランチを一緒に食べようと考えるとしよう。そして、正午ぴったりにアリスからボブに信号を送って、ボブと一緒にランチを食べる時間がありそうか知らせることに同意したとしよう。緑のランプはイエス、赤のランプはノーを意味する。どうなるかな?」

アリスは頭を抱える。「おっしゃるとおりです。そんなことはできません。無理です。赤か緑のどちらが点いたかわかるだけです。点き方はランダムですから。光子がランダムに決めていると言えます。赤と緑のどちらが点くかに私が影響を与えることはできません。光子にふるまい方を指示することもできません。でも本当におもしろいです。個々の量子のふるまいのランダム性、観測結果のランダム性のおかげで、光より速く信号を送ることはできないというルールを量子もつれが破らずにいるのでしょうか」

「まさにそのとおりだ」と教授が答える。「そしてそれが最も驚くべき点だ。アインシュタインが量子力学を攻撃した理由の一つがそのランダム性だったこと、そして事象が起きるときに特定の個々の結果が生じるべき理由はまったくないということを思い出してほしい。そして、まさにこのランダム性のおかげで、量子もつれがアインシュタイン自身の相対性理論から逸脱せずにいられる。おもしろいと思わないか?」

アリスとボブは一気に関心をかき立てられる。「とてもおもしろいです」「アインシュタインは気づいていたのでしょうか」

「どうだろうね。少なくとも私は、アインシュタインが手紙や論文や著書でそう書いているのを見たことはない」

ボブが高らかに言う。「わかった! 量子的粒子は光速より速く互いに信号を送ることができる。でも、僕たちがそれを利用することはできないんです。量子的粒子に僕たちの信号を送らせることはできないから」

教授は笑みを浮かべる。「この状況は確かにそう理解すべきだね。さらに、非常に深い何かも教えてくれているよ。アインシュタインの考える『信号』とは何か、教えてくれるんだ。信号とは、私たちがほかの人に新しい情報を伝えるときに使える何かであるはずだ。送られる情報に私たちが影響を与えられないなら、それが光速より速く伝わっても問題はない」

抜け穴

しばし考えてから、クォンティンガー教授は続ける。「じつは、初期の実験には抜け穴が三つあったんだ。そのうち二つについては、君たちもすでにいくらか学んでいる。一つは『情報伝達の抜け穴』だ。これは、二つの観測ステーションがなんらかの方法で互いに情報伝達できるか、そして観測結果を量子力学的予想と合致させられるか、という問題だ。この抜け穴は、ヴァイスの実験で否定されている。

もう一つ、非常に重大な抜け穴がある。すでにジョン・ベルが指摘しているとおり、二つの観測ステーションでどんな観測をするかという個々の選択は、完全に自由でなくてはならない。つまり、先行するどんな事象によっても、自由な選択が否定されてはならない。理論上、その可能性を明確に否定することができないのは明らかだ。というのは、両方の観測に関する選択に影響する未知の情報があるかもしれないからだ。しかし、そんな影響の可能性に関するそれなりに合理的な想定を否定することは可能だ。

そんな想定の一つは、乱数生成器の設定に影響する隠れた情報が、光子のペアが発生装置から放出された瞬間に、光子とともに生み出されたとするものだ。理論上、この説明はヴァイスの実験についいても成り立つはずだ。というのは、光子が発生装置からグラスファイバーを通ってそれぞれの観測ステーションにたどり着くまでに、いくらか時間がかかっているからだ。しかし私が自分の研究グループのトーマス・シャイドルやその他のメンバーと行なった最近の実験で、この説明は否定された。私たちは、離れた場所にある乱数生成器を使ってどのパラメーターを観測するか決めて、光子のペアが発生装置内で作り出されると同時に乱数を生成した。こうすることで、発生装置から生じる信号が乱数生成器に影響を与えることは不可能になった。乱数生成器からの出力が観測ステーションに送られ、それによって各回の光子の観測が設定された。つまりこの実験では、情報伝達の抜け穴と、いわゆる選択の自由の抜け穴という、二つの抜け穴が同時にふさがれた。

最近では、パドヴァ大学のパオロ・ヴィロレージとフランコ・バルビエリの率いる国際共同研究チームが、その方向でいち早く原理証明実験に成功した。イタリア南部のバーリ近郊のマテーラで望遠鏡を使い、私たちは日本の人工衛星『あじさい』にレーザーパルスを送った。この人工衛星はミラー偏向器を備えている。地上から送った光の一部は地上の望遠鏡に送り返された。個々の光子が人工衛星から反射して地上に戻ってきたのを実際に検出することができた。

しかしこのタイプの実験には、まだ改善できる点が二つある。一つは、光子のどの偏光を観測するか、実験を行なう人間がぎりぎりの瞬間に決めるようにすることだ。このような実験をする場合、人間が自由意志をもっているものと想定する。今のところ、心理学者や脳研究者のあいだで、私たちには本当に自由意志があるのかをめぐって幅広い議論が行なわれているんだ。しかしいずれにしても、このような実験では、二人の人間をはるか遠く離れた場所に配置する必要があるだろう。神経生理学によって、私たちが意思決定をするには少なくとも一〇分の一秒はかかることが判明しているからだ。一〇分の一秒というのは、光が三万キロメートル進むのに要する時間に相当する。したがって、このような実験では、地上と月に観測ステーションを一つずつ設置して、中間に位置する人工衛星に発生装置を設置するのが最もやりやすいだろう。別の可能性としては、人間がよその惑星、たとえば火星へ向かっているときに実験することも考えられる。地球から火星へ行くには時間がすごくかかるから、量子相関実験をする時間もあるだろう」

「めちゃくちゃおもしろそうですね！」とボブが言う。「そんな実験に参加してみたいです！」

「私も」とアリスも同調する。「それで二つ目の案というのも、これと同じくらいおもしろいんですか？」

クォンティンガー教授はにっこりして答える。「個人的には、今話したのと少なくとも同じ程度にはおもしろくてわくわくすると思うよ。でも残念ながら、この実験をやるために宇宙へ行く機会はないだろう。この案では、互いにいかなる関係ももち得ない、互いにはるか遠く離れた二つの恒星からの信号を使う。議論されている明確な可能性としては、二つの偏光装置をそれぞれクエーサーからの光で操作する。使うのは、空の対辺にある二つのクエーサーだ。クエーサーというのは、私たちの知る限り最も古くて最も遠くにある天体で、地球から何十億光年も離れたところにあるんだ」こう言うと、教授は両腕を左右に大きく広げて、遠く離れた二つの完全に異なる場所を想像する。

「クエーサーもビッグバンを通じて互いになんらかの形で結びついていると考えることも確かにできなくはない。だが、そんな主張にはいささか無理があると私は思う。すでに議論したとおり、原理として、完全に決定論的な説明を否定することはできない。このような実験がいずれ行なわれると、私は確信しているよ」

アリスは無意識に髪をいじりながら質問する。「抜け穴が三つあるっておっしゃいませんでしたっけ、クォンティンガー教授」

「第三の抜け穴は」と教授が応じる。「『検出の抜け穴』と呼ばれるものだ。これまでに行なわれたどの実験でも、実際に観測できた光子はほんのわずかだった。ふつうはだいたい二割くらいだ。君たちの実験でもそうだったね。光子を観測すると、量子力学による予想が完璧に裏づけられる。つまり、データはベルの不等式を破っている。ところが局所実在論の支持者たちが、とても興味深い主張をしている。彼らはこんなシナリオがあり得ると言うんだ。発生装置が生成したすべての光子のペアを合わせれば、ベルの不等式が破られることはないと。もっと正確に言えば、すべての光子のペアが局所実在論で説明できるということだ。なんらかの理由で、もしかしたらさらなる隠れた変数のせいで、検出される光子のサブセットはベルの不等式を破るように選別されていると考えて、彼らは観測結果を説明するんだ」

「かなり無理があると思いますけど」とアリスが口をはさむ。

「まあ、少なくとも論理的には可能だよ。確かにひどく奇妙に感じられるがね。実際には世界に局所実在性が存在しているのに、そうではないと検出器が私たちに思わせるように世界ができているなんて、どうしてそんなことがあり得るのか。しかし論理的には、この説も成り立つんだ。

この抜け穴についての議論をまとめると、実験の方針は明らかだ。粒子をすべて、あるいはほぼすべて、検出する実験をやればいいんだ。実際のところ、粒子全体の四分の三くらいをカウントすれば十分だということがわかっている。今までのところ、光子を使ったそのような実験は実現できていない。検出器の精度が十分ではないせいでね。だが二〇〇一年、コロラド州ボールダーにあるアメリカ国立標準技術研究所（ＮＩＳＴ）のデイヴィッド・ワインランドのグループが、イオン、すなわち電荷をもつ原子を使って、そのような実験を行なった。イオンなら、効率が一〇〇パーセントに近い検出器があるんだ。

その実験で、ワインランドは巧妙に設計した電磁場に二個のベリリウムイオンを閉じ込めた。彼の実験のすぐれたところは、高い効率でイオンを検出できる点だ。予想どおり、この実験もベルの不等式の破れを証明した。そんなわけで、検出の抜け穴はしっかりとふさがれている」

「ってことは、これで話は終わりですね」とボブが言う。

「原理としては、私は同じ考えだし、たいていの物理学者もそうだと思う」とクォンティンガー教授が答える。「だが、興味深い状況が一つある。三つの実験が行なわれ、それぞれが三つの抜け穴を一つずつしっかりとふさいだ。ヴァイスの実験は、情報伝達の抜け穴をふさいだ。この実験では、未知の情報伝達を使って観測結果を説明することはできないということが示された。シャイドルの実験は選択の自由の抜け穴をふさぎ、ワインランドの実験は検出の抜け穴をふさいだ。つまり、ほかの実験では光子をほんの少ししか観測できないという事実は、ベルの不等式の破れが観察される理由の説明になり得ない。しかしじつにおかしなことに、いずれの実験でも、ふさいだのとは別の抜け穴が少なくとも一つ、開いたままになっているんだ。

ヴァイスとシャイドルの実験では、光子の検出効率は五〇パーセントを下回っていた。ということは、自然がこの検出の抜け穴を利用した可能性は容易に考えられる。ワインランドの実験では、捕捉装置の中で二つのイオンはすぐそばに隣り合って存在していた。この場合、自然が情報伝達の抜け穴を利用してベルの不等式の破れをもたらした可能性が容易に考えられる。

これらの実験のいずれも、三つの抜け穴をすべてふさぐことはできない。この事実は、局所実在論の支持者が原理としてすがり続けることのできる藁《わら》だ。自然がいずれの実験でも別の抜け穴を使うほど悪意に満ちているということは、どう考えてもあり得そうにない。それに、このような状況を記述できる理論に関する合理的な提案は、今のところ存在しない。それでもなお、合理的な明瞭性と完全性を実現するために、三つの抜け穴をすべて同時にふさぐことのできる実験がいずれ行なわれて、この問題は永遠に決着するだろう」

三人はしばらくそれぞれの思いにふけりながら、口を閉ざして座っている。

やがてアリスが沈黙を破る。「なんだか圧倒されました。とにかくすごい。物理学っていうのは、世界の中で私たちに何ができるかということと結びついているみたいですね。たとえば私たちが信号を送れるかどうかとか。そこに光速の限界がかかわっているんですね」

ボブが考え込みながら言う。「うん、そして僕たちがどんな選択を下すか、たとえば何を観測するかとか、そういうことによって、どんな性質が現実になるかが決まってくる。つまり、僕たち人間は世界に対して大きな支配力をもっているんだと思います。これはすごいことです。どうしてそんなことが可能なのか。世界や物理法則が僕たち人間にこれほど依存しているなんて、どうしてそんなことがあり得るんでしょうか」

「そうだなあ」と教授が言う。「それについてはまだ答えが出ていない。それらの問題については、とても慎重に考える必要があるね。君たちは、いずれ哲学者に会って話を聞くべきだと思うよ」

「じつは」とアリスが言う。「再来週あたり、私たちは哲学を勉強している友人と一緒に山へいく予定なんです」

「まだ一年生ですけどね」とボブ。

「いいじゃないか」と教授が笑顔で返す。「おもしろい議論ができると思うよ。とにかく、君たち二人とこのプロジェクトができて、いろいろな問題について議論できて、本当によかった。この手の問題にまた関心がわいたら、メールか電話をしてほしい。これからもがんばって」

　この言葉を聞いて、アリスとボブは興味深いプロジェクトをやらせてくださってありがとうございましたと教授に礼を言い、研究室を去る。

チロルの山にて

快適な夏の週末。アリスとボブはチロルへ行こうと決める。二人の友人で哲学専攻の一年生、チャーリーも一緒だ。アルプス山脈の主稜はチロルを東西に貫き、その南側がイタリアの南チロル、北側がオーストリアの北チロルとなっている。三人がケーブルカーで山を登っていくと、絶景が目の前に広がる。三人は、アルプス山脈の標高三六〇〇メートル超の主稜を構成する、雪に覆われた頂を眺める。高い山々のあいだには、昔ながらの趣をたたえた谷間の土地と村が牧草地に囲まれ、その牧草地は山腹を伝って上へと広がっている。ケーブルカーの終点から、三人は狭い山道を歩いて登っていく。しばらくすると小さな山の頂上にたどり着き、そこからアルプス山脈の主山系を見渡すという贅沢を味わう。

アリス：（しばらくしてから）きれいな景色ね。
ボブ：でも、僕たちが見ているときしかこの景色はここにないんだ。
チャーリー：ナンセンスだ。見ていなくてもちゃんとある。それとも、夜になると山が消えてなくなるとでも思っているのか？

ボブ：じゃあ、誰も見ていないときに山がそこにあるって、どうしたら証明できる？　そのためには見なきゃだめだろ。
チャーリー：その必要はないね。自動カメラを設置して写真を撮って、あとでそれを見ればいい。
アリス：そうね、そのとおりだわ。見るのは人間でなくてもいいみたいね。だけど、自動カメラで撮った写真を誰かが見る必要はあって、それも観測の一つでしょ。どんな形であれ観測をまったくしなければ、何かがそこに存在しているって主張することはできないわ。
チャーリー：でも、そんなのはただの屁理屈だよ！　誰も見ていないときには山が存在しないなんて、本気で思うやつがいると思う？
ボブ：君の言っていることはアインシュタインみたいだ。アインシュタインはデンマークの物理学者のニールス・ボーアと議論していた最中に、「誰も見ていないときには月が存在しないと、本気で信じているのか？」って言ったんだよ。
チャーリー：少なくとも僕には仲間がいるわけだ。で、ボーアはなんて答えたの？
ボブ：逆が可能だと証明してみせろとアインシュタインに言ったんだ。どうせできないだろう、月がそこにあるかどうか確かめるには、空を見上げる必要があるんだからってね。
チャーリー：めちゃくちゃややこしいな。
アリス：（笑いながら）あなたも私たちの仲間だわ。私たちもよくわかっていないんだけど、最近クォンティンガー教授のもとでやっているプロジェクトと関係があるの。
チャーリー：ああ、あの量子物理学者だね。どうしたら僕がそれを理解できると思う？　僕はしがない哲学専攻の学生なんだよ。
ボブ：原理としては、僕たちの実験は単純だ。クォンティンガー教授の指導を受けているジョンっていう大学院生が、光子の発生装置を僕たちのために用意してくれた。
チャーリー：光子？　何それ？
アリス：光の粒子よ。光って、光源から出てくる信じられないくらい小さな粒子でできてるの。
チャーリー：ああ、それでその粒子が目に入ってくるってわけか。
ボブ：そう。ジョンが用意してくれた発生装置は、いつも光子をペアで放出するんだけど、光子のペアは双子みたいにそっくりなんだ。
チャーリー：ああ、そう。一方を見てそれが青なら、双子の相方も青なんだね。
アリス：それは一つの可能性よ。私たちの実験では色を調べないで、偏光っていう性質を調べたんだけど、まあ細かい話はどうでもいいわね。
ボブ：両方の光子についてこの性質を調べると、二つはいつもそっくりなんだ。
チャーリー：そっくりになるように発生装置が作ってるんじゃないの？　さっき僕が言った色を使ったイメージに話を戻すと、ある光子のペアは両方とも青で、別のペアは両方とも黄色で、さらに別のペアは両方とも赤、っていう感じかな。
ボブ：僕たちは実際に実験でそういう観測結果を見ている。二つの粒子はいつも同じなんだ。君のイメージを使えば、ペアの粒子どうしは同じ色だけど、ペアごとに色は違うんだ。
アリス：でも問題はね、チャーリー、あなたの説明が成り立たないってことよ。

チャーリー：二つがいつも同じ色なら、説明のどこが間違っているっていうの？　最初から、発生装置を出てきたときから、同じ色だったってことでしょ。それでいいじゃないか。
ボブ：残念ながら、それじゃだめなんだ……。
チャーリー：どうして？
ボブ：証明はちょっとややこしいんだけど、結果だけ考えよう。僕たちがやった実験で、二つの粒子が最初から同じ色で作られたことはあり得なくて、観測されたときにはじめて色を身につけたってことがわかった。
チャーリー：「色を身につけた」ってどういうこと？　たとえば僕があそこにいる牛を見る場合、僕が見たときに牛が色を身につけるわけじゃない。もともと色はあったんだ。
アリス：あなたの言いたいことはよくわかるけど、どうしたら証明できる？
チャーリー：さっき見たときも茶色だった。
アリス：それはそうね。でも、前に見ていなかったとしたらどう？　あなたが見る前から、あるいはあなたでなくても誰かが見る前から、あそこの牛が茶色だったって、証明できる？
チャーリー：それは屁理屈というものだよ。
ボブ：でも、量子力学によれば、量子系にはそういう性質があるらしいよ。観測する前から性質があるって考えることはできないんだ。
アリス：今の場合、最初に見る前から牛は茶色だった可能性が高いってことね。まあ、それは問題ではないかもしれない。観測する前から性質をもつことが許される場合もあるから。

チャーリー：（わざとらしく額の汗をぬぐう仕草をする）やれやれ。
アリス：でも、話はややこしくなるの。量子力学では、この想定がときには間違っているということは証明可能なの。つまり、私たちが観測する前から、対象が私たちの観測する性質をすでにもっているという想定ね。
チャーリー：何だって？　誰かに見られる前、牛は茶色じゃなかったってこと？
ボブ：そのとおり。牛についてはそう主張することはできない。でも、二つの光子についてなら証明できるんだ。
チャーリー：君たちを信じなきゃいけない理由があるのか？
アリス：これはベルの定理の本質なの。発見した北アイルランドの物理学者ジョン・ベルの名前をつけた定理よ。
チャーリー：ベルの定理はどこかで聞いたことがある。でも正直に言って、有名な物理学者が言ったからっていうだけで信じなきゃいけないわけじゃない。
ボブ：そのとおり。それは科学の本質だ。有名な人が言ったからというだけの理由で信じることはない。でも、たくさんの人がベルの主張を証明して、ベルを支持している。だから試しに君も僕たちの言っていることを受け入れてくれないか？　クォンティンガー教授が哲学者のために、割と簡単な論文を書いている。関心があれば、今夜、君にあげるよ。
チャーリー：遠慮しとくよ。物理学の論文なんて読みたくない。君たちの話を信じるほうがましだ。
アリス：観測前には二つの光子が色をもっていないって信じてくれるってこと？

チャーリー：わかったよ。議論のために、僕が観察する前には僕の二つの光子に色がついていないと認めよう。でも観察すると、二つの光子は同じ色をもつんだね。ってことは、何か隠れた仕組みがあるに違いない。僕が見た瞬間に、たとえば光子を青くするような仕組みがね。両方の光子が同じ仕組みをもっているのかもしれない。

アリス：そうね、間違いなくそれが次のステップだわ。二つの光子が最初から同じ色だったとするモデルは間違っていたから捨てるとして、次のステップは何か隠れた内なる仕組みがあると考えることね。

チャーリー：そして観測されたときにそれぞれの粒子の色を決めるのが、その仕組みなんだね。ある種の内なる時計仕掛けみたいに。

ボブ：そう、僕たちもそう考えた。そうしたらクォンティンガー教授から、実験でその仮説を反証してみせろって言われたんだ。

アリス：（得意げに）それで、反証できたのよ。

チャーリー：君たちはすぐにでもノーベル賞をもらえそうだな。

ボブ：残念ながら、もうほかの人たちが反証している。

チャーリー：（含み笑いをしながら）それは残念だ。

アリス：でも、ちょっと待ってよ。私たちはまだ一年生なんだから、自分たちの発見をすごいと思っているわ。

チャーリー：興味がわいてきた。君たちの発見って何？　観測すると、二つの光子が同じ色だってことだよね？
ボブ：そうだよ。
チャーリー：でも、同じ色だという事実をもたらす原因は何？
アリス：これまでのところ、原因にはなり得ないことくらいしかわかってないの。光子がなんらかの方法で自分の色を知っているから、ということはあり得ない。
ボブ：そうなんだよね。それに、自分の色を決定する何かを自分でもっているわけでもない。
チャーリー：どういうこと？　何かをもっているわけではないって。
ボブ：こう言えばわかるかな。二つの光子が旅にもっていくリストを生まれつきもっている。観測装置にたどり着いたとき、そこで何が観測されるのかをよく見る。たとえば色だね。それから自分のもっているリストを見て、自分の色は青だと知って、自らその色になる。二つの粒子が同じリストをもっていたら、結果はいつも同じになるはずだ。
アリス：そう。完璧なモデルだと思うでしょ？　でも、だめなの。
チャーリー：ちょっと待ってよ。君たちが言いたいのは、観測される前の光子には色がなくて、二つの光子はどちらも観測されたときに何色になるべきか知らない、ってことだよね？
ボブ：そうだよ。光子が色をもつには、観測が必要らしい。
チャーリー：わかった！　観測すると光子に色が塗られるんだ！
アリス：そう、それで説明できそうにも聞こえるわね。
チャーリー：簡単だよ！　二つの観測装置は同時に二つの粒子を必ず同じ色に塗るという意味で同じ

だっていう、単純な話だ。
アリス：その考え方はどこか間違っている気がするんだけど、何がいけないのかわからないわ。
ボブ：僕はわかったと思う。二つの観測装置への指示は同じはずで、原理としては粒子への指示と同じなんだ。その指示をもっているのが粒子と装置のどちらであっても、それがチャーリーのでもアリスのでも僕のでも、いずれかの場所で出される指示としてまとめることができる。
アリス：そうね。私たちは局所実在論全般の可能性を否定したんだったわ。
チャーリー：そうだとしても、さらに別の説明ができる。二つの観測装置がなんらかの形でエネルギーを送るとか情報を交換するとかして、自分たちが何をしようとしているか、いつも互いに教え合うことができるとしたらどうだろう。つまり、次に観測する光子のペアは青で、次が黄色、その次が赤って、二つの観測装置が一緒に決められるとしたらどうだろう。
アリス：その可能性も否定できたわ。
チャーリー：どうして？
ボブ：単純な話さ。二つの観測装置の一方からもう一方に信号を送ったとき、相手に届くまでの時間がすごく長くなるように、距離を隔てて装置を設置したんだ。どんな信号も、光より速く伝わることはできないからね。
チャーリー：でも、光は信じがたいくらい速いよ。
アリス：それは問題じゃない。今どきは、設定をものすごくすばやく切り替えられる電子観測装置が作れるから。

チャーリー：それって、僕たちが今考えている疑問と何の関係があるの？

ボブ：うん、次の光子で何を観測するか、ものすごい速さで決められる光子観測装置が作れるんだ。その決定はほんとにすばやくて、光子が届くぎりぎり直前に下されるから、何を観測するか相方の装置に伝える時間はない。

チャーリー：それがもう実験で証明されているの？

アリス：そうよ。一九九八年にここから遠くないところで実験が行なわれて、はっきりしたの。チロルの州都のインスブルックで行なわれたのよ。

チャーリー：その実験で、正しい結果が出たの？

ボブ：うん。だからもうはっきりしてる。少なくともある特定の量子状態では、僕たちの観測する性質は観測の前には存在しないんだ。

チャーリー：それでアインシュタインはボーアに訊いたのか、誰も見ていないときには月が存在しないって本当に思うのかって。

アリス：そう、もちろんよ。でも何よりおもしろいのは、アインシュタインは最近行なわれているような実験の細かい点をまだよく知らなかったってことね。

チャーリー：でもそれなら、アインシュタインはどうやって結論に達したの？

ボブ：ただ、量子物理学は正しいと考えた。そして量子物理学は、今実験で観測されている結果を正確に予想する。

チャーリー：それじゃあ、僕たちはこの状況をどう解釈したらいいんだ？　僕たちのまわりには山がある。誰も見ていなかったら、この山は存在しないのか？　僕は納得できないよ。
ボブ：うん、確かにその可能性は理屈では反証できない。そんな可能性、僕は信じないけどね。
アリス：この状況を本当にちゃんと理解している人がいるかどうか疑問だわ。クォンティンガー教授だって、ちょっと混乱している感じがしたし。
チャーリー：でも君たちはそこから何か学んだんだろうね。
ボブ：うん。いろんな結論が引き出せるよ。
チャーリー：その一つは、誰も見ていないときには月は存在しないってことだね、間違いなく。
アリス：そうね。観測していなければ現実は存在しない可能性があるってことね。
チャーリー：でもそれって完全におかしいよ。
ボブ：でも反証はできない。
チャーリー：純然たる理屈で言えば、そのとおりだ。でも、別の答えのほうが断然いいと思うな。
ボブ：二つ目の可能性は、互いに遠く離れた二つのものが本当に切り離されているという考え方には間違いがあるということだ。
チャーリー：どう考えればいいんだ？
アリス：そうね、たとえば光速よりもはるかに速く伝わる未知の信号があるとかね。
ボブ：でももっと広く言えば、僕たちの空間のとらえ方が間違っているって考えることもできる。たとえばあそこに見える山頂が、じつは僕らからそんなに遠く離れていないとか。
チャーリー：でも、そもそも空間って、どこから生まれたんだ？

アリス：それに、時間はどうなの？
ボブ：空間や時間って何なんだろう。

三人はしばらく黙り込んだまま、美しい景色を眺めている。やがてアリスが不意に、もう三時を過ぎたと言う。三人は山中のケーブルカーの駅へ急ぐ。四時に運行が終わってしまうのだ。三人はなんとか最終便に間に合う。再び谷間に戻ると、アルプバッハの村までぶらぶらと歩いていく。

ボブ：どこかで読んだんだけど、エルヴィン・シュレーディンガーはアルプバッハに埋葬されているんだよ。
チャーリー：エルヴィン・シュレーディンガーって誰？
アリス：モーツァルトって誰？
チャーリー：ふざけるなよ。ヴォルフガング・アマデウス・モーツァルトを知らない人はいないよ。歴史上、最も偉大な作曲家の一人だ。
アリス：そう。モーツァルトはオーストリア人よね。シュレーディンガーもそうなのよ。
チャーリー：これまでに生まれたオーストリア人をみんな知っているはずがないじゃないか！
ボブ：でもシュレーディンガーは、量子物理学を発明した一人だ。
チャーリー：知るか！
ボブ：シュレーディンガー方程式っていうのを考案したんだけど、これはたぶん物理学者が書いた方程式のなかで一番重要なものだよ。

チャーリー：君には重要かもしれないけど、僕に何の関係がある？

アリス：そういうのってありがちね。あなたみたいな人にとって、モーツァルトを知らなかったらめちゃくちゃ恥ずかしいけど、シュレーディンガーを知らないのは平気なのね。

ボブ：言っておくけど、シュレーディンガーの考えた方程式は、現代のハイテクな発明品のほとんどの基礎なんだよ。シュレーディンガー方程式を知らなければ、コンピューターやレーザーがどんな仕組みで働くのか理解できないだろう。ミクロな粒子のふるまいを記述する式なんだ。粒子が単独で存在しているときと、コンピューターチップみたいな固体やその他の材料の中にあるとき、どっちにもあてはまる。

チャーリー：なるほど、納得したよ。おもしろくなってきた。で、シュレーディンガーのお墓はどこにあるの？

ボブ：このあたりのチロルの村では、墓地は教会のまわりにある。埋葬された人が主の近くにいられるようにね。シュレーディンガーのお墓もだ。

チャーリー：わかった。じゃあ、行こう！　君たちの話を聞いて、興味がわいてきたよ。

三人は教会まで歩く。教会を囲むように美しい墓が並び、そのほとんどに鍛鉄《たんてつ》の十字架が立っている。三人はシュレーディンガーの墓を探すが見つからないので、老婦人に尋ねる。すると彼女は墓地の壁のそばに立つ小さな鍛鉄の十字架を指し示し、「そこですよ。アルプバッハの人たちは誰でも彼のことを知っています」と言う。墓に歩み寄った三人は、なにやら奇妙なものに気づく［図32］。

チャーリー：十字架の銘板に数式が書いてあるね。
ボブ：うん。シュレーディンガー方程式だ。
チャーリー：なるほど。だけどちんぷんかんぷんだ。この三叉《みつまた》の鉾《ほこ》みたいなギリシャ文字は、確かファイだかプサイだか……。
アリス：Ψ《プサイ》よ。これは波動関数ね。
チャーリー：ほかの文字は？　ｉがどうして……？
ボブ：それはマイナス一の平方根だ。
チャーリー：そうか。それでこのｈに横棒が入ったみたいなの「ħ」は？
ボブ：ｈバーだ。プランク定数を２πで割ったもので、量子物理学では最も基本的な量だ。でも、ここに書かれている記号の意味は気にしなくていいよ。理解するには物理学を勉強する必要がある。アリスと僕も理解できているかどうかってところだ。ただこのお墓全体をよく見ておこうよ。
アリス：私はこの方程式がとても美しいと思う。まだよく理解できてはいないけど。
チャーリー：そうだね。この記号と同じくらい変な話だけど、この方程式が美しいということは否定できないよ。
ボブ：うん。数学の方程式には心に響く美しさがあるよね。物理学者が自然を極限までシンプルに記

図32　オーストリア・チロルのアルプバッハにあるエルヴィン・シュレーディンガーと妻アンネマリーの墓には、シュレーディンガー方程式が記されている。

述しようとすることと関係があるのかな。たとえばこのシュレーディンガー方程式は記号をほんの少ししか使っていないけど、ものすごくいろんな現象を記述できるんだ。
アリス：物理学者にとって、数式のシンプルさっていうのは、理論が正しいかどうかを見極める手がかりの一つなの。

しばらく物思いにふけってから、三人は古風な民宿に戻ってくつろぐことにする。夜になり、アリスとボブとチャーリーは集まってビールを飲む。アリスが楽しげな笑みを浮かべて言う。「量子もつれの話を短い漫画にまとめてみたの」そしてポケットから一枚の紙を取り出す［図33］。

ボブ：（驚いて）絵が得意だとは知らなかったよ。
チャーリー：これはどういう意味？　これで何を説明したいの？
アリス：結局のところ、量子もつれっていうのは、二つの別々の存在のあいだで情報がどんなふうに結びついているのかってことなのよ。私はそのことを、お互いに量子もつれの関係にある二冊の本で表したの。
チャーリー：でも一番上の絵には、読めるものはなにもないよ。
アリス：そんなに焦らないで。最初の絵は、二冊の本の文字がお互いに量子もつれ状態にあることを表してるの。どちらの本にも文字は現れていない。存在し得る、考え得る文字は全部、本の中に入ってるって言えばいいかしら。真ん中の絵では、観測者二人のうちの一人が本を見る。

図33　本に書かれた情報の量子もつれを描いたSF風イラスト。2冊の本の文字が互いに量子もつれ状態にあるが（上図）、どちらの本にも初めは文字が記されていない。どんな文字も生じ得る。一方の本が観測されたら（中図）、自発的かつランダムに、多数の可能性のなかから、特定の文字が現れる。すると瞬時に、もう一方の本にも同じ文字が現れる。これが量子もつれの本質であり、アインシュタインはこれを「不気味」と称した。

ボブ：なるほど！　それで今度は文字が現れるんだね、ＡＺっていう。そしてもう一冊にも同じ文字が現れる。そして最後に一番下の絵では、相方の観測者が本を見て、二人は目の前に同じ文字が現れていることに驚くんだ。

チャーリー：二人が驚いているのと同じように、僕はこの話全体に驚いているよ。これまでに習ったことのなかで一、二を争うくらい意味があった。

アリス：アインシュタインがどうして量子もつれのアイデアを気に入らなかったのか、そしてどうして「不気味」って言ったのか、これでわかったでしょ。

チャーリー：あの墓はとてもきちんときれいに手入れされていたね。

ボブ：うん。シュレーディンガーの娘のルート・ブラウニツァーが今もアルプバッハで暮らしているおかげだ（二〇一八年に死去）。父親の書斎や書きかけの原稿を今もきちんと保存しているんだ。将来の科学者たちにとって、これは貴重な資料になるよ。

アリス：ねえ、疲れてきちゃった。今日はこのくらいにしない？

ボブとチャーリー：いいね。

量子の宝くじ

すでに見たとおり、アインシュタインはさまざまな理由で量子力学を批判した。彼の批判の基本的なポイントは、量子物理学の根本的な陳述が、彼自身の根本的な哲学的信念に反するということだった。彼が批判の矛先を最初に向けたのは、量子物理学におけるランダム性という、それまでにない性質だった。初めて公の場で批判を口にしたのは、一九〇九年にザルツブルクで開かれたドイツ自然科学者・医師協会の年次大会だった。そこで彼は、偶然やランダム性の果たす新たな役割への「不快感」を表明した。すでにそのような早い時期に、アインシュタインは個々の量子現象を起こす原因など、未知のものも含めて存在しないと考えていた。個々の量子現象について、その原因と結果を説明することはできないと考えた。一九二六年に仲間の物理学者マックス・ボルンに宛てた有名な手紙の中で、アインシュタインはこう書いている。「その理論は……われわれを神の秘密に近づけることはない。いずれにしても私は確信しているのだが、彼は」（彼とは神のことである）「サイコロを振らない」。今日、私たちはランダム性が量子の世界の基本的な特徴の一つだと認めるようになった。そればかりか、その性質を技術的に利用してさえいる。

量子のランダム性を利用するには、どんな方法があるのだろうか。

図 34　ハーフミラーの前に立つアリスには、ミラーの向こう側に立つボブの姿と自分の姿の両方が見える。ボブの像では光の強度が半分になっている。

量子のランダム性が利用されている領域の一つは、量子乱数生成器だ。乱数生成器というのは、乱数列を生成する装置である。そのような数列は、現代のコンピューターでさまざまな計算問題を扱ううえで重要だ。

現代のコンピューターがこのような数列を生成する場合、複雑なアルゴリズムを使う。これによってランダムに見える数列が生成されるが、真にランダムではない。というのは、これが計算の結果だからにほかならない。このような数列を生成する装置は、擬似乱数生成器と呼ばれる。擬似乱数生成器で問題となるのは、ある程度の時間が経つと同じ結果を繰り返す点だ。また、同じ初期状態からスタートするので、同じ数列をたどることが多い。

量子乱数生成器では、これとは比べようもないくらいすぐれた結果が得られる。量子のランダム性のおかげで、いかなるときにもどんな乱数が出現するかを決定する仕組みが存在しないことが担保される。そのため、量子乱数生成器で生成される乱数列には、明確な長所が二つある。一つはいかなる内部構造もないという点、もう一つは絶対に反復しないという点だ。

私たちはすでに、この新しいタイプのランダム性にいくつかの場面で出会っている。一つは四五度に偏光した光子がたとえば縦偏光の偏光装置に入射するときだ。この場合、光子が偏光装置を透過する確率は五分五分だ。これは完全にランダムであり、特定の光子が透過するかしないかについて、いかなる理由も存在しない。

ランダム性に出会った別の場は、個々の粒子が二重スリット装置を通過してから観測スクリーン上のどこに着地するかという問題を扱ったときだ。この場合、粒子が特定の箇所に着地する確率を示すことしかできず、個々の粒子が実際にどこに着地するかという問いに答えることはまったくできない。
さらに、基礎的なレベルで、量子のランダム性は量子もつれがアインシュタイン自身の相対性理論に反するのを防ぐ。そうなる理由は、量子もつれ状態にある二つの粒子の観測結果は完全に相関しているとはいえ、光速より速くメッセージを送るのにこれを利用することはできないからだ。というのは、そのランダム性の結果として、観測者は観測結果をコントロールできないからである。

つまり、ランダム性は基礎的な観点から見て非常に重要だが、コンピューターや乱数生成器といった実用的な場でも利用することができる。

量子乱数生成器を作るには、半鍍《はんと》銀鏡、いわゆるハーフミラーを使うとよい［図34］。その名が示すとおり、ミラーに入射した光の半分が反射し、半分が透過する。入射した光線は、二本の光線に分かれる。そのため、ハーフミラーもビームスプリッターと呼ばれる。アリスとボブがハーフミラーを隔てて立っているとしよう。どちらからもミラーごしに相手の姿が見えるが、ミラーに映った自分の姿がそれに重なっている。

光子一つがハーフミラーに入射したらどうなるか［図35］。光子は量子的粒子なので、分かれて半分の光子二つになることはできない。ミラーの手前か向こうのどちらかへ行くしかない。確率は同じなので、光子が透過する確率は五〇パーセント、反射する確率も五〇パーセントだ。ミラーの向こう側に光子検出器を設置して、透過した光子を検出できるようにし、ミラーの手前にも検出器を設置して、反射した光子を検出できるようにすると、二つの検出器のうち一方だけが光子を検出して電気パルスを発生させる。どちらの検出器が光子を検出するか、あらかじめ知ることはできない。

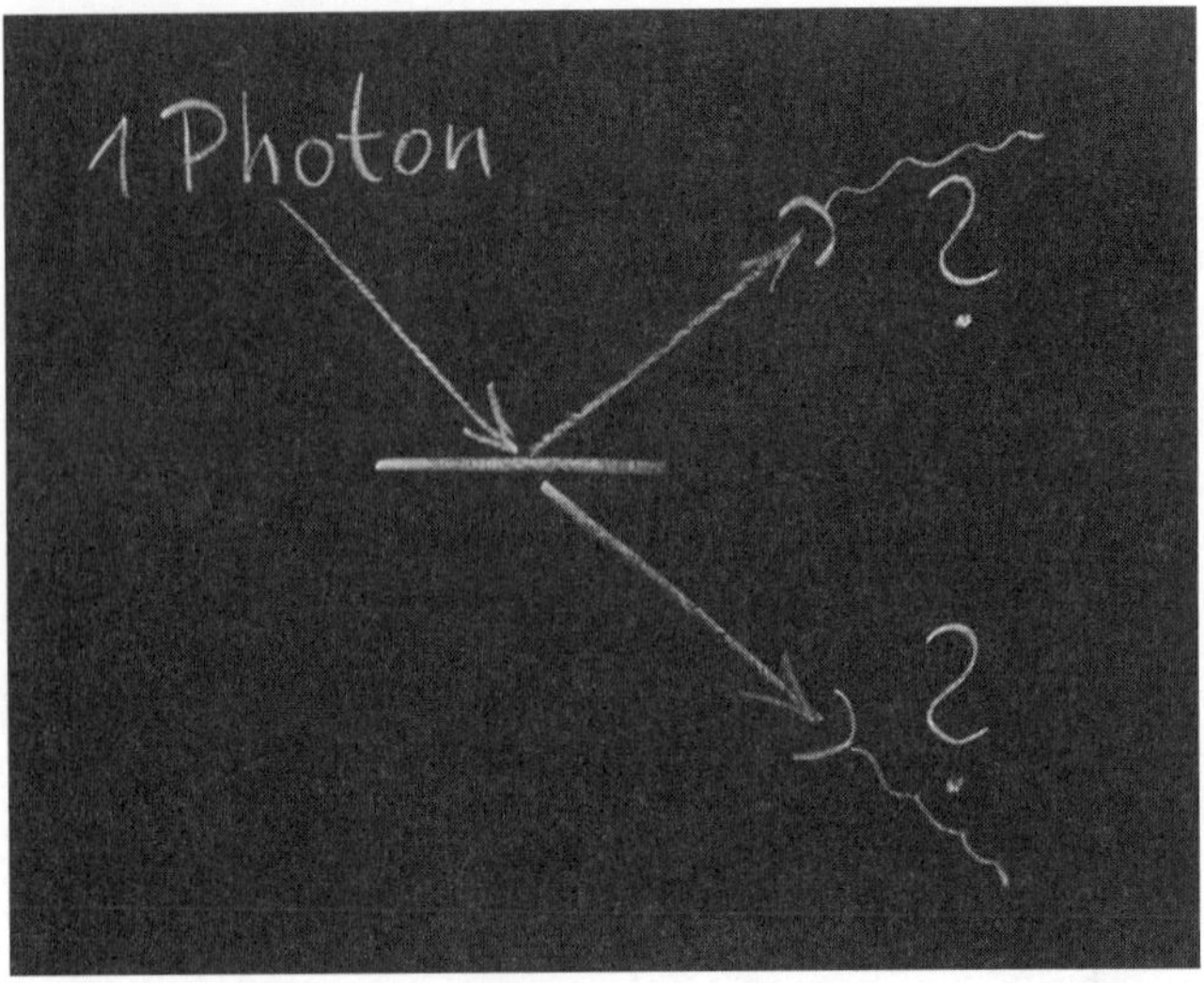

図35　光子1つがハーフミラーに入射する。反射するか、それとも透過するか。2つの検出器のうちどちらが光子を検出するか。これは、これ以上単純にしようのないランダム性の一例である。光子がどちらへ進むかは純然たる偶然によって決まり、隠れた要因はいっさい存在しない。

ビームスプリッターのもつこの性質を利用して、乱数生成器を作ることができる。ばらばらの光子の流れをこのようなビームスプリッターに照射し、出射部に検出器を二つ設置するだけだ。それぞれの光子について、二つの検出器は検出する確率が等しい。ということは、二つの検出器はランダムな順番で光子を検出するはずだ。現代のコンピューターはすべて、0と1からなる二進法で動いている。入射した光線を受けてビームスプリッターの向こう側の検出器が作動した場合を0、手前の検出器が作動した場合を1とすることにしよう。そうすると、光子の流れによって0と1のランダムな数列ができる。私の指導学生トーマス・イェンネヴァインは、数年前にインスブルック大学の学生だったとき、仲間とともにこのような量子乱数生成器を実際に作製した。その生成器で生成された膨大な乱数列のほんの一部をここで紹介する。

111101101010010101101110011101010111111001011011001010110001000010010001110000111
01001010101110101001100100110011010101010001001100010110101111101101000111001011110000011
00101001100001010110001110010100110111011010000110011010110100111110001001010110
10001000010000100101010100000110000001010011101101011111001100110101000100111110000
00000100110001000111001111101111000000000100011100110101010101111101010110010001011000010
100100010101

乱数生成器がきちんと作動して適正な乱数列を生成するかを検証するテストはいろいろある。一つの方法としては単純に、０と１の出現回数がだいたい同じかを確かめるだけでいい。もっと高度な方法としては、たとえば００、０１、１０、１１の並びの出現頻度が等しいか調べるという手もある。ほかにもたくさんの検証方法があり、なかにはたとえば生成された乱数を数学的に応用するといった、きわめて高度な方法もある。

イェンネヴァインは自分の作った膨大な乱数列を、すぐれた乱数に関心をもつ専門家たちに送り、考え得るあらゆる方法で検証してほしいと頼んだ。その結果、彼の送った数列は、専門家たちがそれまでに検証したなかで最もすぐれた乱数列であることが判明した。この結果は、個々の量子現象のランダム性を裏づける強固な証拠となるだけでなく、量子のランダム性を利用した乱数生成器がきわめて有用となり得ることも示している。

だが、まだ非常に大きな問いが残っている。特定の数列、私たちの場合は0と1からなる数列が、真にランダムであって、なんらかの数式やアルゴリズムによって生成されたのではないということを、数学的に証明することは可能か、という問いだ。問題は、そのような数学的証明が原理として不可能であることだ。生じ得るあらゆる数字の並びが乱数と同じ頻度で生じる数字、たとえばπ＝3.14159265...が存在すると明言する重要な数学的推論がある。πを二進法で表した場合、そのどこかには0000000000という並びが現れ、別のどこかには0101010101が現れ、さらに別のどこかには一見ランダムに思われる0100101100が現れる。

サイコロを三回振るとしよう。⚁⚀⚄のようなランダムな数列が出る確率はどのくらいだろうか。一投目に⚁が出る確率は六分の一で、あとの二回についても同様だ。ということは、⚁⚀⚄という数列が出る確率は、六分の一掛ける六分の一掛ける六分の一で二一六分の一になる。つまり⚁⚀⚄という特定の数列を出すには、平均で二一六回サイコロを振る必要があるというわけだ。

では、⚅⚅⚅が出る確率はどのくらいか。じつは先ほどとまったく同じである。⚅が出る確率は各回でそれぞれ六分の一なので、全体で⚅⚅⚅になる確率は、六分の一掛ける六分の一掛ける六分の一で二一六分の一なのだ！　ランダムに見える数列⚁⚀⚄が出る確率は、⚅⚅⚅が出る確率と等しい。⚁⚀⚄のほうがランダムに見えるかもしれないが、どちらかが他方よりもランダムだということはない。

特定の数列のランダム性を数学的に証明することが不可能であるなら、乱数生成器の内部の仕組みに関する物理学的な知識に頼るしかない。身近な例としては、ルーレットのゲームがある。このゲームのポイントは、ルーレットのボールが止まる確率はどのスロットでも同じだということだ。カジノの経営者は、自分の店のルーレットが適正なバランスを保ち、機械的に完璧であるように努める。一部の数字がほかの数字よりも有利になってはいけないからだ。

量子乱数生成器の大きな長所は、個々の量子現象がそれ自体では確実にランダムであることだ。個々の結果は、いかなる形でもあらかじめ決まっているとは考えられない。量子的でない物理的プロセスは存在せず、そこではランダム性は同じ質をもつ。それゆえ、量子乱数生成器は何よりも信頼できるのだ。

二つの光子を使った量子の宝くじ

私たちはハーフミラーについて論じ、アリスとボブがハーフミラーを隔てて立った場合、二人にはミラーに映る自分の姿とミラーごしの相手の姿が見えることがわかった。それぞれから発した光はハーフミラーに向かって進み、そこで分別される。光の半分はミラーを透過し、半分は反射する。ここでも、量子の世界に足を踏み入れると、話はもっと複雑に、そしてもっとおもしろくなる。

二つの光子が両側から一つずつやってきて、ビームスプリッターに入射するとしよう［図36］。どうなるだろうか。すでに見たとおり、いずれの光子も、反射するか透過するかは同じ確率だ。つまり四つの可能性がある。

・光子が両方とも反射して、ミラーを透過することなくもとの側にとどまる。
・光子が両方とも透過して、ミラーの反対側へ行く。
・上の光線に由来する光子は反射し、下の光線に由来する光子は透過し、二つとも上側へ行く。
・上の光線に由来する光子は透過し、下の光線に由来する光子は反射し、二つとも下側へ行く。

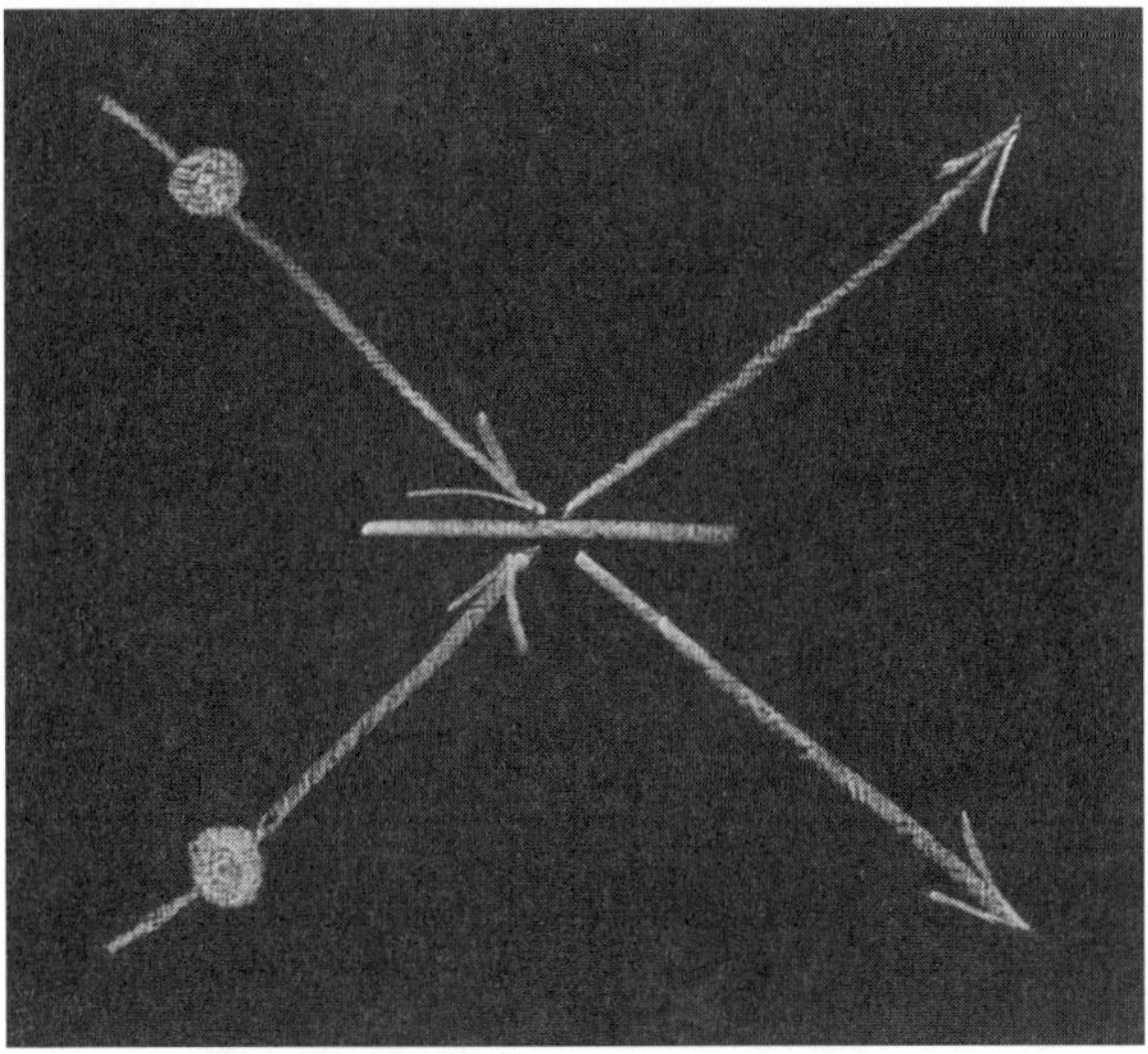

図36　ハーフミラーの両側から１つずつ、合計２つの光子がハーフミラーに入射する。２つの光子はどちらの出射光に存在するだろうか。

ここで、四つの可能性はすべて同じ確率で生じる。二つの光子は明らかに独立していて、それぞれが自分の好きなようにふるまえるからだ。理にかなうと思われる結論は、全体の半数のケースで、二つの出射光のそれぞれに光子が一つあるという、前述の四つの可能性のうち最初の二つが起き、全体の四分の一のケースで、光子が二つとも上の出射光の中に存在するという三つめの可能性が起き、さらに四分の一のケースで、光子が二つとも下の出射光の中に存在するという四つ目の可能性が起きる、というものだ。

一九八七年、これを確かめるような実験がロチェスター大学で、チュンキ・ホン（洪廷基）、チェユウ・オウ（区泽宇）、レナード・マンデルによって実際に行なわれている。この実験は、私たちが先ほど考えた単純な予想に合致しなかった。二つの光子は常に同じ側に存在するという結果が出たのだ。つまり、出射光のそれぞれに光子が一つずつあるという状況は決して起こらない。光子が二つとも上の出射光に存在するケースが全体の半分を占め、二つとも下の出射光に存在するケースが半分を占めるのだ［図37］。どう解釈したらよいのだろう。

ここで起きているのは、量子力学的な重ね合わせだ。これについては、本書ですでに扱った。ミラーに入射したあと、二つの光子のそれぞれで、上と下の光線の中に存在する状態が重なり合っている。厳密に言えば、光子が上と下のどちらに存在するかがわかるのは、実際に観測を行なったあと、すなわち検出器が実際に光子を検出したあととなる。

重ね合わせが起きるのは、二つ（またはそれ以上）の可能性のうちどちらが実際に起きているのか、理論上だけでも識別することが不可能なときだ、ということもすでに見た。私たちの場合、そのような可能性が二つある。一つは光子が二つとも透過する可能性、もう一つは光子が二つとも反射する可能性だ。二つの光子を識別できないなら、ビームスプリッターを経たあとで調べても、どちらの可能性が実際に起きたのかはわからない。それぞれの光線に光子が一つずつ存在しているだけであり、その光子がどちらに由来するのかを知ることはできない。上の光線から来たのか、それとも下の光線か。

そんなわけで、この二つの可能性を重ね合わせるしかない。つまり、二つの出射光に存在する二つの光子が両方とも反射したものである可能性と、両方とも透過したものである可能性を重ね合わせるのだ。そうすると、重ね合わせの結果はどうなるか。二重スリット実験で、重ね合わせの極端なケースが二種類起きることを思い出してほしい。一つは破壊的な重ね合わせと呼ばれ、もう一つは建設的

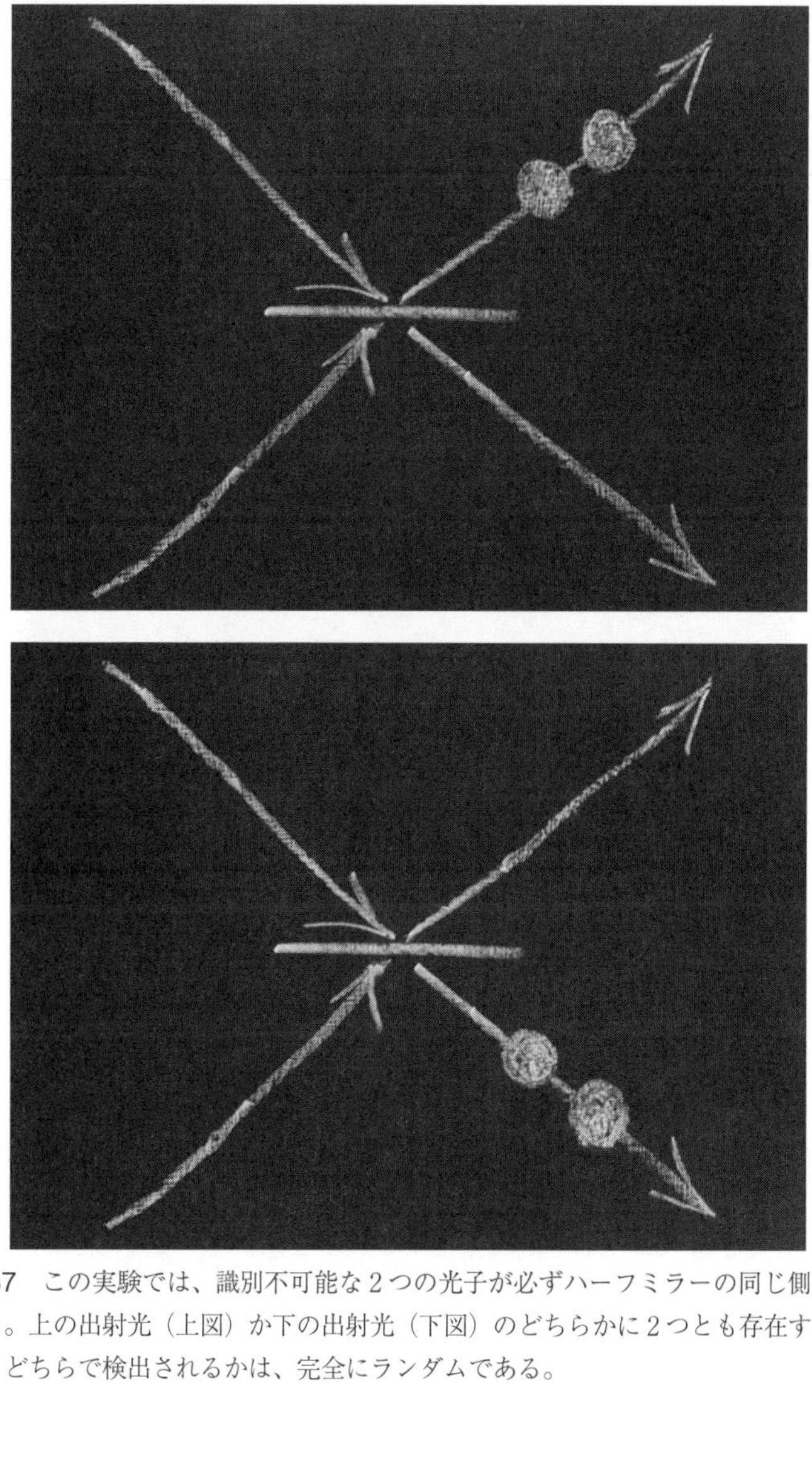

図 37　この実験では、識別不可能な 2 つの光子が必ずハーフミラーの同じ側に現れる。上の出射光（上図）か下の出射光（下図）のどちらかに 2 つとも存在するのだ。どちらで検出されるかは、完全にランダムである。

な重ね合わせと呼ばれる。私たちの二つの光子に起きている重ね合わせは、破壊的なのだろうか、それとも建設的なのだろうか。これについては、のちほど戻ることにしよう。

まず、基本的な問題を再び分析する必要がある。重ね合わせの考え方をここで用いるには、二つの光子が本当に識別不可能かどうかを確かめなくてはならない。二つの光子を識別するにはどうしたらよいだろう。たとえば、波長（すなわち色）や偏光で識別できるかもしれない。この二つの属性が、二つの光子で同じだとしよう。偏光も波長も同じということだ。この場合、現れた光子の偏光を調べても、波長を測定しても、光子を識別することはできない。それでもなお、識別できる重要な方法が一つ残っている。検出器に到着するタイミングがぴったり同じでなければ、簡単に識別できる。上の光線から来た光子のほうが下の光線から来た光子より少しでも先に到着したなら、その到着した時間を見るだけで識別できるのだ。

ホン、オウ、マンデルの実験では、光子を識別する方法として考えられるものを慎重にすべて排除した。二つの光子がぴったり同時にビームスプリッターに入射し、誤差は数フェムト秒以下となるようにした。一フェムト秒とは一〇のマイナス一五乗秒、すなわち一秒の一〇〇〇兆分の一だ。二つの光子はまったく識別できなかった。そこで二つの光子が両方とも反射する可能性と透過する可能性を重ね合わせる必要がある。ここで問題は、これが破壊的干渉か建設的干渉かということだ。ホン、オウ、マンデルの実験で得られた結果から、この二つの可能性が互いを打ち消し合い、破壊的干渉が起きることがわかる。というのは、出射光のそれぞれに光子が一つだけ存在するという結果がまったく見られなかったからだ。二つの光子は常に一緒に現れた［図37］。その理由はかなり複雑だ。

あらゆる種類の粒子について、このようなふるまいを期待してよいのだろうか。答えはノーだ。じつは素粒子には、ボース粒子とフェルミ粒子という二つのグループがある。ボース粒子という名称は、インドの物理学者サティエンドラ・ナート・ボースに由来する。一方、フェルミ粒子というのは、イタリア出身だがアメリカで活動した物理学者のエンリコ・フェルミにちなんだ名称だ。例を挙げるなら、光子はボース粒子で、電子はフェルミ粒子である。ボース粒子は凝集を好むのに対し、フェルミ粒子は分散を好む。そして一般的な見方として、私たちが見たふるまいから、光子はボース粒子であることが裏づけられる。光子は仲間と一緒にいたがり、私たちのケースでは、仲間と連れ立って同じ出射光の中に入るのを好む。しかしのちほど見るとおり、これはあまりにも限られたとらえ方だ。二つの光子が互いに量子もつれ状態となっている可能性を考慮していないのだ。その可能性を考えれば、ある重大な帰結を発見するはずであり、それは量子テレポーテーション実験において重大な意味をもつ。

ホン、オウ、マンデルの行なった実験には、じつはほかにも興味深いひねりがあった。つい先ほど見たとおり、この量子的ふるまいが見られるのは、二つの光子が識別不可能なときである。そこで三人は、二つの光子が同時にビームスプリッターに到着できるようにした。しかし実際には、二つの光子の到着する時間差を変動させることもできた。そこで、二つの光子がビームスプリッターに同時に到着せず、わずかな時間差で到着した場合についても調べることができた。この場合、二つの光子は識別可能となる。そうだとすると、どんなことが期待できるだろう。じつは、まさに先ほど論じたふるまいが期待できる。全体の半数のケースで二つの光子が別々の光線に入り、四分の一のケースで光子が二つとも上の光線に入り、四分の一のケースで光子が二つとも下の光線に入る。ホン、オウ、マンデルは実際にこれを観察した。さらに三人は時間差を連続的に変動させることができたので、識別可能性の尺度についても連続的に変動させることができた。時間差を広げると、それにつれて識別可能性が上がり、干渉が徐々に消えた。それに伴って、二つの光子が別の光線に入って検出器に到着するケースが徐々に増えた。

量子もつれ状態の光子を使った量子の宝くじ

ここでまったく新たな問いについて考えてみたい。図36のようにビームスプリッターに入射する二つの光子が、互いに量子もつれ状態にあったらどうなるのか。何か新たにわかることはあるだろうか。まず思い出してほしいのだが、図37のように二つの光子が常にいずれかの同じ出射光に入って検出器に到達するのを観察するための条件は、二つの光子が識別不可能であることだった。私たちは、二つの光子が同じ偏光をもつケースについて考えた。

今度は、二つの光子が偏光に関する量子もつれ状態にあるとしよう。量子もつれにあるということは、観測前にはどちらの光子も偏光をもっていないことを意味する。この場合、観測は光子がビームスプリッターを離れたあとで行なわれるのに、私たちのルールをどうやってあてはめたらよいだろうか。やはりここでも、大事なのは識別不可能であることだ。では、量子もつれの具体的な例を考えよう。これまでにも何度か述べたとおり、偏光に関する量子もつれとは、観測したなら二つの光子が同じ偏光をもっていることが認められる状況を意味する。そこで、横偏光Hまたは縦偏光Vの偏光を観測すると仮定しよう。これはつまり、光子の一つを観測して、それがランダムにたとえばH偏光だったとすると、もう一つもH偏光ということになる。実際、どちらの向きで測定するにしても、二つの光子が同じ偏光をもっている状況は容易に想像できる。

私たちの実験では、そのような量子もつれ状態にある二つの光子が図36に示すようにビームスプリッターに入射した場合、図37に示すとおり光子は必ず二つ一緒に出てくる。ということは、上の出射光に光子が一つ検出されれば、もう一つもそこにあるはずである。一方、下の出射光に光子が一つ検出されれば、もう一つもそちらにあるはずだ。つまり、二つの光子はあたかも互いと同じ特性をもっているかのようにふるまうが、じつは観測前にはまだ固有の偏光をもっていないのだから、このときにはまだ同じ特性をもっていないはずだ。これはじつに驚くべきことだ。光子のふるまいを決定するのは光子のもつ特性ではなく、あとで観測されたら同じ偏光を示すという性質である。そんなわけで、量子もつれ状態にある二つの光子でも、同じ偏光をもつそっくりな二つの光子のようにふるまうらしい。

だが、ちょっと待て。私たちは量子もつれのすべての可能性を考えたわけではない。二つの光子が、観測されると互いに直交する異なる偏光を示すという量子もつれも存在する。この場合も光子は二つとも観測前には偏光をもっていないが、一方を観測すると、その光子はHかVのいずれかの答えをランダムに示し、もう一つの光子はそれとは異なるVかHを示す。さらに、私たちがどのように観測しようとも、二つの光子が常に直交する偏光を示す量子もつれも存在し得る。この場合、光子はいわば常に相手と違いたがる。

では、このような状態にある光子が両側から一つずつ、ビームスプリッターに入射したらどうなるか［図36］。おもしろいことに、二つの光子はとても奇妙な形で相手と異なる。光子はまだ偏光をもっていない。しかし、私たちが観測しようと決めると、二つの光子は自分たちが相手と異なることを示す。ここで例の問いについて再び考えるとしよう。それぞれの出射光に存在する光子を一つつかまえたら、それがどちらの光線に由来するものかを識別できるか、という問いだ。偏光を調べればいい、という答えが真っ先に出てくるかもしれない。そして二つの光子は偏光が異なるので、確かに識別は可能に違いない。

だが、もう少し待て。最初にわかっているのは、二つの光子が互いに直交する偏光を示すということだけであって、どちらの光子がどちらの偏光を示すかはわからない。そこで、上の出射光の中で横偏光の光子を検出したとしよう。その光子がどちらの光線に由来するのかはわからない。というのは、どちらもあり得るからだ。二つの光子は最初には偏光していなかった。つまり、出射光のそれぞれに光子を一つずつ検出した場合、二つとも反射したのか、それとも二つとも透過したのかを見分けることはできない。したがって、私たちは干渉を使うしかない。この場合、建設的干渉か破壊的干渉かだけを問うことになる。ここで出てくるものについては、明確な理論的理由があるが、量子力学に深入りする必要が生じるので、ここでその理由を示すのは控える。

その代わりに、実験に頼ろう。この実験は私自身がほかの人と共同で、一九九六年にインスブルックで初めて実際に行なったものだ。その結果、図38に示すケースしか起こらないことがわかった。そ

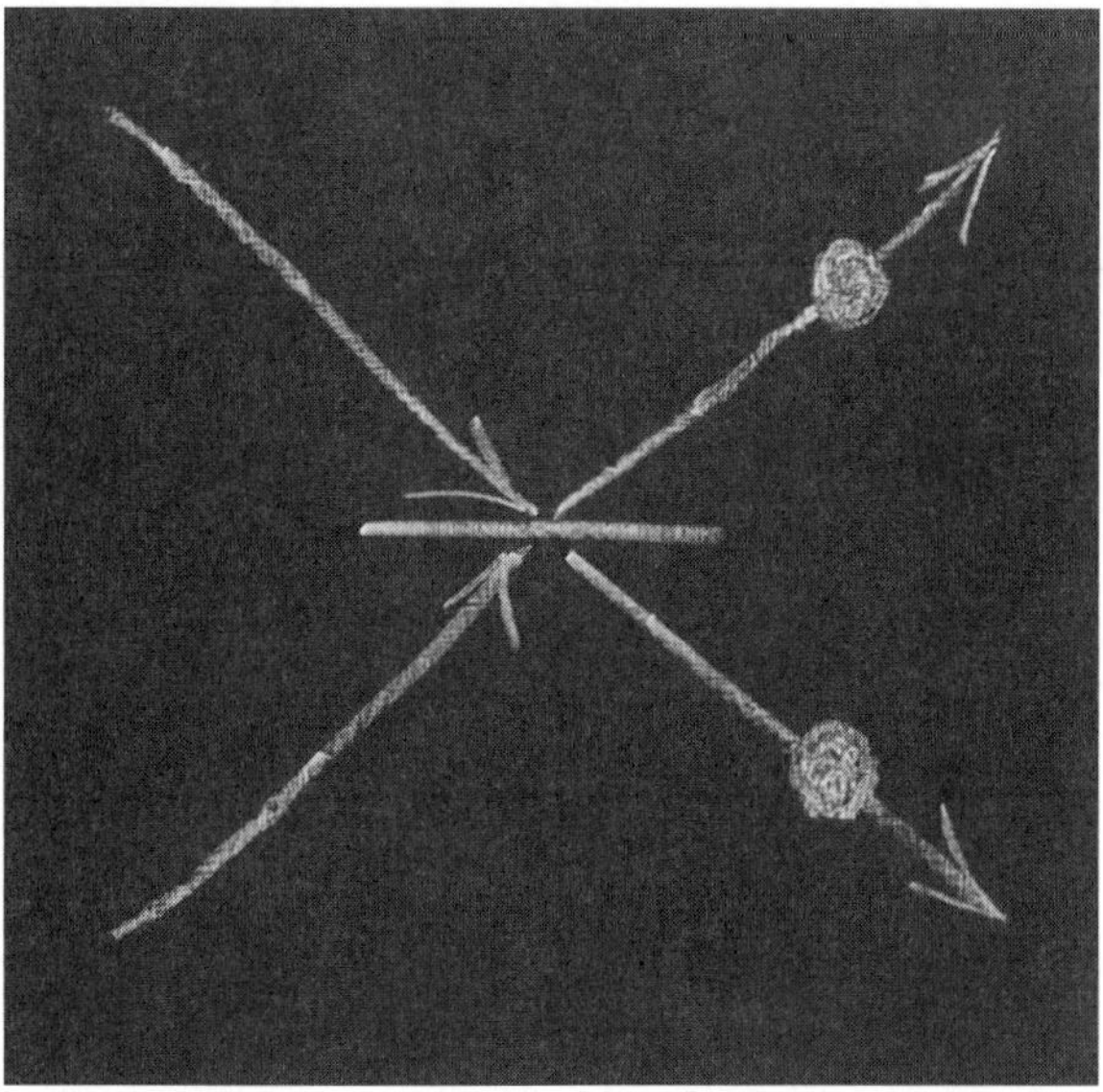

図38　どのように観測しても常に相手と直交する偏光をもつ量子もつれ状態にある２つの光子が、両側から１つずつビームスプリッターに入射する。この場合、それぞれの出射光に光子が必ず１つずつ入る。図37で示した状況は決して起こらない。

れぞれの出射光には、常に光子が一つしか存在しないのだ。二つ一緒に出てくることはない。思い出してほしいのだが、この二つの光子は常に互いに直交する偏光をもつという興味深い量子もつれ状態にあり、二つ目の光子は常に一つ目の光子を観測したときに見られた偏光に直交する偏光を示す。

干渉という観点から、このふるまいをどう理解したらよいだろうか。すでに見たとおり、各ペアの光子がそれぞれの出射光に一つずつ存在するパターンには、二つの可能性が存在する。光子は二つともビームスプリッターから反射したか透過したかのいずれかだ。ここで、この二つの可能性は建設的干渉を示す。二つの光子が揃ってどちらか一方の出射光に入って現れるという可能性は残されていない。つまり、図37に示したいずれのケースも、実際に起きる余地はない。

この性質は、私たちが何を観測するにしても、二つの光子が互いに直交する偏光をもつらしいという事実と関係している。二つは常に相手と異なり、常に相手と異なる状態をもつ。これこそまさにフェルミ粒子のふるまいだ。ボース粒子とフェルミ粒子という二種類の粒子を紹介したことを思い出してほしい。ボース粒子は互いに同じであることを好むのに対し、フェルミ粒子は常に互いと異なるのを好む。そしてここで最も重要な点として、光子はボース粒子だが、相手と異なるのを好む状態にもなり得る。これはまさに、先ほど触れた実験で遭遇する状況だ。光子がそのような状態をとり得るのは、自由度が高いからだ。偏光が互いに異なるだけでなく、私たちの実験では、ビームスプリッターへ向かう経路も異なる。

そんなわけで、私たちはきわめて興味深い結論に到達した。二つの光子を別々にビームスプリッターに入射すると、通常はよい光子として、すなわちボース粒子として、行儀よくふるまう。この場合、出射光のいずれか一方に光子が二つ一緒に入る。したがって、出射光の一方に光子が二つあったとしても、それらの偏光状態についてはよくわからない。たとえば、二つの光子が最初から両方Hか両方Vという同じ偏光をもっていたのかもしれない。あるいは、観測されたら同じ偏光をもつ量子もつれ状態となっている可能性もある。

だが、光子が互いにまったく異なるふるまいを示すケースもある。どんな方法で偏光を観測するかにかかわらず、常に異なる偏光を示す量子もつれ状態にある二つの光子がこれにあてはまる。この場合、光子は行儀のいいボース粒子のようにふるまいたがらず、フェルミ粒子のようにふるまう。つまり、常に別々の出射光に入るのだ。

このことは、実験に重大な影響をもたらす。ビームスプリッターを用意して光子二つを両側から一つずつ送り込み、二つが同じ出射光に入って現れるか、それとも二つの出射光のそれぞれに一つずつ入っているか調べるとする。二つが同じ光線に入っている場合、入射時の状態について得られる情報はあまりない。二つの光子はそれぞれ固有の偏光をもっていたかもしれないし、互いに量子もつれ状態にあったかもしれない。これに対し、先ほど扱ったケースにおいて、ぴったり同時に別々の光線に入って現れた場合には、二つの光子が量子もつれ状態にあったことがはっきりとわかる。その場合、どんな種類の量子もつれだったかが簡単に特定できる。その結果として、光子がフェルミ粒子のようにふるまうことがあるという私たちの発見は、さまざまな実験においてきわめて重大な意味をもつことが明らかになる。そうした実験の一つが、量子テレポーテーション実験である。

ときとして、アイデアは時代を先取りしすぎる。たとえば想像の中で生み出したものを実際に作るテクノロジーが常にあるわけではない。フランスの作家ジュール・ヴェルヌの作品の多くがまさにそうだった。彼の書いた物語は、当時「ＳＦ」という呼び方が存在していたなら、きっとそう呼ばれていたはずだ。そんな時代の先を行くアイデアが、しばしば新たな発展に火をつける。量子物理学でもそれが起きた。

量子マネー——もう偽造はできない

一九七〇年、当時コロンビア大学にいた若手物理学者のスティーヴン・ウィーズナーが、そんなアイデアを思いついた。それから四〇年が過ぎた今、そのアイデアはまだ実験で実証されていない。彼が思いついたのは、量子マネーだ。量子マネーには、誰にも偽造できないというすばらしい特徴がある。量子力学が根本的に間違っていることが明らかにならない限り、未来においても量子マネーは偽造できないだろう。そして、量子力学が根本から間違っていることが明らかになる可能性はほぼない。

アメリカの連邦準備銀行をはじめとする多くの機関が、量子マネーのアイデアにすぐさま飛びついたのではないかと思われるかもしれない。なにしろ毎年世界で何億ドルもの偽造紙幣が出回っているのだ。ところがビジネス界も金融業界も、ウィーズナーのアイデアにはまったく反応しなかった。

さらにひどい話だが、ウィーズナーは科学雑誌にこのアイデアを発表することさえできなかった。これはウィーズナーのアイデアがいかに時代に先んじていたかを示す証だ。彼の論文がようやく専門誌に掲載されるまでに一〇年以上かかり、それまで物理学者のあいだですら知られることはなかった。彼の論文を公開したのは、計算機協会（ACM）のアルゴリズムおよびコンピュテーション理論専門研究グループである。ともあれウィーズナーの論文は、量子力学の基礎的なアイデアを情報の暗号化と伝送に応用するという新たな領域で発表された、まさに最初の論文だった。

ウィーズナーのアイデアは、基本的にきわめてシンプルだ。現在、世界のどこへ行っても、紙幣には必ずその紙幣だけがもつ識別番号が印刷されている。この数字は、銀行が貨幣の流れを追跡するのに役立つ。また、誘拐犯に奪い取られた身代金や恐喝でゆすり取られたお金を追跡する場合などにも役立つ。紙幣に印刷された番号は明確に視認でき、誰でも読み取ることができる。

ウィーズナーが考えたのは、紙幣に印刷される通し番号に量子状態を使うことだった［図39］。そのアイデアは、原理としては正しいが、まだ技術的な実現には至っていない。一つの可能性としては、横偏光または縦偏光の光子を紙幣のどこかに配置することが考えられる。超微小な完全鏡を紙幣の表面と裏面に一つずつ設置し、そのあいだに光子を捕捉するのはどうだろう。あるいは、光子ではなく別の素粒子、たとえば電子などを使って、固有のスピン特性を利用することも考えられる。しかし現実的には、今日の量子技術にとって要求されるものが大きすぎるので、このアイデアの技術的な実現については、まったく検討されていない。物理学的な原理は同じなので、私たちは光子の偏光を使ってこのアイデアを検証することができる。なにしろ、光子の偏光についてはすでによく理解しているの

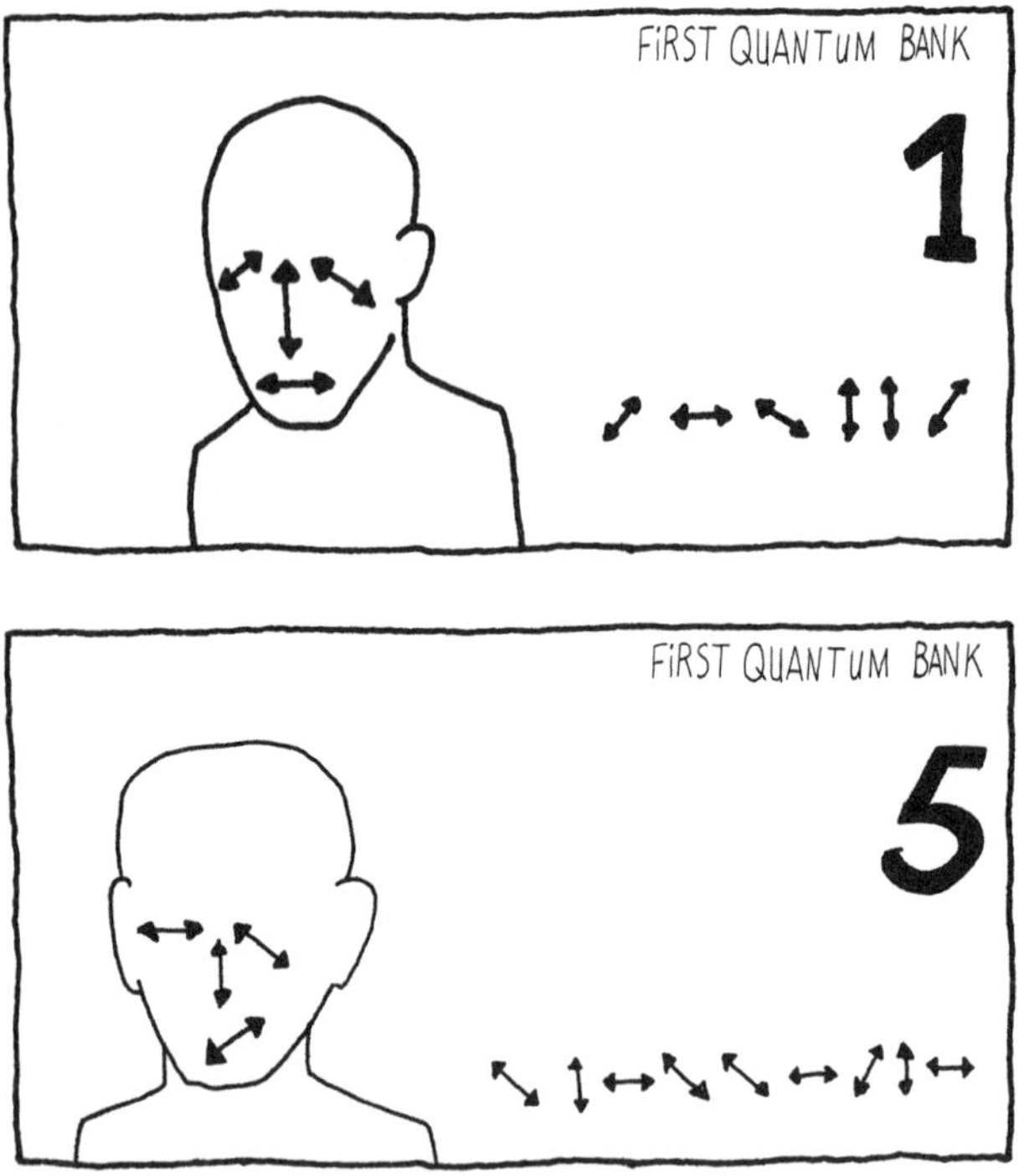

図39　偽造不可能な量子マネー。それぞれの量子紙幣に固有の番号が量子ビット（キュービット）を使って印刷されている。量子を複製することはできないので、このような量子マネーは偽造できない。量子ビットの具体的な状態（両矢印で示す）は、この図のために表示しているだけである。実際にはこれを直接見ることはできず、あらかじめ数字を知っていなければ直接観測することもできない。この情報をもつのは、紙幣を印刷する中央銀行だけである。

だから。

ウィーズナーのアイデアにとって、横偏光や縦偏光の光子だけでなく、垂直方向から右や左に四五度傾いた偏光をもつ光子も使うことが重要だ。このように右四五度偏光をもつ光子をS、左四五度偏光をもつ光子をTと呼ぼう。

そうすると、紙幣上にはHSVVSTHSV . . . のような文字列が配置される。この紙幣を偽造するには、数字を読み取って、同じ数字を新しい紙幣に印刷する必要がある。実際、完璧な偽造をするには、通し番号が不可欠だ。というのは、どこの国の中央銀行も、起こり得る数列すべてのうちから限られた一部だけを紙幣に印刷して発行しているのだ。正当な通し番号ではない数字の印刷された偽造紙幣は、容易に識別できる。

この画期的な紙幣に記された量子数を読み取るには、いったいどうしたらいいのだろう。

先ほどのHSVVSTHSVという文字列を読み取るために、偽造犯は各光子の偏光を調べる必要がある。一つ目の光子がHだとわかったとする。偽造犯は、二つ目の光子で早くも問題にぶつかる。HかVかという基準で調べれば、二桁目の答えとしてランダムにHかVが得られる。これがわかっても、それがSとTのどちらだったのかという情報はまったく得られない。犯人は、二つ目の光子が四五度の傾きをもつように暗号化されていたことを知っていれば、Sという正しい答えが得られる。そこで、量子数を正しく読み取るためには、それぞれの光子が通常のH - Vで暗号化されていたのか、それともS - Tで暗号化されていたのかを知る必要がある。偽造犯は、量子数のすべての桁についてこれを知る必要がある。偏光装置の向きがどんな順番かについても知らなくてはならない。しかし、この情報をもつのは中央銀行だけだ。実際、中央銀行はすべての量子紙幣についてこの情報を秘密に保ち、紙幣が偽造されたものかどうかを確かめるのに使う。

偽造不可能な量子マネーについてのウィーズナーのアイデアには、初めて登場する基礎的な概念がいくつか含まれている。

まず、H - VかS - Tという二種類の直交した量子状態を使って情報を暗号化するという考えがある。不適切な基準で量子系を観測すれば、ランダムな答えが得られるだけで、偽造犯に役立つ情報は何も得られない。今日、この方法は「コンジュゲート・コーディング」と呼ばれている。

量子状態は複製できないという考えも、ウィーズナーの論文で初めて扱われた重要なアイデアだ。この有名な「量子複製不可能定理」はのちに、当時テキサス大学にいたウィリアム・K・ウーターズと当時カリフォルニア工科大学にいたヴォイチェフ・フーベルト・ジュレクによって数学的に証明された。量子複製不可能定理によれば、量子状態が不明な任意の粒子を入力して、二つの粒子を同じ量子状態で、一方をオリジナル、他方を完璧な複製として出力させることのできる機械を作ることは不可能だとされる。この定理のおかげで、偽造犯は量子マネーを複製することができない。

生物学においては、量子複製不可能定理から生じ得る帰結が実際に存在する。生物系の遺伝情報が少なくとも一部だけでも量子状態を使って暗号化されることがあるなら、生物の複製は不可能なはずだ。今日、生物学界では、DNAが運ぶ情報は明確な状態をもっているという点で古典的な情報であると、一般に理解されている。だが、本当にそうだろうか。いつか、例外が見つかるかもしれない。

古典ビットから量子ビットへ

スティーヴン・ウィーズナーは偽造不可能な量子マネーを提案した際、図らずして今日「量子ビット」あるいは「キュービット」と呼ばれるものを導入していた。

現代のデジタル式コンピューターはすべて、情報の単位としてビットを使っている。ビットは0と1という二つの状態のいずれかをとることができる。コンピューターはこのビットを物理的に具現化する。基本的に、どんな物理的状態や物理的特徴も、0と1という状態を暗号化するのに利用できる。たとえばとりわけ単純な具現化として、ハンカチで結び目を作ることが考えられる。この場合、結び目がなければ0、あれば1とすることができる。ビットの物理的具現化として考えられるほかの例としては、スイッチの設定がある。「オフ」が0で「オン」が1だ。このようなスイッチが実際に初期の電気計算機の一部で使われていた。一連のスイッチは継電器であり、計算機を流れる電流によってオンとオフが切り替えられた。

現代のコンピューターでは、ビットは回路内の特定の電圧、あるいはCDのピットや磁気テープの磁化などで実現される。物理学的な観点から見ると、ビットの物理的表現には二つの重要な特徴がある。一つは、0と1に対応する二つの状態が安定していて、勝手に入れ替わったりしないことだ。もう一つは、容易に識別できることである。

通信技術についても同じことが言える。今日の高速通信は、ほとんどが光を使っている。光線を変調して、人の声やテレビ番組などの情報を載せる。技術面での重要な進展として、一定量の情報を書き込むのに使う光の量がどんどん減ってきている。光は粒子、あのおなじみの光子でできているので、一ビットの情報を記録するのに使う光の粒子が少なくなったらどうなるのか、考えてみたい。一つの光子、すなわち一つの光の量子が一ビットを運ぶ場合、明らかに限界がある。先ほどの例で言えば、光子に情報を載せるのに直線偏光が使われるかもしれない。この場合、たとえばH偏光は0、V偏光は1に対応する。ここでもやはり、情報の担体として容易に識別できる二つの状態が存在する。

個々の量子的粒子を情報の担体として使うと、まったく新しい現象が可能になる。その一つが量子の重ね合わせだ。光子がH偏光とV偏光以外にも、たとえば四五度偏光の重ね合わせの状態をとれることはすでに見た（【図16】参照）。これは、HとVが半々になった重ね合わせである。情報理論の言い回しを使えば、このような量子ビットはキューービットとも呼ばれ、0と1の重なり合ったものと考えることができる。つまり、同時に両方の情報を運んでいると言える。このような重ね合わせの状態をとれるのは、量子ビットだけである。古典ビットはこれができない。そんなわけで、量子ビットを使えば情報を暗号化して伝送する新たな方法が得られる。ウィーズナーが紙幣に量子数を記したときに利用したのが、まさにこの可能性だ。彼が量子数のビットとして使ったのは、じつは量子ビットだったのだ。

このような二状態系という概念は、物理学においてはすでに長らく存在している。二量子状態系は、量子力学の基礎的な特徴について知るために学ぶことのできる、最も単純なものの一つだ。かつてこれはただ「二状態系」と呼ばれていた。一九九三年にケニヨン大学のベン・シューマッハーが「キューービット」という名称を考案し、これが量子情報コミュニティー全体を指す代名詞のようになった。

たとえばオックスフォード大学の量子計算研究所のホームページのURLはwww.qubit.orgだ（現在はoxfordquantum.orgに変更されている）。

ともあれ、ウィーズナーの考えた偽造不可能な量子マネーのアイデアを受けて、情報の伝送や処理に量子状態を用いるさまざまな方法が提案された。その一つである量子暗号については、すでに本書で取り上げた。これは一九八四年にチャールズ・ベネットとジル・ブラッサールが最初に提案したもので、そのときは単独の量子ビットを使っていた。一九九一年には、オックスフォード大学のアーター・エカートが量子もつれ状態を用いた方法を提案した。

量子ビットも互いに量子もつれ状態にできるというのは、古典物理学を超えた、量子物理学で扱われる新たな特徴である。量子もつれ状態にある量子ビットのおもしろい利用方法としては、一九九二年にベネットとウィーズナーが理論として提案した「ハイパーデンス・コーディング」がある。では、これについて見てみよう。

量子トラックは運べる量よりもたくさん伝える

なんと奇妙な章題だろう。まあ、その意味はやがてわかる。どんなトラックにも、最大積載量というものがある。たとえば一トンなどだ。それよりたくさん積み込めば過負荷が生じ、たとえば車軸が壊れたりするおそれがある。量子ビットを、存在し得る最小のトラックと考えてもいい。このトラックが運ぶのは情報だ。この章では、量子ビット一つを使って実際に一ビットの情報を送れるということと、それゆえこれが量子ビットの情報積載容量であることを理解する。しかし何よりも興味深いのは、量子ビットが量子もつれ状態にあるペアの一方である場合、じつはこの量子ビットを使って情報を二ビット送れる点である。つまり、情報積載容量よりもたくさんの情報を送ることができるわけだ。

まずは簡単な疑問を片づけよう。情報が0か1の値をもつビットで表されると言った場合、それはどういう意味なのか。0や1というのはどういう情報なのか。

この疑問自体はあまり意味をなさない。そもそも情報とは何を意味するのかを議論する必要がある。情報の意味について、広く合意された見解はない。しかし、世界について私たちの知っていることが陳述として表現されたもの、と言えるかもしれない。

たとえば「雨が降っている」はそのような陳述と考えられる。

もっと複雑な陳述としては、「眼が青く背の高い双子のペアの数が、黒髪で背の高い双子のペアと金髪で眼の青い双子のペアを合わせた数より大きいことはあり得ない」といった例が挙げられる。

このような陳述は、正しいか間違っているかのいずれかだ。判断が難しい状況は無視しよう。雨が降っているかどうかよくわからない場合も、ときにはある。ボーダーラインのケースもある。「針の頭には天使が何人座れるか」のように、理屈としてはっきり答えられない問いもある。しかし話を単純にするため、ここでは陳述の正誤を明確に述べることのできるケースだけを考えよう。たとえば次のような例がある。

雨が降っている。　誤。少なくとも私がこの文を書いている瞬間には誤り。

ドルはアメリカの通貨である。　正。

この本は一〇ページに満たない。　誤。

眼が青く背の高い双子のペアの数が、黒髪で背の高い双子のペアと金髪で眼の青い双子のペアを合わせた数より大きいことはあり得ない。　正。ただし、量子もつれ状態にある量子の双子を除く。

つまり、正か誤かという二つの可能性しか存在しない。ビットにも、0か1かという二つの可能性しかない。だから、正誤の答えはビットの値で簡単に表せる。0が「正」と「誤」のどちらを表すのかさえわかればいい。そうすれば、1がその反対を意味することもわかる。考えるべきことは多くない。同意するかの問題だ。互いにビットを送り合って話をしたければ、0と1が何を意味するのかについて同意する必要がある。次のように組み合わせるのが一般的だが、必ずしもこうでなくてもよい。

正：1
誤：0

イエスとノーについても同じことができる。0が「ノー」を表し、1が「イエス」を表すと決めることができるのだ。

誰かと情報をやりとりしたければ、情報の担体を選ばなくてはならない。送り手のアリスがボブに何かを送ろうとしている場合、この「何か」をビットの0か1の値で表す必要がある。アリスとボブは、個々の光の粒子すなわち光子を選ぶかもしれない。横偏光の光子は0を意味し、縦偏光の光子は1を意味するというふうに決めるのだ。

そして、ボブがアリスに尋ねる。「今日、一緒に昼ごはんを食べない？」

縦偏光の光のパルスをアリスがくれたら、ボブは喜んでいい。アリスの返事はイエスなのだ。一方、受け取った光のパルスが横偏光だったら、ボブは昼食の相手をほかに探す必要がある。

こんなふうに、アリスは一ビットの情報を光子に書き込むことができる。偏光を使う場合、これが光子の情報積載容量だ。重ね合わせを使ったら、情報をもっとたくさん送れるのではないかと考える人もいるかもしれないが、それはできない。たとえば、四五度偏光の光子がボブから送られてきたら、アリスには正しい答えを得る方法が一つしかない。再び四五度で観測するしかないのだ。別の方法で観測したら、答えはランダムになってしまう。

そうだとすると、量子ビットのもつ量子的性質は役に立たないと思われるかもしれない。しかしベネットとウィーズナーは、量子もつれを考えた場合に生じるきわめて興味深い状況を提示している。ハイパーデンス・コーディングというアイデアは、次の実験からわかるとおり、じつは原理としてはかなり単純なものだ［図40］。

アリスとボブは実験を始めるにあたり、量子もつれ状態にある量子ビットのペアを作る。実際の実験では光子を使う。ボブがペアの一方を取り、アリスがその相方をとる。

ボブは、自分の量子ビットに情報を書き込みたい。そこで偏光の角度を変えることで書き込むことにする。すでに見たとおり、量子もつれ状態にある粒子や量子ビットは、それ自体では固有の量子状態をもたず、いかなる情報も伝えることができない。実際、いかなる基準でも最大限に量子もつれ状態となった量子ビットを観測すると、得られる答えは常にランダムだ。ランダムな答えしか得られないなら、情報をどうやって書き込めばよいのか。ポイントは、量子ビットがそれ自体の量子状態を享受することはないが、相方の量子ビットとのあいだには明確な関係があるということだ。二つの量子ビットは、合わさることで固有の量子もつれ状態を生み出す。したがって、ボブが自分の量子ビット

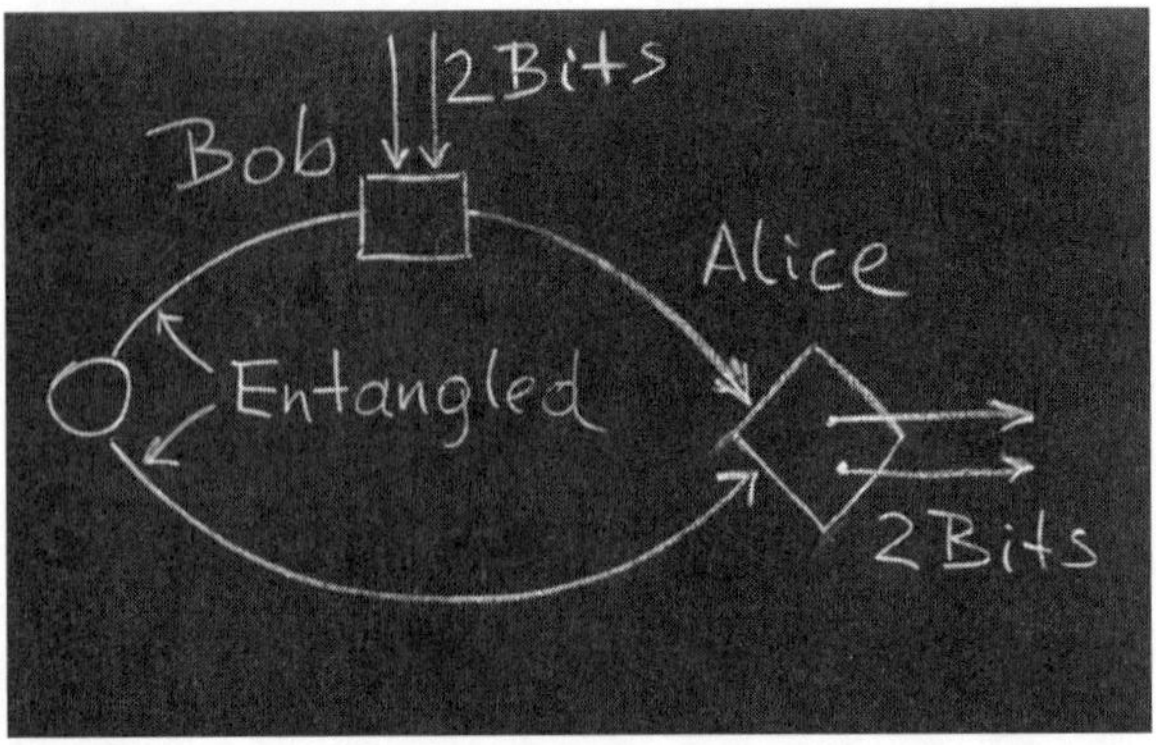

図40　ハイパーデンス・コーディングの原理。発生装置（左）から放出された量子もつれ状態にある光子のペアは、２つの別々の経路でアリス（右）のもとに届く。ボブは２つの光子の一方にしかアクセスできないが、それでも２ビットの情報をアリスに送ることができる。自分の光子を操作することによって、２つの光子のあいだに生じている量子もつれを変化させることができるのだ。アリスは２つの光子を受け取り、それによって２ビットの情報を取り出すことができる。

に変更を加えれば、彼とアリスがもつ二つの量子ビットの合わさった量子もつれ状態を変化させて、別の量子もつれ状態を生じさせることができる。

実際、じつにおもしろいことに、ボブは自分の量子ビットをいじるだけで、四種類の量子もつれ状態のどれでも実現することができる。何も手を加えなければ、当初の量子もつれ状態が保たれる。ほかの三種類の量子もつれ状態については、基本的に三つの生じ得る直交軸に対してしかるべき方法で量子ビットの角度を変えればよい。この軸とは、左右、前後、プラスとマイナスの三つの軸だ。そこで、ボブは四つの方法のいずれかで自分の量子ビットを操作して、アリスに送る。するとアリスは、自分の量子ビットとボブから受け取ったばかりの量子ビットが今、四種類の量子もつれ状態のどれにあるか判断する。

ここがじつに興味深い点だ。アリスは二つの量子ビットの量子もつれ状態を特定することで、生じ得る四つのメッセージを特定することができる。ボブが量子もつれ状態にない量子ビット一つを送った場合と比べて、二倍になるのだ。これは一つの量子ビットが、0か1、イエスかノーなど、二つの可能性を伝えられるからである。

この四つの生じ得る答えは、じつは古典ビット二つの情報に対応する。というのは、それぞれが0と1という二つの状態をもつビット二つについて考えれば、00、01、10、11という四つの可能性が存在するからだ。こうして四つの答えが可能になる。明らかに、この手順では二ビットの情報を伝えるのに量子ビットが二つ必要だが、おもしろいのは、ボブは二つのうち一方を操作するだけでよいという点だ。つまり、量子ビット一つが情報を一ビットしか運ばないことに変わりはないが、別の量子ビットと量子もつれ状態になれば、もっとたくさんの情報を伝えることができるのである。

ベネットとウィーズナーの理論的概念は、一九九五年にインスブルック大学のクラウス・マトル、ハラルド・ヴァインフルター、ポール・G・クウィアット、そして私によって、実際の実験で証明された。この実験では、量子もつれ状態にある光子のペアとして、量子もつれ状態にある量子ビットを実際に作った。

この光子のペアは、偏光に関して量子もつれ状態となっていた。ボブは送りたい情報を自分の光子に移した。彼は光子に変更を加えず何もしないか、あるいは光子を二つの角度で傾けるという方法を用いた。それから自分の光子をアリスに送った。アリスはこれに加えて、量子もつれ状態にあるペアの相方となる光子も発生装置から直接受け取った。二つの光子を一緒に観測することで、アリスは量子もつれを生じさせた方法を特定することができた。技術的な理由により、この実験でアリスが識別できたのは三種類の可能性だけだった。

そんなわけで最終的に、アリスは三種類のメッセージを特定することができた。これだけでもすでに、量子もつれを使わない場合に伝えられる二種類と比べればかなり多い。実験によって、概念が明確に立証できた。したがって、もつれた光子は運べる量よりもたくさんの情報を伝えることができると言える。一つの光子が偏光によって伝えることのできる情報は一ビットだけだが、量子もつれ状態の光子を使えば、一ビットよりもたくさんの情報を伝えられる。この実験は、じつは量子情報プロトコルにおいて量子もつれを利用した最初の試みであり、量子もつれを利用することで通信と計算にまったく新しい可能性が広がることを立証した。

原子を使った量子もつれ生成と初期の実験

素粒子はどうやって量子もつれ状態となるのか。量子もつれ状態の光子はどのように作られるのか。量子もつれ状態の光子を作る最初の方法は、原子を利用することだった。原子は励起《れいき》すると光を放出する。この現象は、蛍光灯を見れば誰でも確認できる。大事なのは、適切に励起すれば二つの光子を連続して放出する原子が存在するという事実だ。本書ですでに見たように、放出される二つの光子が偏光に関して量子もつれ状態となっている場合もある。実際の実験では通常、レーザー光を照射して原子を励起させる。ベルの不等式の破れを明らかにした最初の実験では、このような原子の発生源が使用された。

ベルの不等式の破れを示し、自然を「合理的」に、すなわち局所実在論的に理解することはできないということを明らかにした最初の実験は、一九七二年にスチュアート・J・フリードマンとジョン・F・クラウザーによって行なわれた。カリフォルニア大学バークレー校のポスドク研究者だったクラウザーが、大学院生だったフリードマンと共同で実験したもので、これにはおもしろい経緯があった。

一九六四年のベルの論文は、当初は物理学者からあまり注目されなかった。しかし、アブナー・シモニーは例外で、それが重要な論文だと即座に見抜いた。科学の歴史において、二つの分野でしっかりと教育を受け、両者のバックグラウンドを新しく有意義な形で組み合わせられる幸運な人はなかなかいないが、シモニーはそうした稀有な一人だった。ノーベル賞受賞者のユージン・ウィグナーから物理学者としての指導を受け、ルドルフ・カルナップから哲学者としての指導を受けた。カルナップは、二〇世紀の初頭に哲学を一変させた哲学者のグループ、ウィーン学団のメンバーだったが、ナチスを逃れてアメリカに移住し、シカゴ大学の教授となった。

当時、シモニーはボストン大学にいて、ベルの論文がどれほど重要なものか気づいていた。マイク・A・ホーンという若い学生が博士論文を書くのにおもしろいテーマはないかと相談してきたとき、シモニーはベルの論文を見せて、それを実際の実験にする方法を探すのはどうかと提案した。そして実際に、ホーンとシモニーはそのような実験の可能性を見出した。それは原子から放出される光子のペアを使うものだった。

二人は実験の提案をハーヴァード大学教授のフランク・ピプキンのもとへもっていった。すると、彼の指導学生のフランク・ホルトが仲間に加わり、ハーヴァードで実験をするための細かな点をクリアしていった。ホーン、シモニー、ホルトの三人で詳細を詰めていたとき、シモニーはコロンビア大学の若い大学院生クラウザーがアメリカ物理学会の大会に提出した講演の抄録を見つけた。クラウザーは基本的にシモニーらと同じ提案をしていた。

このような状況に直面すると、科学者はジレンマに陥る。競争すべきか、それとも協力すべきか。この件では、両陣営は部分的に協力し、部分的に競争することにした。クラウザーはホーン、シモニー、ホルトと共同で提案を発表した。ホルトとピプキンはそれからハーヴァードで実験の準備に着手し、クラウザーはバークレーに移って別の原子を使った実験の準備を独自に進めた。

一九七二年に発表されたクラウザーとフリードマンの実験の結果は、ベルの不等式が破れていることをはっきりと示していた。世界は非局所的である、とたいていの物理学者は考えていた。しかしそれは、すでに見たとおり、唯一の可能な解釈ではない。

ところで驚くべきことに、クラウザーは自分の実験で反対の結果が出ることを予想していた。ベルの不等式が破れていないと思っていたのだ。世界がそんなにおかしな場所であるはずはなく、局所実在論が間違っていることなどあり得ないと考えた。実験室で予想外の何かを発見できるというのは、じつはすぐれた実験家のしるしだ。クラウザーは自分が実際に得る結果を予想しなかったばかりか、正反対の結果を予想していたのだった。

その一方で、ホルトとピプキンがハーヴァードで行なった実験では、ベルの不等式は破られなかった。二人はこの結果の発表を見送り、代わりに系統誤差の原因を突き止めようと長い探索に乗り出したが、結論は出なかった。数年後、クラウザーはホルト＝ピプキンの原子を使って実験を繰り返し、不等式の破れを見出した。こうして量子物理学の予想を立証したのだった。

フリードマンとクラウザーによる最初の実験に続いて、別の実験方法もいろいろと試みられ、ベルの不等式の破れを示す精度がしだいに上がり、細部まで明らかになり、たくさんの新たな面が見出された。特に大きな一歩をしるしたのが、当時パリの高等師範学校にいたアラン・アスペを中心とするグループの行なった一連の見事な実験だった。このときの主たる共同研究者が、フィリップ・グランジェだった。アスペとグランジェは今ではエコール・ポリテクニークにいて、二人とも自分の研究グループを抱えている。

アスペは最初にこの実験の実施を考えたとき、実際にやるべきかどうかベルと話し合った。ベルはまず「君は終身雇用の職に就いているのか」と尋ねた。アスペがイエスと答えるとようやく、ベルは彼に実験することを勧めた。ベルの反応は、この実験がきわめて手ごわく時間がかかりそうだという事実に動かされた部分もあったが、彼はそれよりも当時の物理学者たちの態度を心配していた。量子物理学の基礎研究をやるのは、あまりいい考えではないと思われていたのだ。じつは私もそれを経験したことがある。幸いなことに、今では当時とは状況が違っている。

アスペの実験には、重要な点が三つある。第一に、彼はそれまでよりもはるかに高い精度でベルの不等式の破れを証明することができた。第二に、偏光ビームスプリッターを使ったのは彼が初めてで、それにより彼は二つの光子の偏光を両方とも利用することができた。それ以前の実験では、単純な偏光フィルターしか使われていなかったので、透過した偏光しか観察できなかった。第三に、彼のグループは光子の飛行中に偏光の観測方向を変更する最初の実験を行なった。この最後の実験は決定的ではなかったものの、この方面の研究への扉を開くこととなった。

以前と同様、問題は二つの観測ステーションが少なくとも理論上は、それぞれの光子に対してどんな観測が行なわれるかを互いから知ることができるか、あるいは発生装置がそれを知ることができるか、である。理論上それが可能なら、未知の情報伝達が存在し得るということになり、量子力学によって予想される結果が実際に実験で生じることが確実となる。それは局所実在論的な解釈であり、直感的に受け入れることができる。確かに、かなり起こりそうにない可能性ではあるが、原理としては論理的根拠のみで否定することはできない。

アスペは実験において、おのおの角度の異なる偏光装置を備え、起こり得る偏光を観測する二つのステーションのあいだで、それぞれの光子の観測を周期的に切り替えた。切り替えは光子が飛んでいるあいだに起きるようにすばやく行なわれた。

アスペの実験は、未知の情報伝達を否定する方向へ進む第一歩だった。しかし、そこで否定された未知の情報伝達とは、どんなものだったのか。まず気づくのが、切り替えが周期的だったことだ。つまり、どの時点でどの偏光角度がアクティブになるかがあらかじめ決まっていた。装置に記憶が残らないモデルでは、この点は重要ではない。次に、どの速度が否定されたのかを見てみると、発生装置と偏光装置とのあいだの距離が十分ではなく、光速での情報伝達は否定されなかったことがわかる。それでもこの実験が非常に重要だったのは、これがまさに困難を極める実験だったことに加えて、情報伝達の抜け穴問題を最初に検証したからである。

超高性能生成装置と情報伝達の抜け穴の封鎖

初期の実験で使われた、原子を利用して量子もつれ状態の光子を作る生成装置には、重大な欠点が一つある。一般に、励起した原子は光子をさまざまな方向へ放出できる。したがって、量子もつれ状態にあるペアの一方の光子を捕捉できたとしても、相方の光子も確実に捕捉できるとはとうてい言えない。特定の偏光観測ステーションで検出しようとすれば、多くの光子のペアが失われることになる。

偏光に関して量子もつれ状態となった光子のペアを作る場合、現時点で最良の生成方法は、結晶の内部で行なわれる非常に特殊なプロセスで、「自発的パラメトリック下方変換」（ＳＰＤＣ）と呼ばれるものである。細かいことは気にせず、ただその働きを見てみよう。特殊な結晶を準備し、強力なレーザー光をそれに照射する。強力な光線から生じた一つの光子が、二つの光子となって結晶から出てくる場合がある。これは一つの光子が崩壊して二つになるのとよく似て見える。このプロセスを生じさせるには、結晶がある特定の性質を備えている必要がある。この方法には、人工的に作られた結晶が最適だ。

この変換においては、十分に大きな結晶を使うならば、基本的にエネルギーや運動量の変換と似たいくつかの法則があてはまる。すなわち、新たに生じた二つの光子のエネルギーを合計すると、強力

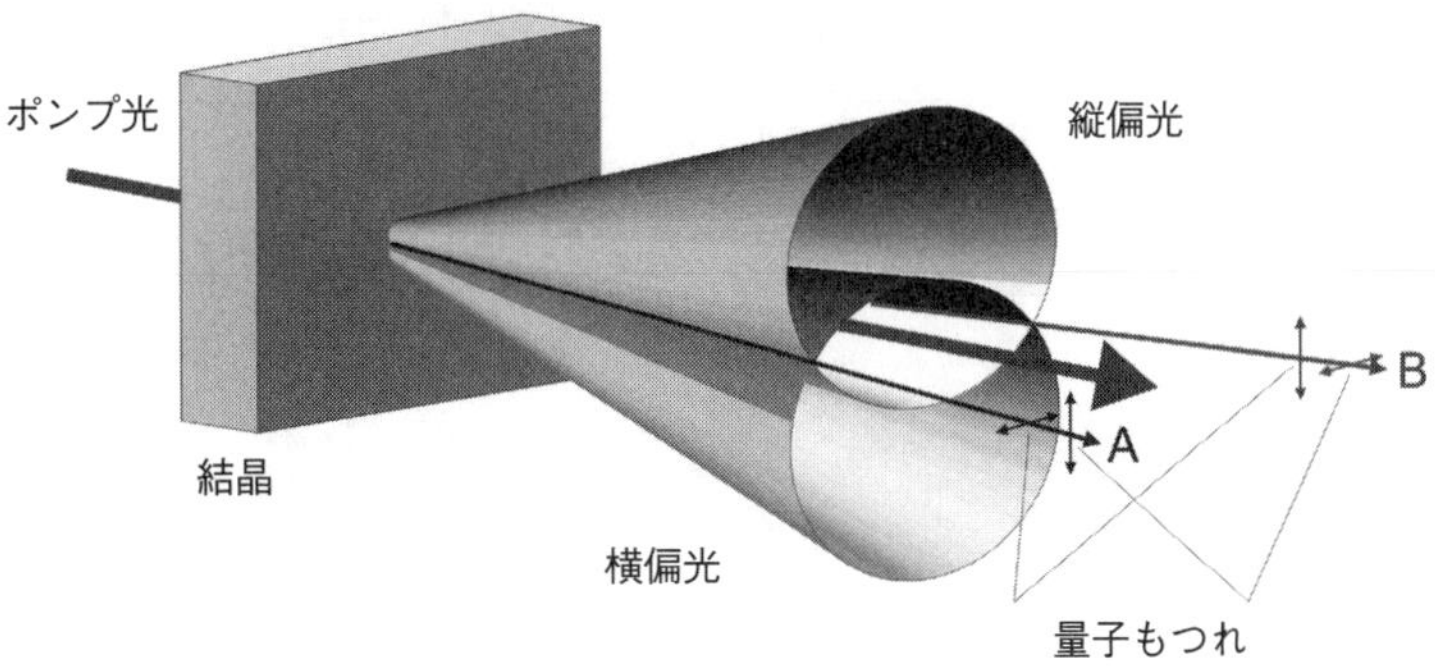

図41　偏光に関して量子もつれ状態となった光子を生成するパラメトリック下方変換のプロセス。ポンプ光と呼ばれる強力なレーザー光を特殊な結晶に照射する。結晶の内部で、ポンプ光に由来する１つの光子が２つの新たな光子に変化する場合がある。２つの光子はそれぞれ別の円錐を通って放出される。ペアを形成する２つの光子は、常に２つの円錐の中で別の向きとなり、光子の１つは横偏光、もう１つは縦偏光となる。２つの円錐が交わり、２本の交線が生じる場合もある。これらの直線に沿って放出されたペアの光子は、自分がどちらの偏光をもっているか知らないが、自分の偏光が相手の偏光に対して直交しなくてはいけないということは知っている。これによって、量子もつれ状態が生じる。

なレーザー光に由来するもとの光子のエネルギーと等しくならなくてはいけない。運動量についても同様である。しかしそれ以外では、各光子のエネルギーや運動量は特定されない。したがって、二つの光子はいずれも明確なエネルギーや明確な運動量をもたない。つまり、二つの光子はエネルギーと運動量の両方について互いに量子もつれ状態となっているのだ。一方の光子を観測すれば、瞬時にその光子はなんらかのエネルギーと運動量をもつ。するともう一つの光子がエネルギー保存の法則を満たすように、相応のエネルギーと運動量をもつことになる。

これより多機能の生成装置は、偏光で量子もつれ状態となった光子を生成する［図41］。このプロセスも自発的パラメトリック下方変換だが、先ほどとは少し違う。二つの光子がそれぞれ別の円錐から出てくることがあるのだ。さらに、それぞれの円錐の中で光子は偏光する。一つの円錐では光子がV偏光となり、もう一つの円錐ではH偏光となる。なにより重要なのは、これらの円錐が互いに交差する場合があるということだ。交線に対して、一方の光子は横偏光か縦偏光となり、もう一つの光子は逆の偏光を示すことになるが、どちらがどちらになるかは決まっていない。そのため、二つの光子の状態はHVかVHのどちらかだが、実際にどちらになるかはまったく決まっていない。それゆえ、二つの光子が識別不可能な設定となっていれば、偏光に関して量子もつれ状態となったペアが生じる。

この生成装置には、さまざまな長所がある。第一に、入射する光線のパワーを調節することによって、装置のパワーが変えられる。第二に、偏光による量子もつれはきわめて純度が高い。つまり、一方の光子が縦偏光であることがわかれば、もう一つはほぼ一〇〇パーセント確実に横偏光となっているはずであり、その逆のパターンもやはりほぼ一〇〇パーセント確実だ。第三に、二つの光子の出てくる方向が非常に明確なので、これらの光子を複雑な装置で使ったり、鏡で角を曲がらせたり、グラスファイバーに導入したりすることも簡単にできる。このような生成装置は、多くの量子もつれ実験で定番となっている。

こうした生成装置のすぐれた品質が大いに役立った一例が、情報伝達の抜け穴がしっかりとふさがれた実験だった。これは一九九七年にグレゴール・ヴァイス、トーマス・イェンネヴァイン、クリストフ・サイモン、ハラルド・ヴァインフルター、そして私が行なったものだ。私たちはインスブルック大学でこの実験を行ない、二つの観測ステーションのあいだでの情報伝達を完全に排除できることを証明した。一九六ページで述べたとおり、ここで大事なのは、確率的に切り替わって周期性をまったくもたない偏光装置を使うことだった。キャンパスの中心にある建物の中で光子のペアを生成し、二つの光子を互いから三〇〇メートルほど離れた二つの観測ステーションへと誘導した。この実験の要点は、それぞれの側で偏光の向きがぎりぎりのタイミングで切り替わることだった。加えられる電圧に対応して、電気光学変調器が偏光の向きを変える。この変調器を動かすのは量子乱数生成器だった。切り替えは非常にすばやく行なわれるので、偏光の向きが決まるのは、光子がそれぞれの偏光装置に到達するまであと数メートルに迫ってからだった。未来に特定の光子を観測する際の偏光の角度について、事前の情報はどこにも存在しなかった。一方の光子にもう一つの光子で観測される偏光について教えるような情報伝達が起きるとすれば、光速をはるかに上回る速度で情報が伝わる必要がある。これはアインシュタインの特殊相対性理論で否定されるので、この実験で観察されたベルの不等式の破れについて、二つの観測ステーションのあいだでの情報伝達を使って説明することはできないと断言できる。いずれにしても、どう解釈するにせよ、完全に独立した観測ステーションのあいだにも量子もつれが存在することが、実験によってはっきりと裏づけられる。

ドナウ川の量子テレポーテーション

ウィーンを流れるドナウ川でルーパートがやっているテレポーテーションの実験に、そろそろ戻ろう。本書の冒頭で登場した実験だ。私たちはもうこの実験の材料すべてを知っていて、これらをまとめ合わせることができる。

今は五月。ルーパートの実験室が置かれているドナウ川の中洲へと、再び車を走らせる。ウィーンの五月はすばらしい。車線に沿って立ち並ぶ美しい栗の木には、花が咲き誇っている。今回もまた私たちはルーパートとともに、レーザーや光学機器でいっぱいの、地下の実験室に入る。今度こそ、そこで起きていることを理解したい。テレポーテーション実験の主要な要素についてすでに学んだ私たちの目の前で、それらの要素が輝かしく待ち構えている。ルーパートは自分の実験に対する誇りをあらわにして、実験にかかわるさまざまな要素が描かれた図を指さす[図42]。この実験の重要な部分は、実際にはグラスファイバーの内部で起きます、と彼が言う。そしてまず、光源を見せてくれる。巨大なレーザー装置で、非常に高価なものだ。

ルーパートは得意満面の笑みを浮かべる。「少人数の一家が住む家くらいは買える金額です」

「大事なのは、レーザー装置が生成するのは持続的な光線ではなくて、超高速で続けざまに生じるレ

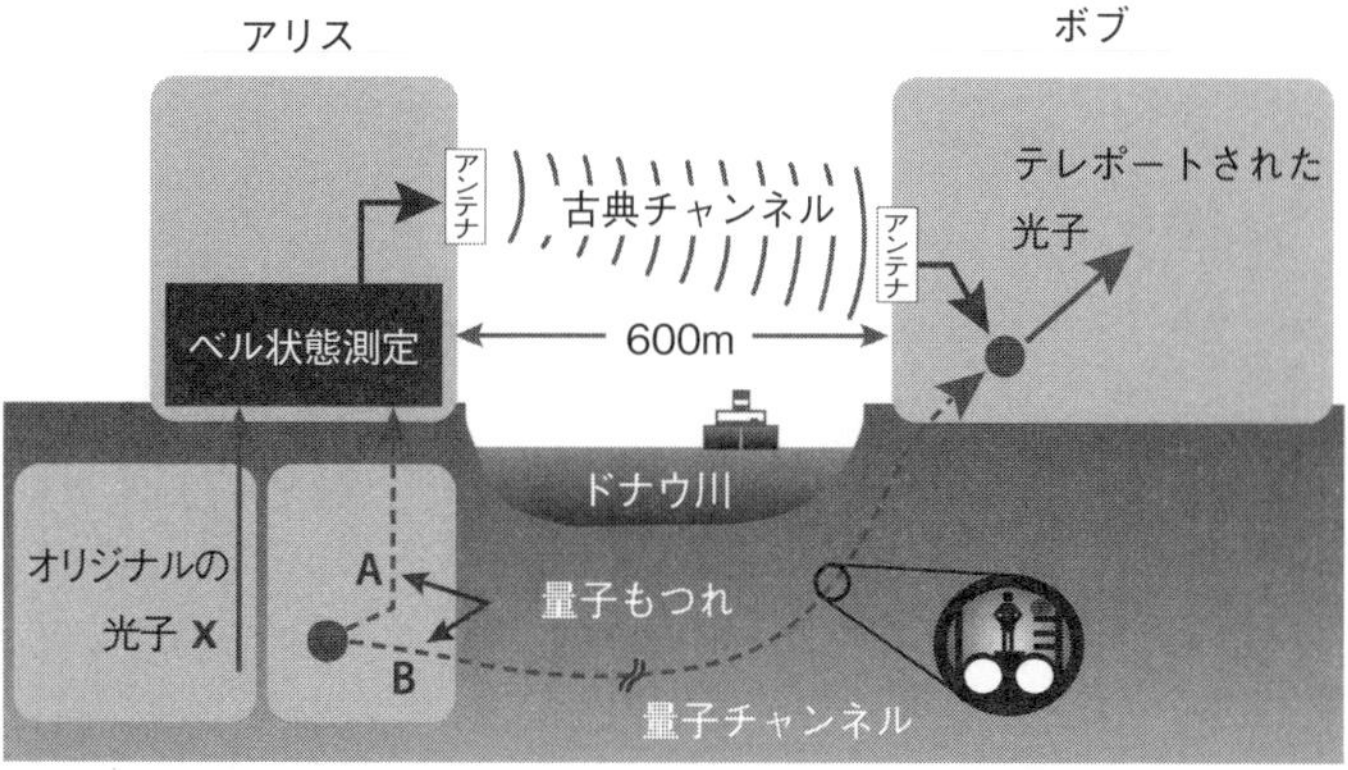

図42　ドナウ川での量子テレポーテーション実験。アリスとボブは2つの情報チャンネルでつながっている。古典チャンネルは、川の上空を通る電波による接続である。量子チャンネルでは、量子もつれ状態にある光子 A と B のペアがグラスファイバーを通過する。グラスファイバーケーブルは、ドナウ川の下に敷設された地下トンネルを通っている。アリスはオリジナルの光子 X の状態をテレポートする。そのために、X と A のベル状態測定を行なう。これによって、2つの光子は互いに量子もつれ状態となる。アリスは古典チャンネルを使って、量子もつれの種類をボブに伝える。起こり得る量子もつれ状態の観測結果の1つにおいて、ボブの光子は瞬時にオリジナルの光子 X と同じ状態になる。彼は何もする必要がない。別の観測結果においては、ボブは古典チャンネルで受け取った情報に応じて、自分の光子 B の偏光を回転させなくてはならない。いずれの場合も、テレポートした光子はオリジナルの光子 A と同一のものとして現れるが、この過程で光子 A は固有の性質を失っている。

ーザー光のパルスだということです。一回のパルスの持続時間はおよそ一五〇フェムト秒で、装置はパルスを毎秒八〇〇〇万回ほど発生させます」一フェムト秒は一秒の一〇〇〇兆分の一（一〇のマイナス一五乗秒）だったことを思い出そう。「ですから、パルスの持続時間とパルスの音の発生間隔はとても短いのですが、音と音のあいだの時間は、じつは個々のパルスの持続時間と比べて一〇万倍ほどなのです。たとえて言うなら、灯台の明かりが一日に一回、一秒しか点灯しないようなものです」彼は装置で光子を生成する部分について説明を続ける。「灯台の明かりとしてはひどい代物です。でも船乗りなら誰でも知っていることなのですが、灯台の明かりは、光る頻度が低ければ低いほど重要なのです。毎秒八〇〇〇万回ほど点灯するということから、レーザーの生成する光のパルスがどれほど短いかわかります」

理解できずにいる私たちの顔を見て、ルーパートがさらに詳しく説明する。

「なぜそんな短い光のパルスを生成するのかと不思議に思われるかもしれませんね。これは閃光の重要さとは関係がなくて、量子の識別可能性と関係するんです。すぐにわかりますよ」と言って、装置の説明を続ける［図43］。

「では、個々の光のパルスを想像してみましょう。レーザーから発射されて、この小さな結晶を通過します。この特殊な結晶は、量子もつれ状態となった光子を生成します。わずか二ミリと薄いですが、ここで起きることは、この実験で一番大事なんです。二つの光子がある一定の角度で飛び立ちます。二つは互いに量子もつれ状態にあります。グラスファイバーの手前に小さなレンズを置いて、これで光子をファイバーに送り込むと、光子はアリスとボブのもとに向かいます。ここでできたのは、光子AとBからなる量子もつれ状態にある双子のペアです。これはアリスとボブが別の光子をテレポート

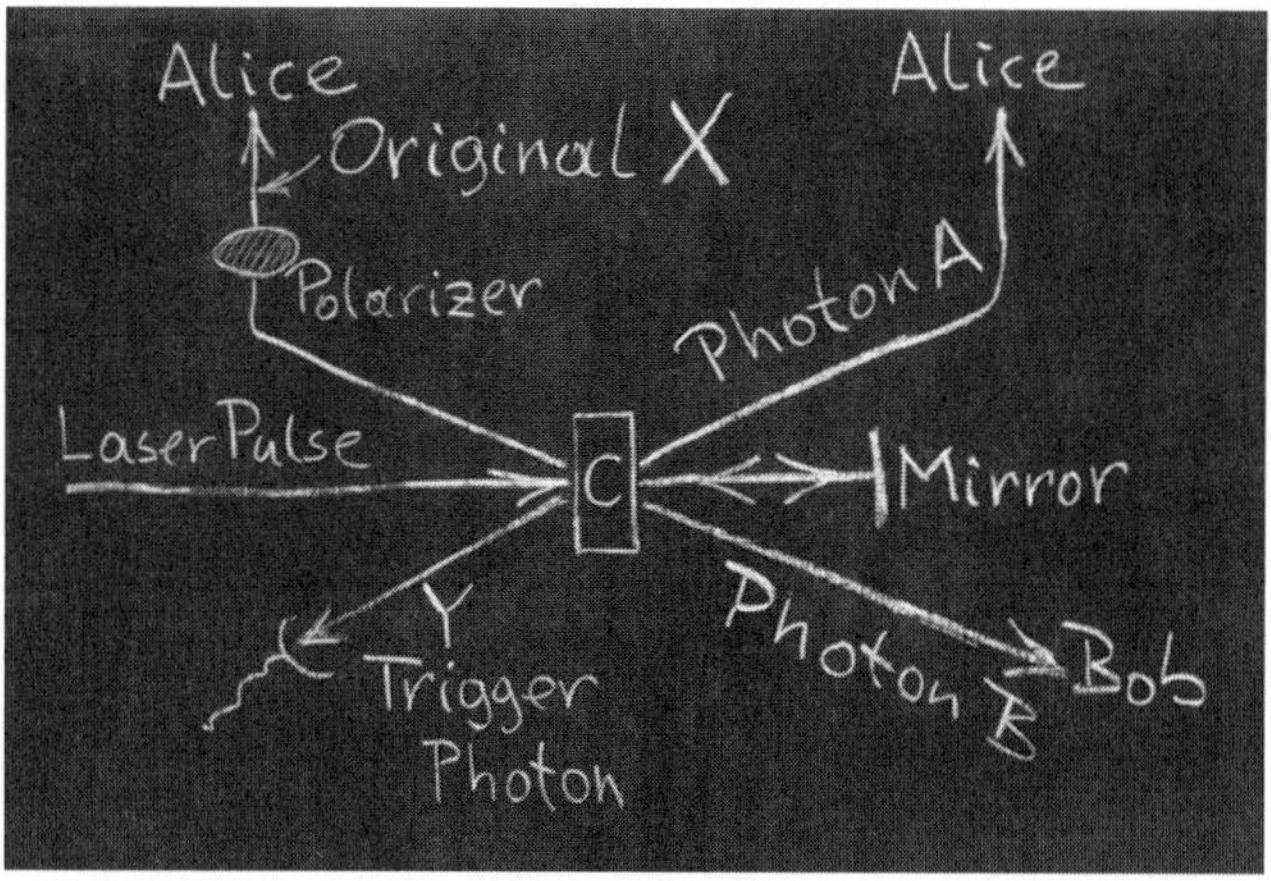

図 43　量子テレポーテーション実験における光子の生成。持続時間のきわめて短いレーザーパルスが結晶Cを透過し、互いに量子もつれ状態にある光子Aと光子Bのペアを生成する。2つの光子はテレポーテーション用の量子チャンネルを形成する。アリスは光子Aを受け取り、光子Bはボブのところへ送られる。レーザーパルスがミラーで反射され、再び結晶Cに入射する。結晶を再び透過する際に、新たな光子XとYのペアが生成される。トリガー光子Yは、相方の光子Xが生成されたことを観測者に伝える。光子Xはテレポートされる準備ができている。この光子Xは、さまざまな種類の偏光を光子に与えることのできる偏光装置を透過する。オリジナルの光子Xがアリスに渡され、アリスがこれをテレポートする。

するのに使う量子チャンネルです。

双子の光子の一つが、実験台上で近くにいるアリスのもとに行き、もう一つが川を渡ってボブのところへ行きます。これが最終的にテレポートされた光子となります。しかし今はパルスに話を戻しましょう。光のパルスは結晶を出たあと、さらに進んでこのとても小さなミラーに入射します。

ルーパートは一つの面を下にして置かれている小さな立方体のガラスを指さす。「これはミラーのように見えませんね、透明に見えますから。実際、可視光は反射しません。しかし特殊なコーティングが施されていて、パルスの光を非常に効率よく反射できるのです。その光は紫外線領域の光で、肉眼では見えません。反射したレーザー光のパルスは再び結晶を透過して、新たな光子のペアを作ります。原理的にこれらの光子も量子もつれ状態になっていますが、今回はそのもつれは使いません。二つの光子の一方が偏光装置を透過しますが、それはどの向きにも調節することができ、どんな偏光も自在にもたせることができます。特定の偏光をもつことになるので、光子は量子もつれ状態を脱しています。最後に、この光子もグラスファイバーに送り込んで、アリスのところへ送ります。この光子の状態をアリスがテレポートします。この光子をオリジナルXと呼びます。この第二のペアで相手となる光子は、トリガーとして働きます。トリガーの目的はとても単純です。トリガー光子が検出されたら、ペアのもう一つの光子も動いていることがわかります。そのもう一つの光子というのが、テレポートされる光子Xです」と言って、ルーパートは笑顔を見せる。

「では、まとめましょう。一つの光子、光子Yがトリガーによって検出されています。グラスファイバーの内部には、光子が三つあります。光子Bは川の対岸にあるボブのステーションへ向かっていて、ほかの二つ、光子AとXはアリスのステーションの合流場所へ向かっています。光子AとXは、ファイバー内のビームスプリッターで出会います［図44］。このファイバー内ビームスプリッターはファイバー結合器と呼ばれ、こんなふうに働きます。まず、並行するグラスファイバーが二本あります。それぞれのコアは互いのすぐそばにあるので、光の一部が一方のファイバーから他方へ移ることがあります。これがうまい具合に起きると、ファイバー結合器は五分五分のビームスプリッターとして機能します。二つの入射に対し、光の半分は一つの出射となり、半分はもう一つの出射となります。ファイバーを使うのは、そのほうが実験がはるかに安定するからです。原理的に、ミラーやビームスプリッターなどを使って自由空間でこの装置を作ることもできますが、ファイバー内を利用したほうがはるかに安定するんです。

ファイバー結合器を出た二本のファイバーは」とルーパートは再び図を指さしながら続ける。「それぞれ一つの偏光装置に進み、光子AとXの量子もつれ状態を同定します。実際、僕たちは二つのそのようなもつれ状態を同定することができます。この状態は、ベル状態とも呼ばれます」

ルーパートは、実験ではタイミングがきわめて重要だと説明する。「短いパルスを使う理由の一つは、テレポートされる光子Xと、量子もつれ状態のペアからアリスが受け取った双子の光子Aという二つの光子を、ぴったり同じ瞬間にビームスプリッターに到達させたいからです。二つの光子が一〇〇フェムト秒から二〇〇フェムト秒以内で生成された場合、すべての移動時間の計算が正確にできれば、二つの光子を同時にビームスプリッターに到達させることができます。したがって、最初の通過時に生成される光子Aがもう一つの光子Xよりもファイバー内ビームスプリッターに到達するまでの

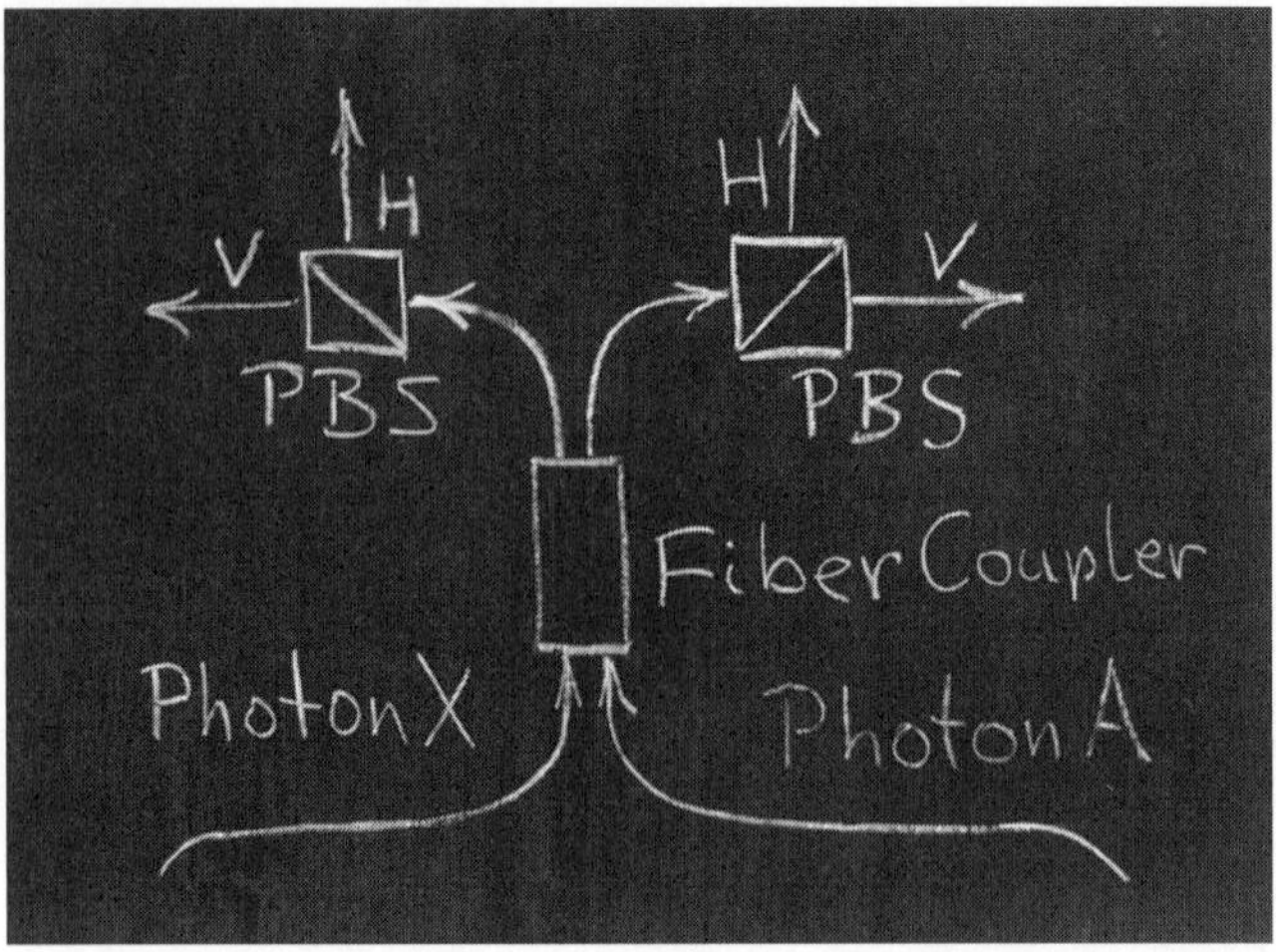

図44　ドナウ川の実験におけるアリスの観測ステーション。光子Xの状態をテレポートする。実験全体でポイントとなるのは、この光子Xを光子Aと量子もつれ状態にすることである。光子Aは光子Bと量子もつれ状態にあり、光子Bはボブのもとへ向かっている。これらの光子はすべてグラスファイバーの内部にある。ファイバー結合器はビームスプリッターやハーフミラーと同じように働く。入射する2つの光子のそれぞれが、2つの出射ファイバーの一方に入る確率は等しい。2つの偏光ビームスプリッター（PBS）を通過したあとでこれらの光子を観測することで、オリジナルの光子AとXを特定の量子もつれ状態に導くことができる。実験自体は、2つの量子もつれ状態を識別できる。2つの量子もつれ状態の一方で、2つの光子は右か左かいずれかの同じ出射グラスファイバーに入る。同じPBSのHとVの出射において1つの光子を観測すれば、量子もつれ状態が同定できる。もう一方の量子もつれ状態は、ファイバー結合器のあとに置かれた2本の出射グラスファイバーのそれぞれに光子が1つずつ存在するという事実によって同定できる。一方の側でPBSのあとの出射光のいずれかで光子が1つ見つかり、出射光内で逆の偏光をもつ光子がもう1つのPBSの出射光内に存在すれば、この状態は容易に確認できる。光子AとXがこの手順によって量子もつれ状態となる根本的な理由は、おおむね単純である。ファイバー結合器のあとに置かれた出射ファイバーに入った光子のうち、どれがどちらの入射ファイバーに由来するものかを特定することはできない。したがって、光子はそれぞれの固有のアイデンティティーを失う。

距離をいくらか長くする必要があります。というのは、光子Xは光子Aより遅れてパルスの二度目の通過時に生成されますが、僕たちはファイバー内ビームスプリッターに二つを同時に到達させたいからです。この実験でとりわけ難しかったのは、光線の経路の長さがすべてぴったり同じになるように調節し、距離の誤差を五〇マイクロメートル以内にすることでした。当初、これはじつに難題でした。でも今はもう、やり方がわかっています」とルーパートが思いきり笑顔になって言う。

「大事なのは」とルーパートが得意げに顔を輝かせて言う。「ここには超高速の電子機器があるということです。検出器はすべて数ナノ秒の時間スケールで作動します。ナノ秒というのは一〇億分の一秒です。ベル状態を同定する電子機器もあります」ルーパートは再びアリスの観測ステーションのスケッチ［図44］を指さして、話し続ける。「ビームスプリッターからの二つの出射ファイバーは、それぞれ偏光ビームスプリッター、略してPBSを備えていて、光子が横偏光ならそこで一方の進路をとり、縦偏光ならもう一つの進路をとります。僕たちが同定する量子もつれ状態では、二つの光子が常に違う偏光をもっていて、一つは常に横偏光で、もう一つは常に縦偏光です。物理学者が反対称状態とかフェルミ粒子状態と呼ぶ状態があって、僕はそれを一匹狼状態と呼びたいのですが、ともあれその状態においては、二つの光子がビームスプリッターを通過したあと常に別々の進路をとります（［図38］を参照）。僕たちが観測するほかの状態においては、二つの光子はビームスプリッターのあとでいずれか一方の同じ進路をとります（［図37］を参照）。そんなわけで、理屈は単純です。それぞれの偏光ビームスプリッターのあとに設置した二つの検出器（一つはHでもう一つはV）が同時に反応したなら、一匹狼状態が生じていることがわかります。同じ偏光ビームスプリッターのあとで同じ側の二つの検出器が光子を同時に検出したなら、もう一方の状態が生じています。

どの検出器が一緒に反応するかを特定することが、僕たちの電子機器の目的です。二つの状態のどちらが生じたかというこの情報を、ボブに送る必要があります。それにはマイクロ波無線リンクを使います」と言って、ルーパートは自分の実験装置から上へ伸びるケーブルを指さし、さらに説明を続ける。

「僕たちの建物の屋上にアンテナがあります。ボブはメッセージを受け取って、自分のところに到達する光子を正しい偏光に変えられるように装置を設定するはずです。アンテナのところに行ってみましょう」とルーパートが誘う。私たちはエレベーターで建物の最上階まで昇り、そこからは狭いはしごを登って屋上に出る。

アンテナが暗い川の向こうを向いている。ルーパートは私たちに、ボブの側にも同じようなアンテナがあると言う。

階下へ戻る途中でも、ルーパートは話し続ける。「しかし、マイクロ波の信号を確実に光子より先にボブのステーションに到達させるには、どうしたらいいでしょう。助けとなることが二つあります。第一に、グラスファイバー内で光の進む速度は秒速二〇万キロほどしかありませんが、空気中で光が進む速度、そしてそれゆえマイクロ波無線信号が伝わる速度は秒速三〇万キロほどに達します。ですから、アリスとボブのあいだの距離は六〇〇メートルほどなので、無線信号はおよそ二マイクロ秒でボブのステーションにたどり着くのに対し、グラスファイバー内の光子は三マイクロ秒ほどかかります。つまり僕たちは一マイクロ秒を稼ぐことができ、原理的にこれはすべての電子機器を動かすのに十分な速さのはずです。でも念のため」と言って、ルーパートは微笑む。「ケーブルが余分にあったので、台の下のこのあたりで何回か巻いて、全長に二〇〇メートルを追加しました。これによってボブの光子はさらに一マイクロ秒遅れるので、電子機器がそれぞれの役割を果たすのに十分な時間が得られます。具体的には合計で二マイクロ秒です。それはさておき、向こう側へ行って、ボブの装置を見てみましょう」

今度は車で川の向こう側へ向かう。ボブの装置はとても単純だ。

「屋上に上る必要はありませんよ」とルーパートが言う。「アンテナは外見的にアリスのところのとまったく同じですから」

ルーパートは、アンテナから下へ伸びるケーブルと、壁から出ているグラスファイバーケーブルを私たちに見せる。装置はコンピューター一台と小さな光学実験台で構成されている。

「これが僕たちのブレッドボードです」とルーパートが言って、笑顔を浮かべる。「おかしな名前でしょう？　パンとは関係ありませんよ。僕にとっては稼ぎの種ですけどね」

アリス側の光学実験台と比べると、このブレッドボードはほぼ空っぽに見える。わずか数個の光学部品が設置されているだけだ。

ルーパートが説明する。「このケーブルはアンテナからつながっています。アリスの実験でどの量子もつれ状態が生じたかという情報を与えてくれる、古典チャンネルです。一匹狼状態になっていれば、ボブの光子Bはすでに僕たちの求める状態に、つまりテレポートされるオリジナルの光子Xの状態になっています。テレポーテーションに成功したということです。光子が別の量子もつれ状態になっていたら、到達する光子Bの向きを変える必要があります。オリジナルのXの状態に変えるためです。そのために、電気光学変調器［図45］をここでも使います。偏光の状態に応じて結晶に電圧をかけると、入射光子の偏光角度が変わります。

僕たちの場合、アリスから一匹狼状態だったというメッセージを無線信号で受け取ったら、変調器にかける電圧をゼロにします。別の量子もつれ状態だったというメッセージを受け取ったら、約二四〇〇ボルトをかけます。これによってボブの光子Bの偏光の向きが変わり、テレポートされるオリジナルの光子Xと同じ状態になります」と言って、ルーパートは別の偏光ビームスプリッターを指さす。「最後に、出射光子の偏光を観測します。これによって、テレポーテーションができたことが確認できます。それで実験は完了です」

ルーパートは言葉を止める。それから、私たちがすべてを理解したとは思っていないようすで再び話を続ける。「僕たちのテレポーテーション実験で起きることは、じつはとても単純です。アリスの入射側でさまざまな偏光を作製し、ボブ側で出射する光子が常にアリスの入射側で設定したのと同じ偏光になっていることを証明するだけです。見てください」と言って、実験装置の図［図42］を指さす。「出射部に到達するのは、オリジナルの光子Xではありません。じつは量子もつれ状態となった双子のペアの片割れで、ボブの光子Bなんです。大事なのは、アリスのオリジナルの光子Xがファイバー結合器のところで量子もつれ状態になると、偏光の特性をすべて失うということです。なにしろ完全な量子もつれ状態となった粒子には、固有の特性がありませんから。僕たちの実験で言うと、いかなる偏光ももたないんです。偏光の特徴は二つの経路でボブの光子にテレポートされます。量子チ

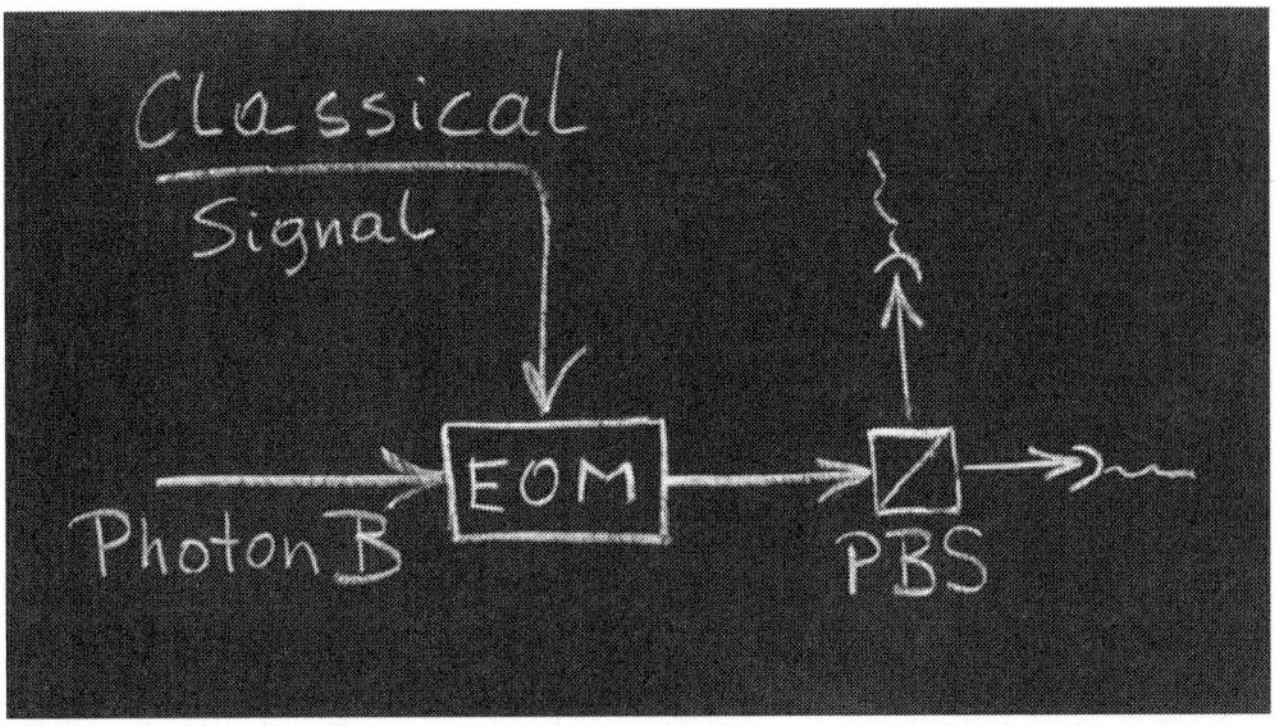

図 45　ドナウ川のテレポーテーション実験におけるボブの実験装置。グラスファイバーを通ってボブの光子 B が送られてくる。最初、これはアリスの光子 A と量子もつれ状態にあった。マイクロ波無線リンクを使った古典チャンネルがボブに、アリスがどの量子もつれ状態を観測したかを伝える。起こり得る 2 つのケースの一方では、ボブの光子 B がすぐにオリジナルの光子 X のもとの状態と同じになり、ボブは何もしなくてよい。テレポーテーションが成功したわけだ。もう 1 つのケースでは、ボブの光子の偏光の向きを変える必要がある。ここでは電気光学変調器（EOM）を使う。この変調器の働きは基本的にごく単純で、ただなんらかの電圧をかければいい。電圧をかけなければ、光子は変調されずにそのまま通過していく。適切な電圧をかければ、光子が望みどおりの角度で回転する。偏光ビームスプリッター（PBS）を使って光子の偏光を観測することによって、光子の状態を特定する。光線軸を中心として PBS を回転させることにより、どんな直線偏光も同定することができる。ビームスプリッターのあとに設置された 2 つの検出器のうち正しいほうだけが光子を検出し、もう 1 つが検出しなければ、テレポーテーションがうまくいったことが確認できる。反応するのは、テレポートされる光子 X の最初の偏光に対応する検出器でなくてはならない。

ャンネルと古典チャンネルを使うんです。オリジナルは破壊されますが、ドナウ川の向こう岸で、光子Bがオリジナルとまったく同じ状態になります。つまり、テレポーテーションができたということです。

どんな実験もそうですが、僕たちの実験にも欠点があります。現実の世界は理論家が思い描く理想とは違って、完璧ではありませんからね。第一に、光子のおよそ三〇パーセントしか検出できません。これは検出器が完璧でないからです。完璧な検出器というのはないんですよ。でも、それは大きな問題ではありません。僕たちのテレポーテーション装置が、僕たちの観測能力を上回っているというだけの話です。二つ目の問題は、四種類の量子もつれ状態のうち二種類しか同定できないことです。つまり、僕たちの装置は全体の五〇パーセントでしか機能しません。どの量子もつれ状態が出現するかは完全にランダムで、僕たちはそれに影響を与えることができないからです。つまり、生成された光子のうち、実際にテレポートできるのは半分だけで、残りの半分は失われてしまうのです。まあいずれにしても何より大事なのは、二種類の量子もつれ状態のいずれかが同定できたら、そのときはテレポーテーションが成功しているということです。僕たちのテレポーテーションは、一部の光子が失われるとか、すべての量子もつれ状態を同定することはできないからといって質が下がるわけではありません。下がるのは、テレポーテーションの成功率です。あらゆる批評家を満足させられるレベルまでこの実験を改良するのは、今後の大学院生に期待したいと思います。でも」と言って、ループアートは笑顔を見せる。「そうなることはたぶんないでしょう。人は絶対に他人の実験よりも自分の実験のほうがいいと思うものですから。まあ、絶対というのは言いすぎかもしれませんが」

多光子のもたらした驚き、そしてその途上での量子テレポーテーション

チャールズ・ベネットらがテレポーテーションを提案したのは一九九三年だったが、最初の実験が実現するまでには四年以上を要した。実験は一九九七年にインスブルックで行なわれた。ずいぶん長い時間がかかったと言う人もいるかもしれない。しかし技術的な難しさを考えれば、むしろ短いと言える。テレポーテーションの提案が出されたとき、私たちは実現までに何年もかかると確信していた。ところが気づかぬうちに、私たちはすでにまったく別の理由で、テレポーテーションに必要なツールを開発していたのだ。

実際、この実験のために、まったく新たな数々の難題に取り組む必要があった。その一つは、量子もつれ状態にある粒子を生成するにはどんな装置が適しているか、という問題だった。光子を使うのがベストだろうか。主に光子を用いた量子もつれ実験はすでに行なわれていたが、理論的な提案が出された時点では、真にすぐれた生成装置はまだ存在しなかった。さらに大きな難題として、ベル状態測定を実行する方法や、二つの独立した光子の量子もつれ状態を観測によって同定する方法は、当時は誰にもわからなかった。そして何より重要だったのは、三つ以上の光子や、量子もつれ状態にある二つの粒子を扱う実験はまだ誰もやっていなかったことだ。ベルの不等式についてはすぐれた実験が

いろいろと行なわれていたが、いずれも扱う光子は二つだった。こうした難題を考慮すれば、最初の実験までに要した時間はむしろ短かったと言える。よくあることだが、運も大きな役割を果たした。私たちの実験では、私の研究グループと私自身はすでにかなり前からこれと同じような実験に関心を抱いてきたという幸運な事実があった。

幸いにも、テレポーテーションのアイデアが生まれる前から、私のグループは三つ（またはそれ以上）の光子を使った実験の実施に強い関心を抱いていた。一九八七年、私がまだウィーンにいたころ、ニューヨーク市立大学シティ・カレッジのダン・グリーンバーガーが、二カ月ほど私のもとを訪れていた。彼が来たとき、私たちは彼の滞在中に共同研究として取り組むにはどんなプロジェクトがよいか考えた。その結果、私たちは二人とも、従来の量子もつれ実験を超えるにはどうしたらよいか模索していることがわかった。それまでの実験や理論はすべて、二粒子間の量子もつれに限定されていることに気づいた。それなら、もっと多数の粒子のかかわる量子もつれについて考えたらどうか。私たちは実際に四つの粒子からなる量子もつれについて研究を始めた。四つにしたのは、粒子三個の量子もつれを生成する方法がわからなかったからだ。当時は、最初に粒子を一つ用意して、それを崩壊させて二つにし、それぞれをさらに崩壊させて合計四つにする、というやり方をしていた。

この四つの光子の相関に関する理論的予想を調べてみると、ひどく驚かされた。四つの粒子のあいだに生じる相関を表す数式は非常に複雑だ。というのは、変化の可能性があまりにもたくさん存在するからだ。四つがそれぞれ多様な観測の対象となり得る。二つの粒子を観測するのではなく、この実験では粒子を四つ観測し、観測結果は四つの粒子すべての設定に依存する。

四粒子の量子もつれ状態に関する観測の数学的結果は、正しいのだが複雑を極めた。そこでダン・グリーンバーガーと私は、まずは少数の理論的予想に集中しようと決めて、完全相関に関する予想を扱うことにした。思い出してほしい。一卵性の双子のあいだに見られるような完全相関は、ジョン・ベルが局所実在論と量子物理学とのあいだの矛盾を導き出したときの出発点だった。その哲学的な立場と量子物理学との対立が、量子力学による統計的予想に関してのみ生じるのに対し、局所実在論は完全相関を非常にうまく説明できる。哲学的な見地からすると、これはむしろ安心できる状況だった。なにしろ完全相関は古典物理学の範疇なのだ。つまり、対象となる系の特性を十分に知っていれば、確実な予想ができる。そして原理的に、そうした古典的な立場が量子力学による統計的予想のせいで破綻することはさほど意外ではない。というのは、結局のところ量子力学は統計理論の一つだからだ。しかし私たちが研究に乗り出した四粒子の量子もつれにおいては、完全相関が大きな驚きをもたらすことになった。

完全相関が自己矛盾していることが判明したのだ。

私たちは当時すでに、三粒子の量子もつれが同じく驚くべき状況に至ることを見出していた。しかし光子三つの量子もつれ状態を作る方法がわからなかったので、三粒子にはまだ力を入れていなかった。この量子もつれ状態の作り方は、あとでわかった。ここで、光子三つの量子もつれ状態を生成する装置［図46］があるとしよう。これはＧＨＺ状態発生装置と呼ばれる。科学者のあいだで、ここで扱っているような量子もつれはＧＨＺ状態と呼ばれているからだ。この名称は、ダン・グリーンバーガー、マイク・ホーン（彼がまだアメリカにいたころ、私たちは彼と遠隔で共同研究していた）、私

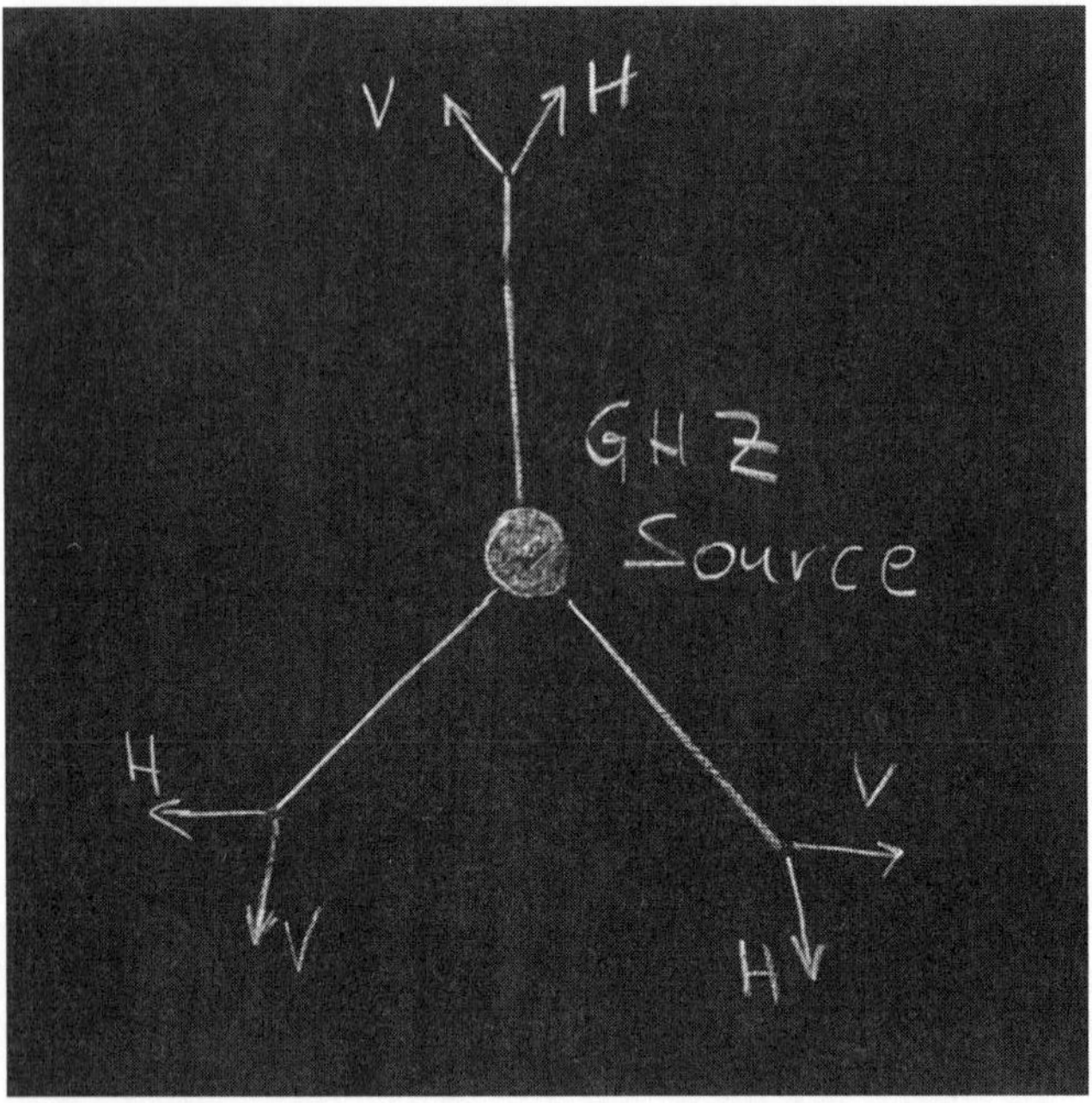

図46　GHZ 実験の本質。3つの光子が量子もつれ状態にあると考えよう。それぞれの偏光は観測可能である。大事なのは以下の点である。3つの偏光装置の向きが一定の条件を満たす場合、2つの光子についてのランダムな観測結果から、第3の光子の偏光が確実に予想できる。たとえば、最初の2つの光子が両方ともH偏光だった場合、量子力学では第3の光子はV偏光だと予想される。おもしろいことに、局所実在論の支持者は、逆の予想をする。第3の光子はH偏光に違いないと予想するのだ。実験により、量子力学による予想が正しいことが裏づけられる。したがって、2粒子の相関の状況とは違って、量子物理学が確実に予想できるのに対し、局所実在論は妥当性を擁護することさえできない。これは量子的世界観と局所実在論的世界観という2つの世界観のあいだで生じ得る最大の対立である。

(アントン・ツァイリンガー)のイニシャルに由来する。この状態で最も基本的なのは、ある一定の方向に対して三つの光子すべてが横偏光(HHH)か縦偏光(VVV)をもつ重ね合わせである。観測する前は、これらの光子はいずれも偏光をもっていない。その方向に合わせて設置された二チャンネル偏光装置でいずれかの光子を観測すると、その光子はランダムにHかVの偏光となる。すると、ほかの二つの光子もただちに同じ偏光状態となる。これは、アインシュタインの言う不気味な遠隔作用をさらに一歩進めたものだ。

この三光子の偏光を観測する方法については、ほかにもさまざまな可能性が容易に考えられる。偏光ビームスプリッター、すなわちそれぞれの入射光に対して角度を変えられる二チャンネルの偏光装置を使うこともできる。これによって、生じ得るいかなる向きに対しても、縦偏光と横偏光の観測ができる。円偏光を観測することもできる。

三つの偏光観測の組み合わせのほとんどにおいて、相関は統計的なものにすぎない。しかしかなりの数の測定において、完全相関が生じる。これが意味するのは、光子それぞれの観測結果が完全にランダムだということだ。たとえば、それぞれの偏光装置の向きとは無関係に、HとVが同じ半々の確率で出現する。しかし三つの偏光装置の向きが一定の条件を満たす場合、二つの光子について偏光の測定結果がわかれば、三つ目の光子の偏光は確実に予想できる。そのような条件の一つは、二つの偏光装置の角度の和が三つ目の偏光装置の角度に等しいというものだ。これは、三つの偏光装置を平行に設置する必要がないという点で、光子二つの場合よりも適用範囲が広い。

ここで、興味深い事実が出てくる。以下のような意味で、局所実在論と量子力学とのあいだに完全な矛盾が存在することを示す偏光装置の配置があるのだ。第一の光子がH'（Hから四五度傾いている）の偏光をもち、第二の光子の偏光もH'だとわかっているとしよう。この場合、局所実在論は第三の光子もH'偏光をもつと予想し、量子力学は第三の光子がV'偏光だと予想するはずだ。これは二つの世界観のあいだで生じ得る最大の対立である。量子力学も局所実在論もこの状況についてそれぞれ明確な予想をするが、二つの予想は完全に相反する。量子力学は、完全相関についても、あるいは個々の光子それぞれについても、局所実在論的な世界観とは相いれないのだ。別の意味で、ベルの主張は最初の一歩を踏み出すことさえできない。なぜなら二粒子系における完全相関が彼の論考の出発点だったからだ。量子物理学によれば観測結果が確実に予想できる状況において、局所実在論はその状況を正しく記述することさえできないのだ。

一九八七年にグリーンバーガー、ホーン、私がこの矛盾を発見して以来、これらの相関を実験で立証することが私の研究における目標となった。私のグループと私の前には、手ごわい難題が立ちはだかっていた。そのため、二粒子を超えた量子もつれを扱うための、新たな実験ツールを開発する必要があった。また、そのような量子もつれをどうやって生成するか、それをどうやって観測するか、実験でそれらの状態をどう扱うかなど、課題が山積していた。

まったく未知の領域だった。私たちは新しい実験用のツールや部品を開発するだけでなく、そんな実験に対する新しい考え方も生み出す必要があった。というのは、二粒子を超えた量子もつれについて考えた人がそれまでいなかったからだ。そんなわけで一一年かかったが、一九九八年、ダーク・バウミースター、ジエンウェイ・パン（潘建偉）、マシュー・ダニエル、ハラルド・ヴァインフルター、そして私が、ついにインスブルックの実験室で三光子の量子もつれを観測することに成功し、量子力学的予想を立証することができた。

この目標を達成するために、私たちは数々の道具を開発し、それが量子テレポーテーションにおいても重要な役割を果たすこととなった。チーム外からも、ポーランドのグダニスク大学から私の同僚で友人のマレク・ジュコフスキが大きな力となってくれた。私たちは彼と何度となく議論し、そこで三つ以上の光子がかかわる量子もつれ状態を実験で実現するためのさまざまなアイデアを出し合った。じつのところ、役に立たないので捨て去るしかないアイデアもたくさんあった。しかし最後には、答えが見つかった。

問題の一つは、三つ以上の光子がかかわる量子もつれ状態を直接作ることはできないという点だ。まず、光子二つの量子もつれから始めなくてはならない。だが、光子のペアからもっと高次の量子もつれを生じさせるには、どうしたらよいのか。原理としては、きわめて単純な話だ。まず、量子もつれ状態のペアを二つ、四つの光子を使って作る。それから特定の一つの光子が二つのペアのうちどちらに由来するものか、原理的にもわからないようにして、その光子を観測する。そうすると残りの三つの光子が量子もつれ状態になる。この実験のために、私たちはほかにもさまざまな技術を開発する必要があった。たとえば光子の正確なタイミングを達成する方法や、自発的パラメトリック下方変換を利用して二つのペアを作る方法、偏光装置やビームスプリッターを使って量子もつれ状態を同定する方法などを開発した。と言っても、これらは数々の難題のごく一部にすぎない。

実験の実現に向けて作業するなかで、私たちはすぐに、自分たちの開発しているツールが量子テレポーテーションにも使えることに気づいた。テレポーテーション実験をついに実行したのは、ダーク・バウミースター、ジエンウェイ・パン、クラウス・マトル、マンフレッド・アイブル、ハラルド・ヴァインフルター、そして私だった。最初の実験で、そしてそれ以降のすべての実験で、テレポーテーションが成功したことを示すには、アリスの用意した状態がボブの側に現れることを証明する必要があった。考え得る量子状態があまりにもたくさん存在するので、あらゆる量子状態について証明する必要はない。しかしその一方で、横偏光と縦偏光について証明するだけでは不十分だ。なぜなら、実験装置がある特定の条件をほかより好むという可能性も否定できないからだ。そこでこの実験では、横偏光と縦偏光の重ね合わせ状態、たとえば傾き四五度の直線偏光やある種の円偏光などについても証明する必要がある。これは一九九七年に実現できた。

この実験では、テレポーテーションの距離はほんの一メートル程度だった。しかしこの距離が今では大幅に伸びている。たとえば、ドナウ川の実験では六〇〇メートルだ。初めて実験を成功させたあと、私たちは量子もつれのテレポーテーションと、すでに述べた三光子の量子もつれ状態に進んだ。

量子もつれのテレポーテーション

これまでに、私たちは光子やその他の粒子の状態をテレポートできることを知った。これは、オリジナルの粒子の特性を別の粒子に転送するという意味だ。しかし、テレポートする粒子自体が量子もつれの状態にあったらどうなるだろう。思い出してほしいのだが、量子もつれ状態にある粒子はそれ自体の状態をもたず、固有の特性をいっさいもたないということを私たちは学んだはずだ。

この実験について、詳しく見てみよう【図47】。量子もつれ状態にある二つのペアから始める。AとBが互いに量子もつれ状態にあり、XとYも互いに量子もつれ状態にある。ここで各ペアから光子を一つずつ、AとBのペアからAを、そしてXとYのペアからXを取って、ベル状態分析（BSA）にかけると、AとXが量子もつれ状態となる（【図9】を参照）。

粒子の状態とは、その粒子について言えること（もっと正確には、その粒子に起こり得る将来の観測結果について言えること）だったことを思い出そう。では、粒子Xについて言えることをすべて粒子Bにテレポートするとしよう。粒子Xについて言えることとは、どんなことだろうか。粒子Xは、それ自体の特性をもっていない。粒子Xについて言えるのは、それが粒子Yと量子もつれ状態にあるということだけだ。したがって、ベル状態測定のあとで粒子Bについて言えることもこれと

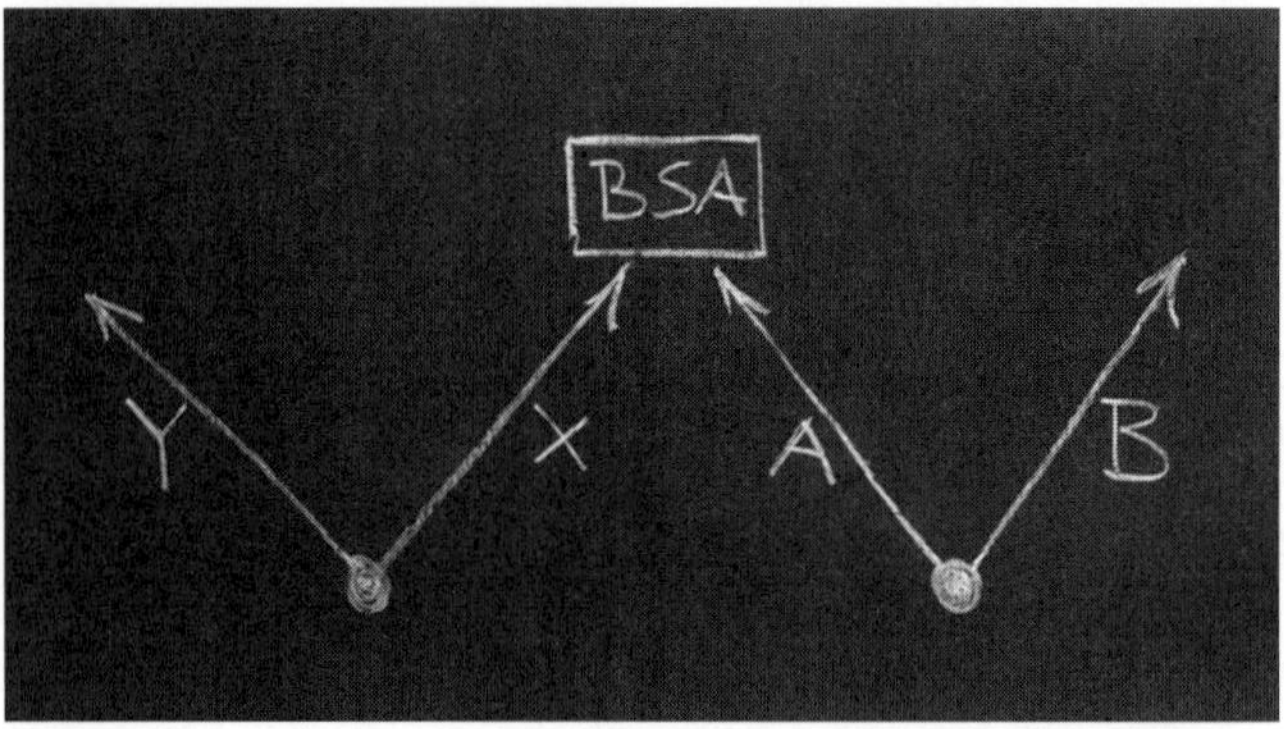

図47　量子もつれのテレポーテーション。初めにA-B、X-Yという量子もつれ状態にあるペアが2つある。それから通常のテレポーテーションと同じように、各ペアから1つずつ、光子AとXに対してベル状態分析（BSA）を行なう。それから、XがYと共有する量子もつれをBにテレポートする。あるいは、AがBと共有する量子もつれをYにテレポートすると言ってもよい。状況をどう見るかにかかわらず、結果は同じである。光子BとYが量子もつれ状態となるのだ。BとYは過去にいかなる関係ももっていなかったのだから、これは驚くべきことだ。この2つの光子は完全に別々に生成された。つまり、互いにかかわり合ったことのない2つの系や、共通の過去をもたない2つの系を量子もつれ状態にすることも可能なのだ。

同じだと考えられる。粒子Bと粒子Yは共通の過去をもたないにもかかわらず、互いに量子もつれ状態になるのだ。

当初のテレポーテーション実験では、古典チャンネルも用いられていた。このチャンネルは図47では示されていないが、必要なものである。なぜここでそれが必要なのか。当初のテレポーテーション実験と同じく、光子AとXに対するベル状態測定では、起こり得る四種類の量子もつれ状態を表す四種類の結果が生じる可能性がある。この実験において、それはボブの光子Bが、いずれもオリジナルの状態とそれぞれ固有の関係をもつ四種類の量子状態をとり得ることを意味した。つまりYとBのとり得る量子もつれ状態が四種類あるということになる。YとBはこの起こり得る四種類の量子もつれ状態のいずれにもなり得る。BとYのとる特定の量子もつれ状態は、アリスがAとXについてランダムに達成するものと同じである。その量子もつれ状態をどう利用するにせよ、私たちはその性質を知る必要がある。したがって、アリスの観測結果を、BとYのあいだに生じた新たな量子もつれ状態を利用したい人に伝えなくてはならない。これはたとえばボブが粒子Bを受け取るとか、ほかの誰かが粒子Yを受け取るなどだ。つまり原理的に、この実験では古典チャンネルが少なくとも一つは必要となる。

この実験は、一九九三年にマレク・ジュコフスキ、マイク・ホーン、アーター・エカート、私が共著した論文で提案したものである。当時、私たちはこの方式を「量子もつれ交換」と呼んだ。初めにAとB、XとYのあいだにあった量子もつれ状態が交換されて、AとX（アリスの観測結果）、BとYが量子もつれ状態になるからだ。

概念として、ここで最も興味深いのは、過去を共有していない二つの非中心的な光子YとBのあいだに生じる量子もつれである。この二つの光子は同じ発生装置から生じたのではなく、以前に遭遇したこともない。量子もつれとは二つの系が互いに相互作用する場合やなんらかの形で一緒に作り出される場合に生じるものだとする従来の見方は間違っている、ということになる。量子もつれはこれらのいずれかの方法で作り出されるかもしれないが、そうである必要はない。多くの物理学者は、量子もつれがなんらかの保存則、たとえば角運動量保存の法則とかエネルギー保存の法則などから生じる帰結だと考えている。しかし、今では私たちにもはっきりとわかるとおり、これは量子もつれを観測するのに必須の条件ではない。

量子もつれのテレポーテーション、すなわち量子もつれ交換を実験で実現したのは、パン、バウミースター、ヴァインフルター、私だ。最初のテレポーテーション実験からまもない一九九八年のことで、このときもインスブルックで行なった。この実験により、量子もつれ自体がテレポート可能であることをはっきりと実証できた。

これらの実験において、テレポーテーションの質は完璧ではなかった。光子BとYのあいだの偏光の相関が間違っていることもあった。しかし、決定的な証拠がある。光子YとBが非常に強力な量子もつれ状態にあるので、ベルの不等式の破れが予想されるのだ。これは量子もつれの存在を示す決定的な証拠だ。しかし一九九八年に私たちが行なった最初の実験では、テレポートされた状態の質が不十分で、ベルの不等式の破れを実際に確認することはできなかった。

それから三年後の二〇〇一年、イェンネヴァイン、ヴァイス、パン、私は実験方法を改良し、テレポートされる光子の質を大幅に高めることに成功した。そこで今度こそベルの不等式の破れを証明しようと試みた。そして、光子YとBが互いに強力な量子もつれ状態にあり、ベルの不等式を破っていることを実際に証明できた。このことは、いかなる形でも過去にかかわり合ったことのない二つの光子が、現在においてアインシュタインの言う不気味な遠隔作用によって結びついていることを意味する。この実験はまた、テレポーテーションが量子的性質をもつことも決定的に証明する。

先ほど検討した実験について、しばらく振り返ろう。アリスが自分の光子XとAを観測した瞬間、ボブの二つの光子（あとで観測されるが、過去には互いとかかわり合ったことはない）が量子もつれ状態となる。しかし、アリスはそのような観測をしないという選択をすることもできる。その場合、ボブの光子YとBが互いに量子もつれ状態となることはない。つまり、ボブの二つの光子が量子もつれ状態になるかどうかは、観測をするかしないかというアリスの決定にかかっている。これは妙な話に聞こえるかもしれないが、じつはこれよりはるかにおかしな状況もあり得るのだ。

ゴーストのようなアイデア

二〇〇〇年、量子テレポーテーション理論のパイオニアだったイスラエルのテクニオン・イスラエル工科大学の故アッシャー・ペレスは、かなり奇妙で意外性に満ち、そしてエレガントなアイデアを抱いていた。彼はこんな提案をした。まず、ボブが光子YとBの偏光を観測する［図48］。その観測結果が得られ、たとえばコンピューターのメモリーや手書きの紙などに記録されたら、アリスは自分の光子XとAに対してベル状態測定を行なう。アリスが測定した瞬間、ボブの光子YとBは量子もつれ状態となる。さらに奇妙なことに、アリスは光子XとAのベル状態測定をしないという選択もでき、この場合、ボブの光子YとBは量子もつれでない状態のままだ。つまりアリスは、ボブの光子YとBがもはや存在せず、それらの偏光が観測されてからすでに長い時間が経過し、その結果がどこかに記録されているというときに、YとBが量子もつれ状態になるかどうかを決定できるのだ。

いったい何がどうなっているのか。どうしたらそんなことが起こり得るのだろうか。アリスの観測が過去に作用を及ぼして、すでに得られているボブの光子YとBの観測結果に影響を与えることはで

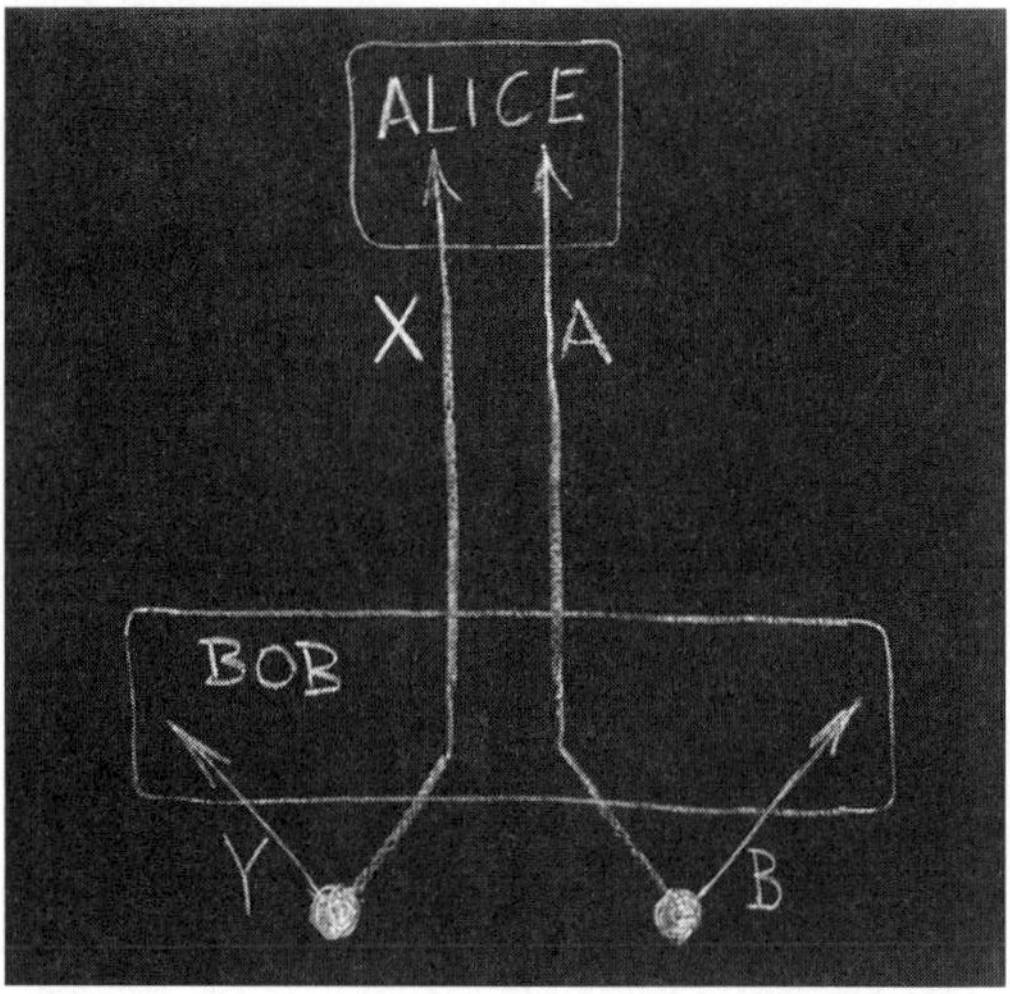

図48　遅延選択テレポーテーション。アリスとボブは、2組の光子のペア、A-B、X-Yを作る。ボブは各ペアから光子を1つずつ、BとYを観測する。光子AとXはアリスのもとへ送られ、ボブが自分の光子を観測してから長い時間が経過したあとで、アリスは自分の2つの光子について何を観測するか決めることができる。アリスの選択肢の1つは、量子テレポーテーションのときと同じように、2つの光子を互いに量子もつれ状態にすることだ。こうすると、非中心的な光子BとYは観測されてから長時間ののちに互いに量子もつれ状態となるのだ。別の選択肢として、アリスはAとXに対してそれぞれの偏光を別個に観測すると決めることもできる。この場合、BとYは互いに量子もつれ状態とならない。その代わりに、データによれば、AとBのあいだおよびXとYのあいだに量子もつれが生じることが示されている。この場合、それよりもずっと前にボブが得たBとYに関する結果は、まったく別の意味をもつ。この実験からわかることは、量子物理学では、観測された個々の結果と、それらの結果に私たちが与える解釈とのあいだには本質的な違いがあるということだ。BとYの観測結果は、アリスが観測しようと決める前から存在し、その決定とは無関係である。しかしアリスの観測結果がなければ、BとYの観測結果は意味をもたない。完全にランダムなのだ。それらのもつ意味、すなわちそれらに与えられる解釈は、アリスがAとXに対して実行しようと決める観測の種類によって決まる。何を観測するかというアリスの選択は、いくらでも遅延させることができる。

きない。それは確かだ。観測結果はすでに記録され、場合によっては紙に書き記されている。書き記された観測記録が変化することは決してあり得ない。だが、ここで起きることはやはり興味深い。じつは哲学的に言って、この状況は私たちにとても重要なメッセージを伝えている。では、それを見ていこう。

私たちが予想することを慎重に分析してみよう。まず、ボブの結果を調べることにする。彼の光子BとYは、いずれも最初は別の光子と量子もつれ状態にある。BはAと、YはXと、それぞれ量子もつれ状態となっている。すでに学んだとおり、量子もつれ状態にある光子は、観測前には偏光をもたない。また、観測した瞬間に偏光がランダムに生じることも学んだ。そこで、ボブが自分の光子YとBを観測すると、ランダムな結果の連続、すなわち0と1からなるランダムな数列が生じると考えられる。ここで私たちは、しばらく座り込んで頭を抱えてしまうかもしれない。これらのランダムな数字の羅列は何を意味するのか。どう解釈すればいいのか。

ボブの光子YとBに関する個々の結果は、アリスがどの観測をすると決めるかによって、大きく異なる意味をもち得る。アリスは、光子Xの偏光と光子Aの偏光をそれぞれ別個に観測しようと決めるかもしれない。私たちは何を予期すればいいのか？　Xは量子もつれ状態にあるXとYのペアの片割れであり、Aは量子もつれ状態にあるAとBのペアの片割れであることがわかっている。ボブの結果と同じように、アリスの結果もランダムな数列となり、光子Xについて一つ、光子Aについても一つ、数列が生じることになるだろう。光子AとXは互いから独立して生成されたので、この二つのランダムな数列は互いから完全に独立であるはずだ。しかし、各光子についての結果は、それぞれの双子の相方について得られた結果と強く相関しているだろう。アリスの観測したAの結果とボブの観測したBの結果とのあいだに見られる相関は、この二つの光子が量子もつれ状態で生み出されたことを立証する。XとYのペアについても同じことが言える。

このデータは、たとえばAとB、XとYのどちらのペアについても、ベルの不等式の破れに至るだろう。アリスは自分が何をしようとも、AとBは完璧な量子もつれ状態にあり、XとYも完璧な量子もつれ状態にあると断言できるはずだ。アリスとボブが協力すれば、二人のデータから、BとYが互いに何の関係もないということも判断できるだろう。BとYは完全に互いから独立していて、無関係なのだ。

その一方で、アリスは自分の光子AとXを合わせてベル状態測定をしようと決めることができる。これは量子テレポーテーションで行なったのと同じ観測で、AとXを量子もつれ状態にする。ということは、ボブの光子BとYも量子もつれ状態になる。だが、ちょっと待った！　この二つの光子はボブが観測し、その結果はすでに紙に書き記されたかコンピューターに保存されている。それなのに、どうしてそんなことがあり得るのか。アリスがAとXのベル状態測定をしようと決めたというだけで、なぜBとYの量子もつれ状態が観測結果に反映され得るのか。前にアリスが自分の光子を別々に観測したときには、ボブの光子BとYは量子もつれ状態になかったのに、それらの観測結果は完全に無関係だったのか？　どうしたらそんなことがあり得るのか？

この謎の答えは、じつは非常におもしろい。まずはアリスが自分の光子XとAを合わせてベル状態測定をするケースを調べてみよう。それからアリスはボブと会い、二人はボブが自分の光子YとBを観測して得たデータの意味を解釈しようとする。ここで、アリスのベル状態測定で得られる可能性のある結果が四種類あることを思い出そう。これはつまり、アリスの観測において、一種類の量子もつれ状態がいつも起きるのではなく、四種類の状態が起きるということだ。特定のペアに関する個々の観測においてどの状態が生じるかは、完全にランダムだ。どの状態がいつ起きるかを決めるルールはない。

つまり、アリスとボブが会ったときにするのは、ボブがすでに得たBとYに関するデータを四つのサブセットに分類することだ。アリスの観測した四種類の量子もつれ状態に、入れ物を一つずつ割り当てて分類するのだ。そうすると、ボブがBとYについて得た四つの集合のそれぞれが、この二つの光子が互いに量子もつれ状態になっていることを立証し、さらにはこれらの光子がすでに観測されている場合でも、やはり量子もつれ状態になっていることを立証する。四つの入れ物のそれぞれで、ボブの光子は違う形で量子もつれ状態になっている。つまり、アリスが自分の光子二つに関して得たランダムな量子もつれ状態とまったく同じになっている。それぞれの入れ物は特定の量子もつれ状態を表すが、四つの入れ物の中身をすべて混ぜ合わせれば、その結果は完全にランダムなものとなり、いかなる量子もつれ状態も表さない。つまり、アリスの結果によって、私たちはボブのデータを適切な集合に分類することができる。全体の集合はランダムだったが、分類した個々の集合はもはや完全にランダムではなくなっている。

今度は、アリスが光子XとAの偏光を別個に観測して得る結果を見てみよう。この場合、二つの光子はいかなるベル状態にもならない。XはYとの量子もつれ状態を保ち、AはBとの量子もつれ状態を保つ。ここでアリスとボブが会い、アリスがXについて得た結果と観測した偏光にもとづいてボブのYのデータを分類し、またボブのBについても、アリスがAについて観測した偏光と得た結果にもとづいてデータを分類する。するとこれらのデータセットは、ボブの光子Bがアリスの光子Aと完全な量子もつれ状態にあり、ボブの光子Yがアリスの光子Xと完全な量子もつれ状態にあったことを完璧に立証するはずだ。大事なのは、アリスが自分の二つの光子についてベル状態測定をしたときに、最初はランダムだったボブのデータをこのように分類すると、前とはまったく違うサブセットになるという点である。つまり、初めはYとBの量子もつれを裏づけていたデータが、今度はYがXと、そしてBがAと、それぞれ量子もつれ状態にあることを裏づけるのだ。

哲学的に言えば、非常に興味深い状況だ。アリスがどんな観測をするか決めるよりもずっと前にボブが得たデータは、まったく異なる二つの物理的な物語の一部となり得る。具体的な物理像は、アリスがあとで行なう観測に依存する。ある意味で、アリスが決定を下してそれに従って観測をする前にはデータには語るべき物語がなく、アリスの決定によってボブのデータの意味が決まる。ボブのデータは説明不要の実在そのものだと言う人がいるかもしれない。説明がほしければ、実験を完了する必要がある。実験を完了するには、すでに得られているデータについてアリスがその意味を定める決定を下す必要がある。

ここで理解すべきメッセージは、量子物理学において、個々の事象は一次的なものだということである。個々の事象は、私たちが自分の抱く物理像にもとづいてあとで構築する説明よりも根本的なのだ。ボブの個々の事象は、彼の光子がアリスの光子と量子もつれ状態にあるかどうかにかかわらず、ただ起きる。私たちの議論において非常に重要な要素は、個々の結果の客観的なランダム性である。事実として、特定の光子に関してどんな結果を得るかについては、ボブもアリスも影響を与えることができない。アリスが自分の得る結果に影響を与えることができるなら、過去に信号を送ることもできるかもしれないが、結果がこのようにランダムなため、過去に向けていかなる信号も送ることはできない。また、このランダム性ゆえに、同じランダムな結果について大きく異なるさまざまな物理学的説明を私たちは得ることができる。

ボブが自分の二つの光子を観測したあとまでアリスの観測を遅らせるというアイデアを実現する実験を、私たちは二〇〇一年にウィーンで行なった。この実験でも、光グラスファイバーを使った。ドナウ川での実験と同じように、ベル測定にはファイバー結合器を使った。ボブが二つの非中心的な光子を記録したあとまでベル測定を遅らせるために、アリスの二つの光子をそれぞれ長さ一〇メートルのグラスファイバーに通してからファイバー結合器に送り込んだ。実験の結果から、先にボブが記録した光子YとBをアリスの観測結果にもとづいて適切に分類すれば、これらの光子が量子もつれ状態にあると見なせることが明確に裏づけられる。

この実験では原理的に、ボブが先に行なった二つの光子の観測が未知の情報伝達を通じて、アリスのステーションで得られた観測結果に影響することが可能だった。ベルの実験と同様にそうした仮説的な可能性を排除するために、私の研究グループのメンバーであるシャオソン・マ（馬小松）が、二〇〇九年にシュテファン・ツォッターおよびトーマス・イェンネヴァインと共同で実験を行なった。この実験では、アリスが自分の光子二つを量子もつれ状態にするか、それとも光子を別々に観測するかという選択を、ボブの観測から空間的に隔たった場所で量子乱数生成器に下させた。この実験でも量子的予想がしっかりと裏づけられ、それによって未知の情報伝達による説明の可能性がすべて否定される。

量子コンピューターを結びつける

そんな実験は哲学的に興味深いだけでない。今後、重要な技術的応用が可能になると感じている人がたくさんいる。基本的なアイデアの一つが、量子もつれ状態を利用して未来の量子コンピューターを接続するというものだ。一般に、量子コンピューターの出力はある種の量子状態である。この出力が、距離を隔てた別の量子コンピューターへの入力として必要だとしよう。この場合、第一の量子コンピューターからの出力状態を、第二の量子コンピューターへの入力としてテレポートするのが理想的だろう。二つの量子コンピューターが遠く離れていて、たとえば別々の町にあるのなら、長距離のテレポーテーションが必須だ。

長距離のテレポーテーションに伴う問題の一つは、光子が途中で消失する可能性があるという単純な事実だ。グラスファイバーを使う場合、カバーできる距離は最長で一〇〇キロメートルほどだ。空中で光子を送る場合にも、距離に対して同様の限界がある。では、どうしたらもっと長い距離をカバーできるだろうか。一つ考えられるのは、先ほど取り上げた実験のように、量子もつれのテレポーテーション、あるいは前に使った名称で言えば量子もつれ交換を利用することだ。このようなテレポー

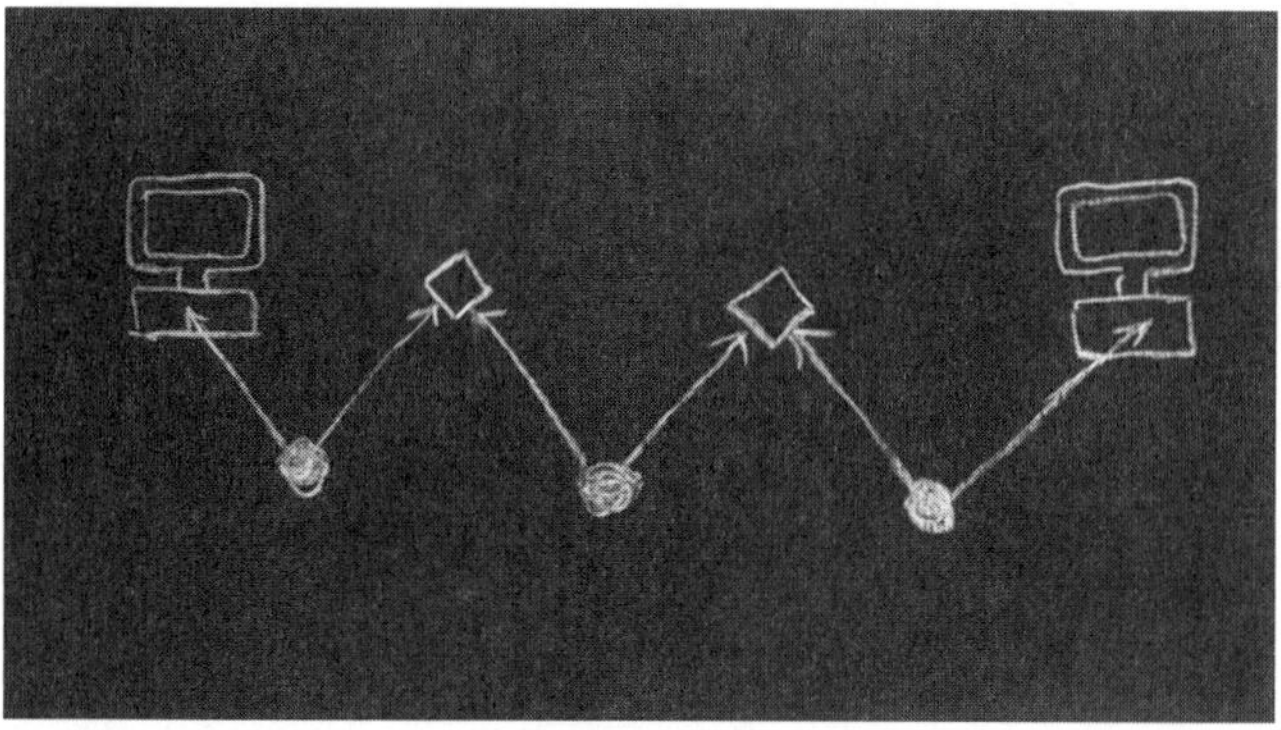

図49　量子中継器により、遠く離れた2つの量子コンピューターを結びつけられるかもしれない。原理として、これは量子もつれの多重テレポーテーションである。さらに、中間のステーションに量子状態を純化する小型の量子コンピューターを置くことも考えられる。

テーションをつなぎ合わせる［図49］ことによって、はるかに長い距離をカバーすることができる。

中継ステーションでベル状態測定をするだけでなく、光子の消失の補正ができれば理想的だ。これについては、量子増幅器が理想的な解決策となる。何キロもの距離を隔てていても、量子増幅器は入力量子信号を増幅し、カバーできる距離を伸ばす。これは今日のあらゆる長距離通信ケーブルでグラスファイバー結合器などの増幅器が使われているのと同じことだ。しかし、量子状態を増幅することはできないという問題がある。すでに見たとおり、この問題は量子状態が複製できないことから生じる。そこで、図49に示すようなテレポーテーションの連鎖で用いる中継ステーションは、量子信号の増幅器ではなく、二つの目的を達成できる中継器のようなものになるだろう。まずベル状態測定を行ない、それにもとづいて遠く離れた送り先へ量子もつれをテレポートする。次に、超小型の量子コンピューターを使えば、転送エラーを修正することで入力される量子状態を純化し、同時に量子もつれ状態を利用することで光子の消失を補正することができる。量子中継器の実現に必要な基本原理のいくつかは、すでに実験で証明されている。しかし、完全な中継ステーションの実現は、技術的にまだ不可能である。

「現実」対「情報」

量子もつれ状態のテレポーテーションは、おそらくテレポーテーションの量子的性質を最もはっきりと表す証拠だろう。さらに、自然に関する記述と物理的実在との関係に強い光を投げかける。図48で示した状況を再び思い出そう。ボブによる事象の記録、すなわち光子YとBを観測したときに彼が得た結果が客観的なものだということは事実である。つまり、なんらかの形で書き記され、存在していて、誰もがそれを見ることができ、この結果が何であるかについて誰もが同じ意見をもてる。さらに、解釈する必要がない。純然たる事象であって、それ以外の何物でもない。しかし、私たち物理学者は、これらの事象を理解したいと思う。それがなぜ起きるのかを記述したい。そんなわけで、説明を、一貫性のある解釈を、提示しなくてはならない。そしてそこから興味深い疑問が生じてくる。

おもしろいのは、アリスがあとでどんな決定をするかによって、ボブの観測結果について私たちの提示する解釈が最終的に違ってくるという点だ。アリスはベル状態測定をしようと決めるかもしれないし、個々の光子を別々に観測しようと決めるかもしれない。これらのあいだにも、可能性が無限に存在する。アリスの決定しだいで、ボブが先に記録した結果やすでに起きた事象が、大きく違った意味をもつ。

そこで、二つの重要な点を指摘して締めくくりたい。第一に、観測された事象は単なる事象にすぎず、いかなる解釈も必要としない。言うならば、観測者である私たちがその意味を考え始める前から存在している。第二に、事象の説明は、事象が起きたあとに私たちやほかの誰かがするかもしれない行為や下すかもしれない決定に依存する。ボブのデータに関する二つの解釈が相互に排他的であるのに気づくことが重要である。それは、量子もつれが一夫一婦制だからだ。ボブの光子YはXとBのどちらか一方とだけ量子もつれ状態となることができ、両方を相手にすることはできない。

ここで、声を大にして言うべきことがある。ボブが先に得た結果について私たちが考え出す解釈は、いずれも完全に正しく客観的だ。アリスが将来に下す決定に解釈が依存するからといって、その解釈が誤りや主観的なものとなることは決してない。量子物理学は、これらの状況をすべてきちんと記述する。ただし、数学的記述、すなわち私たちが状況に与える量子状態は、アリスがどんな決定を下すかによって大きく異なる。量子状態は実験の設定の詳細によって決まるので、アリスの決定に依存するし、一般的に実験家である私たちの下す決定にも依存する。ここには未来に決定される実験の詳細も含まれるかもしれない。

こうした考察は、ニールス・ボーアが明確に打ち立てた量子物理学のコペンハーゲン解釈において、このうえもなく簡潔に表現された見地の裏づけとなる。この解釈によれば、系の量子状態とは「場」ではなく、空間や時間の「その辺」に広がるなんらかの実体でもない。じつのところ量子状態というのは、私たちが調べている特定の物理的状況に関する知識を表現したものにすぎない。こうした知識の表現はおのずと、私たちの目の前にある状況や、私たちが得る観測結果に依存する。

私たちの例で言うと、特定の状況に関する知識は、アリスがあとで行なう観測や、彼女がその観測で得る結果に依存する。つまり、アリスがあとで行なう観測とその結果は、すでに存在している物理的実在には影響しない。ということは、ボブが先に得た特定の結果にも影響しない。しかし、状況について私たちが語ることを変える。起きていることに関する解釈を変える。このことは、ボーアの有名な言葉を思い出させる。「量子的世界など存在しない。存在するのは抽象的な量子物理学的記述だけである。物理学の務めは自然がどんなものであるかを突き止めることだと考えるのは間違っている。物理学は、われわれが自然について言えることにかかわるものなのだ」

この言葉を私たちに伝えたのは、オーゲ・ピーターセンだ。ボーア自身がこの言葉を明確に記した文書は存在しない。そのため、本当にボーアがこう言ったのかをめぐっては議論があるが、私の考えでは、この言葉は彼の立場を完璧に表現している。

さらなる実験

私たちはインスブルックやウィーンで光子の偏光状態をテレポートする実験をしたが、量子テレポーテーションでテレポートできるものはこれだけではない。ほかの物理量、たとえば光子のエネルギー状態や運動量状態、原子の量子状態などの特性もテレポートできる。さらに、もっと複雑な系をテレポートすることも可能なのだ。

一九九四年、当時はケンブリッジ大学に所属し、現在はブリストル大学教授のサンドゥ・ポペスクが、数学的にはテレポーテーションに等しいが物理学的には別の意味をもつアイデアを提案した。テレポートする状態を、量子もつれ状態にある光子のペアの一方に背負わせるというアイデアだった。一九九七年、ローマ大学のフランチェスコ・デ・マルティニのグループがこれを実現した。運動量に関して量子もつれ状態となった光子のペアを一つだけ使った。適切な偏光装置と偏光回転子を使って、テレポートする状態をアリスの光子に書き込んだ。光子二つの量子もつれ状態だけを使ったこの種の実験では、外部から来る光子の状態をテレポートすることはできない。それをするには、独立した単独の光子の偏光状態を量子もつれ状態にあるアリスの光子に移す必要がある。これは二つの光子に対してベル状態測定をするのに等しい。それでも、ローマでの実験は非常に興味深い。「テレポーテーション」よりも「テレプレパレーション」(遠隔処理)と呼ぶほうがぴったりかもしれない。最終的に、アリスの光子に対する処理がボブの光子に転送されるからだ。ミュンヘン大学のハラルド・ヴァインフルターのグループは最近、テレプレパレーションについて別の実験をいくつか行なった。

偏光のテレポーテーションでは、離散した特性が転送される。これはつまり、光子には偏光装置の向きによって横偏光か縦偏光かという二つの可能性がある、ということだ。しかし光子には、離散していない連続的な特性もある。たとえば、周波数やエネルギーなどがそれにあたる。おもしろいことに、光は電磁場で生じる多数の(理論上は無限の)さまざまな振動が重なり合ったものと見なすことができる。電磁場の量子的性質により、その振動にはハイゼンベルクの不確定性原理のような量子力学的不確定性も伴う。このことは、光子の振動になんらかのノイズが入ることを意味する。興味深いことに、ある種の振動に生じるノイズは削減することができる。ハイゼンベルクの不確定性原理によれば、不確定性が増大する相補的な量というものが常に存在する。ということは、ある種の振動のノイズを削減すれば、ほかの種類の振動に生じるノイズが増大するはずだ。

ある種の振動に生じたノイズが圧搾された状態を「スクイーズド」状態と呼ぶ。この先、このスクイーズド状態を利用すれば、さまざまな物理量をもっと精密に測定できるようになるのではないかと、一部の研究者は期待している。たとえばアインシュタインの一般相対性理論によって予想される重力波がいずれ検出されると考えられる(二〇一五年九月に検出された)。実験では、空中に吊るしたミラーの微細な動きをきわめて精密に測定することで観測を行なう。スクイーズド状態にある光を使えば、現時点で可能なレベルよりも高精度でミラーの位置が測定できると期待されている。

スクイーズドな光は、テレポーテーションにも利用されている。一九九八年にカリフォルニア工科大学のジェフ・キンブルを中心としたグループが、ある光線のスクイージング特性を別の光線にテレポートすることに成功した。この実験は基本的に、テレポーテーションに関する最初の提案に沿ったものだが、光のスクイーズドな状態を扱う言語に翻訳する必要がある。

二〇〇一年、当時はデンマークのオーフス大学、現在はコペンハーゲン大学所属のユージン・ポルジクを中心としたグループが、原子雲内に存在する多数のセシウム原子がもつスピンを合わせたスクイーズド状態を、別の原子雲内のスピン状態との量子もつれ状態にすることに成功した。原子は、電場と磁場の配置の中に閉じ込められた超低温の雲を形成する。スピンの量子力学的特性は、角運動量を一般化したものである。アイススケーターは同時に右と左にターンすることはできない［図50］が、原子は同時に両方の可能性が重なり合った状態で存在できる。そのような原子がたくさんある場合、スピンをある程度まで互いに揃えることができる。原子のスピンは、よく揃っていればいるほどスクイーズドな状態となる。二〇〇四年、ポルジクのグループはスクイージング特性をある原子雲から別の原子雲へ実際にテレポートすることに成功した。二〇〇七年には、同じグループが光子と原子とのあいだでもテレポーテーションをすることができた。

二〇〇四年には、興味深い進展がもう一つあった。インスブルック大学のライナー・ブラットを中心とするグループと、コロラド州ボールダーにあるアメリカ国立標準技術研究所（ＮＩＳＴ）のデイヴィッド・ワインランドを中心とするグループが、別個に原子の状態のテレポーテーションについて報告した。はっきり言えば、これは原子の量子状態全体のテレポーテーションではなく、単独原子一

図50　量子的ピルエット。古典物理学の法則に従えば、また私たちの日常生活においても、アイススケーターが一度にスピンできるのは、右か左のどちらか一方向だけである。ところが図に示したとおり、量子アイススケーターは両方の可能性の重なり合った状態で存在することができる。人間のアイススケーターにとって、これは空想にすぎない。しかし原子やその他の量子的粒子にとっては、これは実験における現実である。

つの特定の状態の一部をテレポートしただけだ。どちらの実験でも、電荷を帯びた原子すなわちイオンを使い、適切に設計した電磁場にそれを閉じ込めた。

理論上、単独のイオンを永久にこのようなトラップに閉じ込めておくことは可能だ。イオンは環境からしっかり保護されるので、量子状態は長く持続する。レーザーを使えば、イオンに情報を書き込んで、それを読み出すこともできる。インスブルックのグループはカルシウム原子を使い、NISTのグループはベリリウム原子を使った。二つの原子の量子状態のあいだに生じる量子もつれが量子チャンネルとなり、第三の原子の状態をテレポートする。この第三の原子と、量子もつれ状態にある原子のペアの一方についてのベル状態測定によって、その量子状態がペアの相方に転送される。この実験で達成できるテレポーテーションの距離は短く、一ミリメートルよりはるかに短い。これはトラップに閉じ込められた原子が互いのすぐ近くにあるからだ。

もっと広い視野で見ると、すべてのテレポーテーション実験は、量子系を利用した量子コンピューターを実現するための研究プログラムの一部となっている。

量子コンピューターのきわめて興味深い特徴は、情報を量子ビットで表すことだ。たとえば、情報の担体として原子のスピンを使うことができる。時計回りのスピンでたとえば量子ビットの0といった情報を表し、逆回りのスピンで別の種類の情報、たとえば量子ビットの1を表す、といった具合だ。この場合、二つのスピンが量子もつれ状態になっていれば、この二つのスピンが運ぶ情報も量子もつれ状態になる。つまり、量子コンピューターにおいて情報は量子もつれ状態になっているだけでなく、多くの可能性が重なり合った状態で存在する。おもしろいことに、従来のコンピューターで解こうとすれば宇宙の年齢よりもはるかに長い時間を要する問題が、量子コンピューターを使えば解けてしまうという例がたくさんある。これがテレポーテーションとどう関係するのか。前に述べたとおり、テレポーテーションは、量子コンピューターからの出力を別の量子コンピューターへの入力として量子情報を運ぶのに完璧な方法だ。量子テレポーテーションは、量子コンピューター自体の内部で量子情報を処理するのにも利用できる。量子コンピューターを作るには、原理として、量子テレポーテーションを実現するときと同じ方法を使う必要がある。実際、一九九九年にマイケル・A・ニールセンとアイザック・L・チュアンは、コンピューターの内部でテレポーテーションが重要な役割を果たす量子計算のスキームを提案している。

そんなわけで、光子の量子テレポーテーションがとてもうまくいくので、同じ原理に従って機能する量子コンピューターを作ることも可能なはずだと期待するのは理にかなっている。そのような量子コンピューターでは、イオンや原子ではなく光子だけを使うことになるだろう。この場合、情報の担体として実体のある物質を使うことはないはずだ。というのは、光子には静止質量がないからだ。このような量子コンピューターの実現が可能だということが、二〇〇一年にロスアラモス国立研究所のエマニュエル・ニルおよびレイモンド・ラフラムとクイーンズランド大学のジェラード・ミルバーンによって示された。それ以来、光子を利用した全光量子コンピューターのさまざまな基本素子が実験で実現されている。

そのような量子コンピューターは、偶然性の原理に従って機能する。つまり、たまにしか計算した結果を示さないということだ。多くの場合、意図した計算には役立たない状態に至る。先ほど紹介した実験と同じ二〇〇一年、当時ミュンヘン大学にいたロベルト・ラウセンドルフとハンス・J・ブリーゲルが、偶然性の問題を回避できる量子コンピューターの作製が原理的に可能であることを示した。

そのような「一方向量子コンピューター」の最初のデモンストレーションが、二〇〇五年にウィーン大学での国際共同研究において行なわれた。この研究における私の共同研究者として、ウィーンの実験部門にはフィリップ・ヴァルター、ケヴィン・J・レッシュ、マルクス・アスペルマイヤー、エンマヌエル・シェンクが名を連ね、理論家としてインペリアル・カレッジ・ロンドンからヴラッコ・ヴェドラルとテリー・ルドルフが参加した。このような一方向量子コンピューターの大きなメリットとして、現在考えられているほかの量子コンピューターと比べて処理速度がはるかに速い点が挙げられる。したがって原理として、光子を利用する、すなわち量子光のみを用いる未来の量子コンピューターを作ることは可能なはずだ。これは特に、単純な演算をする小型の量子コンピューターの実現に向けて有用なアプローチとなる。

量子情報テクノロジー

本書では、隠れていた物語が目の前で展開している。細かく言えば物理学の歴史において、また広い意味では科学の歴史において、幾度となく起きてきた物語だ。この物語はいつも、科学をやりたいという根源的な動機から、すなわち人間の好奇心から始まる。量子もつれの場合、この人間とは一九三〇年代のアインシュタインとシュレーディンガー、そしてこの二人に加えて、量子力学を生み出した創始者たちだ。彼らは量子力学がもたらす予想について考えた。それらの予想は、個々の系や個々の素粒子に適用すると、直感的には受け入れがたい現象に至った。そうした予想の一つが量子もつれだった。また、量子物理学には客観的なランダム性があり、量子物理学の理論においてランダム性がきわめて重要な役割を担う。つまり単に私たちが無知だからそのようなランダム性が生じるわけではない、という興味深い発見もまたそうした予想の一つだった。量子の重ね合わせを含むこうした量子の特徴は、初期の量子力学の研究に携わっていた人たちの多くに数学的には知られていたが、哲学的な応用や、私たちの世界観にとっての意味という点では、それらの特徴がどれほど奇妙なものかに気づくには、アインシュタインやシュレーディンガーといった偉人たちの力が必要だった。思い出してほしいのだが、アインシュタインは「神はサイコロを振らない」と言ってランダム性を受け入れたがらず、シュレーディンガーは量子もつれこそ量子力学の本質的な特徴だと訴えた。

物語の次の章は、興味深い一致だった。一九六〇年代の半ばにジョン・ベルが、量子もつれから生じる重大な哲学的問いを実験で検証できるということを発見した。この問いとは、自然は局所実在的な観点で記述できるかというもので、この観点にはアインシュタインが「不気味な遠隔作用」と呼んだものの存在する余地がなかった。ちょうどそのころレーザーが発明され、そのおかげで局所実在論を検証することが可能となり、まさにタイミングが絶妙に一致した。アインシュタインやシュレーディンガーが哲学的な問いを提起した一九三〇年代とは、状況が変わっていた。さまざまな実験が始まり、局所実在論ではなく量子力学による予想の正しさが裏づけられた。これらの実験は、じつは哲学的な問いに動かされていた。言い換えれば、一部の人々の好奇心に駆り立てられていた。このような好奇心は人が挑戦するための大事な原動力であり、科学においてはしばしば新しいテクノロジーと結びついて興味深い発見をもたらしてきた。

物語の第三章は、初期の実験に携わった人々の誰一人として予想しないものとなった。一九九〇年代、量子に関する基本的な概念から、情報を伝送して処理する新たな方法に関するアイデアが生まれた。こうした新たなアイデアのなかには、量子暗号、量子乱数生成器、量子テレポーテーション、量子コンピューターなどが含まれていた。これらのアイデアは、哲学的な関心のみに動かされていた初期の研究がなければ生まれなかったに違いない。

そして物語の最終章が、今まさに展開しつつある。新しい量子情報テクノロジーの開発が、世界的に最も活発な研究領域となっている。たくさんの国で数々のグループが、量子暗号、量子コンピューター、量子通信など、技術応用につながる可能性のあるさまざまなテクノロジーの開発に取り組んでいる。

技術的な成熟度という点で、最も進んでいるのは量子乱数生成器だ。これは量子力学で生じる個々の事象のランダム性を利用する。アインシュタインが毛嫌いした、あの性質だ。量子乱数生成器は、生じ得る最良の乱数列を生成するので、さまざまな領域で幅広く利用できる。わかりやすい応用例が、くじや運が支配するゲームだ。インターネット上で開催されるルーレットのゲームで賭けをするとしよう。誰もが暗黙のうちに、賭けの対象となる数字を決める舞台裏の機械が公平であることを当てにしている。その数字を決めるのに、量子乱数生成器が最良であるのは明らかだ。というのは、電子的な「ルーレット盤」を回したときに、たとえば二一が出て一七が出なくても、そこには隠れた理由などないということを、私たちは確信できるからだ。

しかし、量子乱数生成器の用途として考えられるのは、運のゲームばかりではない。重要な用途の一つが、コンピューターに保存されている機密情報の暗号化だ。たとえば国家安全保障のために、国民の個人情報を長期にわたってコンピューターに保存したいと考えているとしよう。その一方で、個人の権利を守るためには、外部の審査官などによって適正に承認されない限り、たとえ原理としてだけでも、誰もこのデータにアクセスできないようにしたいとも考えているとしよう。この場合、最も安全なのは、量子乱数を使ってデータをコンピューターの記憶装置内で暗号化し、審査官から承認された場合のみ、その乱数にアクセスできるようにする、というやり方だ。承認がなければ、誰も機密データを読み出すことはできない。乱数には、最適化アルゴリズムなどの用途も考えられるが、ここで詳細に立ち入る必要はない。

すでに触れたとおり、量子の概念の応用としては量子暗号も重要だ。量子的な方法を使って、秘密のメッセージを暗号化して受け手に送ることができる。量子暗号もかなり進歩していて、この新しいテクノロジーの開発に多くの人が取り組んでいる。たとえば欧州委員会の支援を受けて二〇〇八年にヨーロッパで行なわれた大規模な共同研究では、ウィーン全域に多数のさまざまなノードをもつ量子ネットワークを実際に構築した。これは量子のインターネットのようなものだ。

量子コンピューターの開発には、まだしばらくかかるだろう。量子コンピューターの作製に伴う問題があまりにも大きすぎるので、実際に機能するものはすぐには期待できないとする懐疑的な声もある。私の意見としては、私たちはもっと楽観視するべきで、実験物理学者の創造力を過小評価してはならないと思っている。

実際、私たちは非常に楽観的に考えて、いずれあらゆるコンピューターが量子コンピューターになると期待してもよいかもしれない。今日の情報テクノロジーの状況を見てみると、コンピューターチップがどんどん高速化し、記録できるデータの量もどんどん増えている。この展開は、コンピューター技術者が「ムーアの法則」と呼ぶものに反映されている。これはインテル社の創業者の一人であるゴードン・ムーアが発見した法則で、これによると、コンピューターチップに搭載されるトランジスターの数は、一年半から二年ごとに倍増するという。これは単純に、チップ内の個々の素子、たとえばトランジスターなどの電子部品が技術の進歩のおかげで小型化していくことから生じる結果だ。

ムーアの法則は、量子コンピューターとどう関係するのか？　ムーアの法則は、個々のビットを物理的に実現するのに必要な原子や電子がどんどん少なくなっていくことを意味する。なにより興味深いのは、ムーアの法則を未来にあてはめてみれば、だいたい二〇年後か、もしかしたら三〇年後には、従来のコンピューターチップが根本的な限界に達すると思われる。そのとき、一ビットは電子一つで表されるだろう。これはつまり、コンピューターチップの開発の結果として、量子的な限界が到来するということだ。チップが量子的な限界に近づけば、テクノロジーの進展が減速する可能性が高い。しかし、これはいくらかの遅れを意味するだけだろう。したがって、いずれ従来のコンピューターもおのずと量子の領域に入っていくと予想するのは、きわめて理にかなっているのだ。

量子テレポーテーションの未来

量子テレポーテーションの未来はどうなるのだろう。今後数年のうちに、テレポーテーション実験でカバーする距離が現在よりも伸びることは間違いない。ウィーンにいる私たちを含めて、さまざまなグループが取り組んでいるアイデアの一つが、地上のステーションから人工衛星へ、あるいは人工衛星から地上へ、光子の量子状態を送るテレポーテーションだ。原理として、これは可能なはずだ。というのは、大気圏は厚さがほんの数百キロメートルしかないからだ。地上のステーションから人工衛星に向かう光子は、大気圏を脱したら、あとは基本的に何もない空間、すなわち真空を進んでいく。真空を進んでいくことは、光子にとって何の問題もない。

とはいえ、このような実験はなかなか手ごわいものになるだろう。なぜなら、人工衛星から地球へ、あるいは地球から人工衛星へ、送られた単独の光子一つを捕捉するのは容易ではないからだ。しかし、いずれ実験が成功すると考えてはいけない根本的な理由はない。このような実験の価値は、テレポーテーションが長距離ではどうなるのかを示すだけにとどまらない。もっと大事な点として、量子力学による予想をかつてない規模で確証することになるだろう。原理として、二つの粒子は互いにどれほど離れていても、量子もつれ状態を維持するはずだ。

そのような量子もつれ状態が宇宙規模でも保たれるのか、考えるのはおもしろい。多くの光子が、あるいはもっと複雑な系も、宇宙の誕生以来ずっと量子もつれの状態にあったと考える人もいる。はるか遠い時代から私たちのもとにやってきた光子をこの地球上で観測すると、どこか別の遠い場所、もしかしたら私たちの銀河を越えた場所にある別の光子の量子状態に影響し得ると考えるのは、じつにおもしろい。しかし、そのような実験をさほど遠くない未来に実現する方法を考えるのは難しい。というのは、何万光年も離れた銀河の果てにある光子一つを観測するのはきわめて難しいからだ。

地球と月面に設けたステーションとのあいだで、あるいは地球とはるかかなたの宇宙船のあいだで、そのような実験を行なうことを想像するのはいい考えだ。火星へ向かう未来の旅を想像してみよう。火星への飛行中、宇宙飛行士たちは二六〇日もの時間をほぼもて余すだろう。地球の軌道から火星の軌道に到達するには、これだけの時間がかかるのだ。それならちょっとした楽しみとして、量子もつれや量子テレポーテーションとたわむれてもいいのではないだろうか。この実験によって、量子もつれが立証される距離を数千万キロメートルにまで伸ばせるはずだ。

これから数年のうちに興味深い結果をもたらすことが確実な展開としては、もっと複雑な系、たとえば原子や分子の状態に関するものも考えられる。扱う対象が大きく複雑になればなるほど、実験に伴う困難も大きくなる。対象を構成する粒子の数が多くなれば、それに伴って困難も増す。それは明らかだ。複雑な分子を記述するために、私たちはそれを構成する原子について知るだけでなく、各原子がどのように配置されているか、互いにどう結びついているかについても知る必要がある。つまり、そのように複雑な分子を記述してテレポートする必要のある状態には、確実に大量の情報が含まれている。このことから、二つの難題が生じる。一つはそんな複雑な系の量子もつれ状態を作ること、そしてもう一つはそんな複雑な状況に対して一般化したベル状態測定の方法を考案することである。そんなわけで、関心をもつ科学者には、取り組むべき仕事がたくさんある。

それでも、楽観的になるべきもっともな理由がある。この数年間、実験が大きな進歩を遂げ、以前の物理学者には想像できなかったようなたくさんの成果が得られた。期待してよい理由の一つは、バッキーボール（フラーレン）やその化合物のように数百個の原子で構成される大きな分子についても、量子干渉が観測できたという単純な事実だ。バッキーボール（建築家バックミンスター・フラーの設計したジオデシックドームに似ていることからつけられた名称）は、サッカーボールに似た形状に炭素原子が並んだ分子である。このような対象についても、非常に高い精度で量子干渉が観測されている。すでに見たとおり、量子干渉を観測すれば量子の重ね合わせを立証することができるので、量子もつれ状態への大事な第一歩となる。今はまだ、そのように複雑な二つの分子の量子もつれ状態を作る方法はわかっていない。さらに手ごわい難題として、一般化したベル状態測定においては、そのような二つの分子を量子もつれ状態にすることが必要となるが、その方法もわかっていない。しかし、いつか実験でこれが実現できると考えてはいけない理由はなく、現時点で多くの人が予想しているよりも早く実現する可能性だってある。

実験における目新しい挑戦としては、生物系の量子現象を示すという難題がある。たとえばシュレーディンガーは、生きた猫と死んだ猫の重なり合った状態を生み出す「ゲダンケンエクスペリメント」（思考実験）を考案した。これが最もよい意味のＳＦ（サイエンス・フィクション）、すなわち新しい科学のフィクションだと信じるべきもっともな理由はたくさんある。しかしその一方で、生物系の量子重ね合わせ状態を観察することがいつか可能になると考えてはいけない理論上の理由はない。たとえば、アメーバや微小な細菌の量子二重スリット実験が観察できない根本的な理由はない。確かに、まずは実験に伴う数々の困難を克服しなくてはならないだろう。たとえばそれらの微小な生物を、実験の敵対的な環境から保護する方法を考える必要がある。これらの実験はいずれも真空中で行なわなくてはならない。もっと一般的に言えば、量子干渉を示す系を一般的な環境と交わらせてはいけない。というのは、交わればその量子状態が壊れてしまうからだ。生物は、真空中で生きるとか完全に孤立した状態になるといったことを好まない。生物には栄養が必要だし、空気から酸素を取り込むことも必要だし、生存できる温度にも制約がある。しかし私たちがほんの少しのあいだ、このSFのゲームをプレイすれば、ナノテクノロジーを利用して、微小な細菌やアメーバを環境から完全に守ってやれる小さな住みかを作る場面が容易に想像できる。そうなれば、この生物は真空の装置の中を飛行するといった困難に遭遇しても、生き延びることができるだろう。繰り返すが、これはあくまでもSFだ。それでも、いつの日にか私たちが成功を収めると考えてはいけない理由はない。

移動の手段としてのテレポーテーション?

SF作家がテレポーテーションを発明したのは、指を一回鳴らすだけで人をある場所から別の場所へ移動させることを可能にするためだった。明らかに、この発明は宇宙の遠大な距離をカバーするのに、きわめて都合がよかった。実利的な観点から、SF映画でテレポーテーションを利用すれば費用を削減できるという点がさらに重要だった。編集室でテレポーテーションをすれば、手間も費用も大してかからない。映画会社は、未知の惑星に着陸する宇宙船をシミュレートし、それを表現するのに必要な特殊効果を施すための費用を節約できる。これによって、映画の製作費が大幅に削減できる。

テレポーテーションは観客の心を引きつける。だから、テレポーテーション自体が大いなる成功だった。しかし、「現実」はどうだろうか。本書で見てきた実験は、人間をテレポートできる可能性へと私たちを近づけただろうか。

答えは断固たる「ノー」だ。

これについて考えるために、人間のテレポーテーションに必要なものを簡単なリストにまとめてみよう。ご覧のとおり、これは不可能な事柄のリストになっている。

1. テレポートされる人間を量子状態にしなくてはならない。量子状態は、テレポートされる系が環境から完全に分離していなければ達成できない。環境との相互作用が生じればたいてい、人間の体という系の量子状態が壊れ、テレポーテーションが妨げられる。ここで大事なのは、生きている人間のそのような量子状態には複数の状態の重ね合わせが伴うが、そもそもそれがどういうことなのかさえ定かでないという点だ。シュレーディンガーは、「死んでいる」状態と「生きている」状態が重なり合った猫を使ってこれを説明している。明らかに、そのような状態の意味は誰にもわからないし、そんな状態がどうしたら生み出せるのか、あるいは実験でそれをどうやって観測するのかもわからない。さらに、問題がもう一つある。テレポートされる人間には心や意識があり、もしかしたら魂もあるかもしれない。テレポートされる人間は、心を使って自分の環境を観察するだろう。この観察だけでも、量子力学的重ね合わせを破壊するのに十分かもしれない。というのは、テレポートされる人間が観察によって、自分が置かれているさまざまな重なり合った状態に関する情報を得ることができてしまうからだ。したがって、このような観察が起きれば、テレポーテーションは不可能となる。

2．それでも、前項で指摘した問題がすべてクリアできるとしよう。それに伴って、人間を量子状態に置くことも可能になったとしよう。量子テレポーテーションのプロトコルに従えば、ここで次の難題が生じる。量子もつれ状態となった人間の双子のペアを一つ作らなくてはならないのだ。思い出してほしいのだが、量子もつれが意味するのは、ペアを構成する二つの要素が一卵性双生児のように瓜二つだということだけではない。量子もつれ状態にある二つの系のどちらも観測前には固有の特性をいっさいもたないことを意味するのだ。観測前、量子もつれ状態の双子たちは、髪の色も眼の色も、ほかのいかなる特性も、固有のものとしてもっていない。これ以外にも、それ自体のいかなる特性も不確定でなくてはならない。しかし、私たちがペアの一人を観測してその人の髪の色や眼の色などが決まれば、二人がどんなに遠く離れていても、量子的双子の相方も瞬時に同じ特性をもつという意味で、量子もつれ状態にある二人の人間は完全に相関していなくてはならない。この条件は、テレポートされる人間のあらゆる特徴について成り立つ必要がある。これは奇妙な話のように聞こえるが、それだけでなく、そのような量子もつれ状態を実現する方法に関する実験のプロトコルを作成するにあたり、理解することさえできない。言うまでもないが、このように人間を量子もつれ状態にするとなれば、さまざまな倫理上の問題も生じるはずだ。二人の人間を互いに量子もつれ状態にして、明確な特性をいっさいもたせないことを望む人がいるだろうか。また、独立した人間として、観測をするかしないか決定する未来の実験家の手に自分の存在をゆだねることを望む人がいるだろうか。さらに、量子もつれ状態にある人間が観測された瞬間にどんな特性をもつかが完全にランダムに決まるという不可避の確実性を、進んで受け入れる人がいるだろうか。間違いなく、私たちが論じていることは、まともな精神の持ち主にとってはとてつもないナンセンスでしかない。

3．それでも、量子もつれ状態にある人間を作れるようになったとしよう。実験における最大の難関は、まだこれからだ。いよいよテレポートされる人とそのペアの相手を量子もつれ状態にしなくてはならない。これは光子のテレポーテーション実験のところで触れた、ベル状態測定の概念を一般化したものだ。これがどうなるか、誰にもまったくわからない。数学的に言えば、原理としてこのような状態がどんなふうに見えるかを書き記すことは可能だが、それは単に数学のゲームをプレイしているだけだ。これまでのところ、これらの疑問は想像の域をはるかに超えているので、前の第1項や第2項でやったように皮肉ることさえできない。

結論として、人間のテレポーテーションが実現するのを待って、様子見をしたり、遠距離旅行を先送りしたりするのは賢明ではないだろう。テレポーテーションによる移動は、あくまでもSFの格好のネタであり続ける。

量子テレポーテーションがいずれ利用される可能性が最も高いのは、これとはまったく別の問題に絡んで先に述べたように、量子コンピューター間の情報伝達だろう。

テネリフェ島上空からの信号

私たちの小さな車は、点在する林を抜ける曲がりくねった道を上っていく。時は五月。色とりどりの花が、私たちを取り巻く森の緑や岩の赤褐色に彩りを添える。カナリア諸島に属するテネリフェ島の空港を出てからまだ三〇分しか経っていないのに、もう標高二〇〇〇メートルほどの地点に達している。不意に風景が一変する。平らに開けた地面に奇怪な姿の岩が見える。目の前にはテイデ山がそびえ立つ。

「スペインで一番高い山です」とソランが説明する。若いスペイン人で私たちの友人のジョゼップが続ける。「スペイン人はみな、高さ三七一八メートルのテイデ山を頂上まで登ると、誇らしい気持ちになるんです」

「ケーブルカーの一番上の駅から山頂までは、すぐなんですけどね」とソランが笑いながら言い、見知らぬ登山者に対して私が抱いた賞賛の念を一気にしぼませる。

ソラン・ソドニクとジョゼップ・ペルディゲスは、欧州宇宙機関（ＥＳＡ）で科学者として働いている。人工衛星との光通信という新たに発展中の領域で、科学技術プログラムを担当している。

私たちは、ラ・カテドラルと呼ばれる変わった岩のオブジェを通り過ぎる。これは何百万年も昔の物語を私たちに伝える。テイデ山がまだ活火山で、海底からテネリフェ島を造り上げたときの話だ。「でも、ケーブルカーで上まで行って、頂上まで登って終わりというわけではありませんよ」とジョゼップが説明する。「山頂へ行くには許可証が要るんです。その許可証は、海辺のサンタクルスにある事務所に行かないともらえません。だから許可証をもらうのは一苦労です」見知らぬ登山者に対する私の賞賛の念は少し高まるが、方向が違っているかもしれない。

ソランは笑顔を見せる。「でも、許可証なしでも大丈夫ですよ。チェックする係員は朝九時の始発のケーブルカーで上に行きます。だから朝早くに出発して、ケーブルカーを使わないで歩いて登るなら、九時前に詰所を通って問題なく頂上に行かれますよ。そこまでやる気があれば、ですけどね」

ケーブルカーの麓《ふもと》の駅から見れば、標高三五五〇メートルの山上の駅から頂上までの距離はとりたててすごいとも思えないが、標高三五〇〇メートルを超える地点で山登りをすれば、疲労困憊《こんぱい》してしまうかもしれない。

私たちの車は、火山性の地形を通るカーブした道を進んでいく。あるカーブを抜けると、完全に未来的な光景が不意に現れる。奇妙な形のきらめく白い建物が六棟ほど、少し離れたところに見える。いくつかは明らかに望遠鏡の格納庫だ。目的地に到着した。この望遠鏡は、カナリア天体物理研究所（ＩＡＣ）に属するテイデ天文台のものだ。

ここにある望遠鏡のほとんどは、太陽のさまざまな面を調べるために特別に建造されている。この望遠鏡群は、建造に協力した多数のヨーロッパの国々が運用している。研究所は、テネリフェ島と同じくカナリア諸島に属するが一五〇キロメートルほど離れたラ・パルマ島にも施設を設けている。ラ

・パルマ島の望遠鏡は、主に夜空を調べるのに使う。テネリフェ島は人口密度が高いので、夜になっても空はかすかに見える天体を観測するのに十分な暗さにはならない。そのため、ここの望遠鏡の多くは太陽の観測用だ。

「アルテミスとの最初の交信は夜九時半の予定なので、それまでに何か食べる時間はまだあります」とジョゼップが言う。「そろそろ何か食べたいんです。昼に小さなサンドイッチを一切れ食べただけなので」

ジョゼップが荒っぽい運転でかなりのスピードを出していて、研究所に近づくにつれてさらに速度を上げていたのは、彼の空腹と関係があったのかと考えざるを得ない。

ＩＡＣの中にある部屋に入る。アルプスなどの山岳地帯によくある山小屋を思わせる部屋だ。頑丈な木の梁が渡され、室内の調度はシンプルだが、居心地のいい空気が満ちている。ふつうの山小屋と違うのは、展望エリアに人工衛星の写真が飾られていることと、窓の外に望遠鏡が見えることだ。私たちは簡素な食事を堪能する。ジョゼップだけでなく全員が大いに満足する。食後、真の目的地へ歩いて向かう。欧州宇宙機関が運用している光地上局（ＯＧＳ）だ。ＯＧＳの責任者を務めるソランは、そこで新しい科学的なアイデアを実現しようと尽力している。

宿泊所から出ると、外は漆黒の闇だ。街灯はなく、私たちがたった今出てきた建物からも光は少しも漏れてこない。望遠鏡の運用を妨げてしまうので、ここでは誰もがいかなる光も出さないように努めている。

しかし何歩か歩くと、私たちの持っている小さな懐中電灯が要らないことに気づく。暗闇に目が慣れると、細い月の放つかすかな光が十分に足元を照らしてくれる。

ほどなくしてＯＧＳ望遠鏡に到着し、今日の観測装置運用責任者のエドゥアルドとマルティンから出迎えを受ける。

ソランは持参した二本のシャンパンを差し出す。「アルテミスとの交信が成功したら、いい酒のボトルを開けるのがうちの伝統なんです」と彼が言う。「交信が可能になるまで、あと一〇分くらいです。管制室に行きましょう」

管制室に着き、アルテミスは欧州宇宙機関が地上のステーションと人工衛星とのあいだや人工衛星どうしでの光通信の方法をテストするために打ち上げたのだと知る。

通常、人工衛星との通信には無線信号を使う。この信号は、人工衛星に指示を送るのに必要であるとともに、人工衛星が機器を使って集めた情報を地上へ送るのにも使う。特に人工衛星が地上へ画像を送るとき、データは非常に大きくなる。その場合、無線信号よりも多くの情報を伝えることのできる通信方法があれば好都合だ。

実際、現在の地上での遠隔通信では、大量のデータはすでに光で送信されている。現代の都市では、いたるところにグラスファイバーケーブルが敷設されて、さまざまなコンピューターを接続している。そのような光通信は、人工衛星が地上へ画像を送る際にも役立つはずだ。そしてこれこそまさに、アルテミスの目的である。光通信でデータを地上へ送る方法を確認し、それを成功させるのに必要な事柄を探ろうとしているのだ。

「九時半きっかりに、アルテミスが光ビーコンのスイッチをオンにします。これは小さなレーザーで、光の強さは懐中電灯と大して変わりません。三万五〇〇〇キロメートル、二万二〇〇〇マイル離れたところから地上に光を送ってきます。アルテミスはこんなに遠くにいるんですよ」とソランが説明する。

「でも、アルテミスは光が地上に届いたか、どうやって知るんですか?」と私が尋ねる。

「まさにそこがポイントなんです」とソランが答える。「アルテミスは私たちのいるおおまかな位置を把握して、私たちがいる可能性のある範囲にレーザー光をジグザグに走らせます。私たちは望遠鏡を使ってアルテミスを観測し、光をとらえたらすぐに、アルテミスにジグザグの動きを止めるよう指示します。これで、ビーコンの光が私たちのところに届いたことがわかります。次に、アルテミスは先ほどよりもはるかに弱い光線に切り替えて、それを使ってデータを送信するんです」

九時三〇分になったが、何も起こらない。だがまもなく、コンピューターの画面上に小さな光の点が現れる。アルテミスのレーザービーコンが私たちのもとへ届いたのだ。コンピューターからアルテミスに探索をやめるようにと指示が送られると、光線は動かなくなる。私たちは急いで管制室を出て、巨大な望遠鏡の格納された丸屋根の建屋に入る。今、望遠鏡は急角度で空を見上げている。

「アルテミスから届く光は私たちにも見えるんですか?」と私は尋ねる。

「無理ですね」とソランが答える。「私たちの目には、その光は見えないんです。赤外線で、私たちの目には見えない色をしているので」彼は私に暗視装置を渡す。見た目は双眼鏡にそっくりだ。デジタルカメラと同じ仕組みで、赤外線を捕捉するとそれを変換し、人間の目に見える像としてスクリーンに表示する。不意に、アルテミスから届いた光の点が現れる。これは人間が作った光で、三万五〇〇〇キロメートル以上離れた場所から私たちのもとへたどり着いたのだ。

それから、私たちはシャンパンのボトルを開けて、人工衛星との交信が成功したことを祝う。これはまさに私たちが今後、量子もつれや量子テレポーテーションの実験をする際に使いたいテクノロジーだ。いつかアルテミスの後継となる量子の人工衛星を打ち上げたいと私たちは考えている。量子もつれ状態の光子を作る発生装置を搭載した、次世代の人工衛星だ。

大きな課題は、光子の量子状態を人工衛星から地上へ、あるいは逆に地上から人工衛星へ、テレポートすることだろう。ここで基本的な考え方は、本書で先に触れた実験と同じようなものだが、実験で実現するのははるかに難しいだろう。というのは、人工衛星に積載する装置にはきわめて高い信頼性が必要で、どんな状況でも故障してはならないからだ。地上の実験室でトラブルが起きた場合には、私たちがそこへ行って対処することができる。しかし、人工衛星ではそれができないのだ。

私たちは夜のあいだ、さらに観測のテストを行ない、すべてで非常に良好な結果を得る。翌日、空港へ向かう私たちはみなとても満足している。将来、人工衛星を使った光子の量子もつれの実験が原理として実現可能だということを、自分の目で確かめることができた。私たちの行く手には、何年にも及ぶ興味深い科学研究が待っている。

車はテイデ山の火山性平原をあとにし、点在する松林を抜けると、この美しい島の沿岸部に広がる現代の世界へ帰還する。

最近の展開と未解決の問題

本書は終わりに近づいているが、量子計算や量子テレポーテーション、あるいはそれらに近いテーマに関する数々の実験が、世界中のたくさんの実験室で今も行なわれている。私が本書の最終行を書いてから読者が本書を手にするまでのあいだにも、新たな展開がいろいろと起きているに違いない。

とりわけ興味深い展開の一つが、宇宙実験に向けた準備だ。この準備の一環として、カナリア諸島のテネリフェ島で欧州宇宙機関が運用する光地上局（ＯＧＳ）の望遠鏡を使った実験が行なわれている。これまでに行なわれた実験や今も進行中の実験では、一つのステーションがラ・パルマ島に設けられ、もう一つのステーションがテネリフェ島に設けられている。二つのステーションのあいだは、一四五キロメートル離れている。ラ・パルマ島には小さなステーションと、量子もつれ状態の光子を生成するプラットフォームがある。二つの光子の一方をそのままラ・パルマで観測し、もう一つをテネリフェへ送る。これほどの長距離を隔てて、こういう単独の光子を捕捉するのは難しい。こうした実験の一つには、ミュンヘン大学、ブリストル大学、パドヴァ大学、そしてウィーンに拠点を置く私のグループのチームが参加していて、国際的な共同研究の好例となっている。

このような長距離で光子を捕捉するのが難しい一因は、大気が安定でないことだ。夜空の星を見上げたときや、海で遠くの船などを眺めたときに、それがわかる。光がまたたき、少し揺らいでいるように見える。光子の実験の場合、ラ・パルマを出発した光子が必ずしもテネリフェの受信ステーションにたどり着くとは限らない。私たちの実験が成功した理由の一つは、能動的な補正機構を取り入れたことだ。アルテミスに搭載されているのとよく似たビーコンレーザーをＯＧＳに追加し、これがラ・パルマまで光を飛ばす。さらに、逆方向にも一つ設置している。ラ・パルマの送信ステーションとテネリフェの受信望遠鏡は、信号が最大となるように常時、方向を調節されている。今までのところ、この距離を経たあとでも光子が良好な量子もつれ状態を保っていることを示し、実際の量子暗号実験を実行することができている。

同様の実験で、イタリア南部のバーリ近郊のマテーラに設置された同じような望遠鏡を使っている。これはパドヴァ大学のグループとの共同実験だ。この実験では、微弱なレーザーパルスを日本の人工衛星「あじさい」に送る。この人工衛星には多数のキャットアイミラーが搭載されていて、光を反射して地上へ送り返す。実験の目標は、地上に戻ってきた個々の光子を検出することだ。最終的に、私たちは送り出すレーザー光を非常に弱くして、上空に光のパルスを一回送るたびに光子が一つだけ地上に戻ってくるようにした。タイミングを正確にすることで、私たちはそのような個々の光子を検出することができた。光子が地上に戻ってくる瞬間を人工衛星の位置から正確に知ることによって、そのような検出が可能となったのだ。これらの実験の最終的な目標は、人工衛星を使った量子通信の準備を進めることだ。人工衛星か国際宇宙ステーションに特別設計の発生装置を設置し、光子を一つか二つ地上へ送って、長距離をまたぐ量子テレポーテーションや量子暗号を確立することを目指している。なぜなら、これらの光子であれば互いから遠く離れた場所へ送ることができるからだ。

ところで、量子コンピューターの開発に関して、非常に重大な疑問がある。この分野では、世界中でたくさんのグループが活動している。一部のグループは、情報の担体として単独の原子やイオンを使っている。一方で、従来のコンピューターで採用されている標準的な半導体シリコン技術を使い、個々の量子ビットを暗号化して処理できるように手を加えているグループもある。単独の原子をシリコンなどの半導体に一つずつ埋め込み、互いに対話させることで量子プロセッサーにするというアイデアがある。また、小型の超伝導素子を扱っているグループもあり、ほかにもさまざまなアプローチが試みられている。現時点では、量子コンピューター技術のさらなる展開を予見するのはまったく不可能で、どのテクノロジーが最終的に産業利用されるかもまったく予想できない。今後の開発において重要な点として、物理的実現によって開発や実証がなされた概念の多くは別の物理的アプローチに簡単に移転できることが挙げられる。たとえば原子から光子へ、あるいは光子からイオンへといった具合だ。なぜなら、重ね合わせや量子もつれなど、根底にある基本概念は共通しているからだ。そこで、将来の量子コンピューター技術は、これらのアイデアを混ぜ合わせたものとなるかもしれない。さらには、私たちがまだ最良のやり方を発見していない可能性もある。科学の世界において、新しいアイデアは今もなお絶えることなく現れ続けている。

そうした興味深い新たなアイデアの一つが、本書でもすでに軽く触れた、一方向量子コンピューターだ。特におもしろいのは、これがほかの量子コンピューターやそれ以外のあらゆるコンピューターとはまったく違う原理で動くことだ。標準的な量子コンピューターでは、入力量子ビットを量子コンピューターに入力する。すると、アルゴリズムがこの量子ビットの量子進化として実行される。

一方向量子コンピューターは、根本的に別の仕組みで作動する。まず、多数の量子ビットがかかわる複雑な量子もつれ状態からスタートする。この状態はきわめて豊穣である。その豊穣さのおかげで、基本的に私たちがコンピューターに解いてもらいたいと思うあらゆる問題の答えをもっている。量子ビットが十分にあれば、どんな計算もできる。そして、その計算方法は非常におもしろい。ここで計算を実行する手順、すなわちアルゴリズムは、じつはこの量子状態の観測結果を連ねたものだ。まず、ある特定の量子ビットを特定の方法で観測せよという指示から始まる。観測によって、この量子ビットの状態が確定する。思い出してほしいのだが、量子もつれ状態にあるということは、関与している量子ビットがそれ自体の状態をもたないことを意味する。しかし観測すると、ランダムになんらかの特性を帯びる。量子ビットを一つ観測すれば、ほかの量子ビットとの量子もつれ状態が壊れる。また、これと量子もつれ状態にあるほかのすべての量子ビットも、観測によって状態が変化する。つまり、一つの量子ビットを観測することによって、ほかの量子ビットを別の量子もつれ状態にすることができるのだ。ここでアルゴリズムが、次にどの量子ビットを観測するべきか、そしてその次は……と教えてくれる。観測がすべて終わり、それぞれで適切な結果が得られたら、最終的に計算結果をもつ、いくつかの量子ビットが残される。

大きな問題として、量子ビットを観測するたびにランダムな答えが出る。ほかの量子ビットが望みどおりの状態となって計算を進められるのは、二回に一回だけだ。そうならなかった場合には、その状態を破棄してやり直さなくてはならない。これはあまり効率のいいやり方ではない。しかし幸いにも、ラウセンドルフとブリーゲルが発見したように、未来の観測を初回に得た結果に依存させることによって誤りを正すことができる。こうすれば、そのような量子コンピューターを決定論的なものにすることができる。二〇〇七年、私たちのグループは実際に、量子もつれ状態にある光子を使ってそのような実験を行なった。実験では、光子を一つ検出して、ほかの光子の観測結果が十分な速さで変わるように検出結果を処理するために、超高速の電子機器が必要だった。当初には意図していなかった成果として、この方法で既存のいかなる量子コンピューターの概念よりも高速な量子コンピューターを実現できることがわかった。

その概念という点で、一方向量子コンピューターはじつにおもしろい。ある意味で、アルゼンチン出身の作家ホルへ・ルイス・ボルヘスの短篇「バベルの図書館」に登場する架空の図書館を量子の世界で実現したようなものだ。この図書館は、これまでに書かれたすべての本と、これから書かれるすべての本を所蔵している。どうしたらそんなことが可能だろうか。答えは単純だ。この図書館には、起こり得る文字の組み合わせの記された本がすべて所蔵されている。たとえば読者が今手にしている本書も所蔵されているし、印刷ミスが一カ所ずつ、起こり得るすべての箇所に起きている版や、同様に印刷ミスが二カ所で起きている版など、存在し得るあらゆる版が所蔵されている。結局のところ、こんな図書館はほぼ何の役にも立たないと想像できる。正しい本を見つけるのは、信じがたいほど厄介で基本的に無益な作業となる。目指す本を見つけるには、その中身を隅から隅まで知り尽くしている必要がある。

ある意味で、一方向量子コンピューターの始動時の量子状態は、この図書館と似ている。この一量子状態は、あらゆる計算から生じ得るあらゆる結果を保持している。書かれ得るすべての本を所蔵しているのと同じことだ。このことから、量子物理学がいかに豊穣なものであるかがわかる。ここでは正しい本を探すのではなく、その状態を連続的に観測することによって、残りの量子ビットを望みどおりの結果に至らせる。これは計算の仕組みについてのまったく新しい考え方だ。計算とは何を意味するのかという私たちの考えも、根本から変わるかもしれない。

また、明らかに興味深いアイデアとして、未来の量子インターネットがある。量子テレポーテーションを使って情報を交換する、全世界に広がる量子コンピューターのネットワークだ。この量子インターネットなら、量子暗号を利用して簡単に傍受を防ぐことができる。

このような量子コンピューターがいつか従来のコンピューターをすべて駆逐するのかという問いには、まだ答えが出ていない。しかし楽観視すべき理由がある。また、それが永遠に不可能だと考えるべき根本的な理由はない。

すでに激しい議論を巻き起こしている問題は、量子の概念が頭の中のコンピューター、すなわち脳で、なんらかの重大な役割を果たし得るのかという点だ。あらゆる生命現象において量子物理学が果たす役割については、広く見解が一致している。生体内で生じる化学反応は、要するに量子のプロセスだと考えられているのだ。しかしそれ以外では、私たちの脳がたとえば量子ビットや量子もつれなどを使うことを示す徴候は何もない。全体としては、そんなことはいかなる形でもあり得ないという意見が大勢を占めている。脳内の状態は、量子現象を観測するのに必要なものとは大きく異なるからだ。前に述べたとおり、量子もつれや重ね合わせを観測するには、系が環境からしっかりと切り離されている必要がある。なぜなら、環境からのたいていの刺激が量子状態を壊してしまうからだ。たとえば、二重スリット実験でこれが起きた。粒子が二つのスリットのうちどちらを通ったかを知ろうと粒子を刺激するたびに、量子干渉が破壊される。この現象は「デコヒーレンス」と呼ばれる。量子もつれにも、同様の問題が存在する。二つの粒子の一方を刺激すると、量子もつれ状態は簡単に壊れる。一方、私たちの脳内の環境はこれとはまったく違う。脳内の神経細胞はいわば「熱いスープ」に浸っていて、環境からまったく切り離されていないのだ。

しかし基本的な観点から言うと、量子物理学が脳内でなんらかの役割を果たす可能性を原理的には否定できない。この問題がまだ決着していない理由についての一つの手がかりは、量子計算自体の発展から得られる。多くの人にとっては非常に思いがけないことなのだが、量子コンピューターにおいても、そのような刺激に逆らって二つのメカニズムが実行できるということが発見されている。そのメカニズムの一つは、デコヒーレンスに対して頑強となるように情報を保存できることだ。これをするには、外部と強く結びつかない単独の量子系の特性か自由度として情報を保存する。これは、デコヒーレンスの生じない小区画を作るアプローチだ。もう一つは、冗長とも言える形でたくさんの量子ビットに情報を保存するというやり方だ。これらの量子ビットの量子的比較によって、個々の量子ビットが外部からの刺激によって変化したのかどうかを調べ、それを修正することができる。これは量子のエラー修正というアプローチである。そんなわけで、これらのメカニズムが脳内でもなんらかの役割を果たすというのは直感的に理解できなくはないが、現時点では脳内のどこでどんなふうにそうしたメカニズムが機能し得るかはまだ明らかになっていない。つまり今のところ、これらはすべて仮説にすぎない。しかしその一方で、ランダム性や量子もつれ、重ね合わせが脳内でなんらかの役割を果たすのかどうかを明らかにしようとする研究は、手ごわいものとなるだろう。一部の人は、こうした問いによって、意識とは何かとか人間の心とは何かといった謎の解明に近づくかもしれないと考えている。しかし、実際にそうなるかはわからない。「意識とは何か」とか「人間の心とは何か」、「意識をもつ機械は出現するのか」、「系や機械や生き物に意識があるかどうか、どうしたらわかるのか」といった問いに、現時点では明確に答えることができない。これらは間違いなく、これから徹底的に研究していくべきテーマである。

つまりどういうことなのか？

　以上の問いよりも重要なのはおそらく、量子物理学がもたらす概念的および哲学的な帰結だろう。本書において、私たちの世界のとらえ方のなかには、実際には成り立たないものもあることを見てきた。世界が私たちとは無関係に、私たちのする観測とは無関係に、固有の特性を保って存在するという考え方が安泰でないことも知った。私たちは、ただの受動的な観測者ではない。このことを、オーストリア出身の物理学者ヴォルフガング・パウリは、世界から切り離された観測者という見方はもはや成り立たない、と言い表した。世界から切り離された観測者とは、劇場の舞台で演じられる劇を見ている観客のようなものだ。この人物が舞台を見ていようが、あるいは足元の床を見下ろしていようが、舞台で起きることは何も変わらない。

　本書で見てきたとおり、観測者は観測装置や観測対象の選択によって大きな影響をもたらす。大事なのは、単に観測装置が観測される系に影響や変化をもたらすだけではない、ということだ。観測装置が影響するという考えは、受け入れられる部分もある。しかし、装置の選択がじつは量子系の特性を決定し、それが実験結果として現れるということを私たちは学んだ。たとえば、二重スリット実験で観測者の選択した装置が、粒子の経路を特定できるものか、それとも干渉パターンがわかるものかによって、経路と干渉パターンのどちらが実在の要素となるかが決まる。しかし注意しなくてはいけない点がある。観測者の心が量子状態に影響するのだと主張する人もいるが、そのように主張することは危険である。また、そのような考え方は量子観測の物理学で裏づけられていない。

私たちは、ある特定の哲学的見地が実験によってきっぱりと否定されていることも学んだ。局所実在論という概念のことである。局所実在論とは、私たちが観測するものはすべて、観測される系のもつ実在の物理的特性、すなわち観測される前から独立して存在している特性によって、なんらかの形で定義されているとする立場だ。さらに局所実在論では、離れた場所で瞬時に働く作用は存在しないと考える。この考え方によれば、私たちが観測するものは、遠く離れた別の場所で同時に誰かがどんな決定を下すか、その誰かが私たちの粒子と量子もつれ状態にある遠くの粒子に対してどんな観測をするると決めるか、あるいはそのような観測をいっさいしないと決めるかに、なんら影響されない。

量子の世界はこれまでにない性質のランダム性に支配されているということも学んだ。個々の観測結果は完全にランダムで、隠れた要因は存在しない。私たちがそのような要因について知らないのではなく、そのようなものは存在しないと信じるべき正当な理由があるのだ。この点はおそらく量子物理学から生じる最も興味深い帰結だろう。想像してみてほしい。何世紀にも及ぶ科学研究、何世紀にも及ぶ原因の探索、物事が一定の形で起きる理由を説明する試みが、私たちを最後の砦へと導く。不意に、私たちにはもはや詳細に説明できない何かが、具体的に言えば個々の量子現象が現れる。私たちは統計的予想しかできない。今この瞬間に存在するこの世界が、数年後、数分後、あるいは数秒後の世界を厳然と決定するわけではない。世界は未確定だ。私たちにできるのは、個々の現象が起きる確率を出すことだけだ。これは単に私たちが無知だからではない。多くの人は、このようなランダム性はミクロの世界に限られていると信じているが、じつはそうではない。観測結果自体がマクロな帰結をもたらすこともあるのだ。

局所実在論は擁護不可能だとわかったが、問題は、間違っているのは局所性か実在論かという点だ。つまり、私たちは局所性を否定すべきなのか、それとも実在論という概念を否定すべきなのだろうか。アインシュタインの言う「不気味な遠隔作用」を許すべきなのか、そしてそうすれば実在論を守ることができるのか。あるいは、局所性を否定することに同意してもなお、実在論的な世界観を否定すべきなのか。こうした問いは、最近までは未解決だと考えられていた。しかし、イリノイ大学アーバナ・シャンペーン校のトニー・レゲットが、非常に興味深い提案をした。彼が提案したのは、非局所性が許されるモデルだった。光速を超える信号を許容しない限りにおいて、距離を隔てた瞬時の作用は許容可能だとしたのだ。それから彼は、合理的に見て実在論的な理論はすべてじつのところ量子力学とは相いれないということを示した。そしてつい最近の実験で、私のグループはマレク・ジュコフスキと共同で、レゲットのモデルにもとづく予想が誤っていることを証明した。そこで結論として、非局所性を受け入れれば、高い代償を支払って実在論を擁護することになると言える。つまり、私たちが実在的と考える世界は、非常に奇妙な性質をもっているということだ。これらの点についてさらに論じるのは本書の範疇を超えてしまうし、哲学的な帰結は今のところまったく解明されていない。

だから一般論として、次のように結論するしかない。量子物理学的な見地に立つと、従来の一般的な世界観はもはや擁護できないが、新しい世界観がどんなふうに成り立つのかは、まだよくわからない。ただし、明らかな点が一つある。量子力学による予想はあらゆる実験できちんと立証されているので、どれほど控えめに言ったとしても、量子力学が自然の記述として誤っている可能性はきわめて低い。だから、そのような新しい世界観がどんなものなのか、ここで少し想像してみよう。

新しい世界観は、量子実験で明らかに大きな役割を果たすと思われる三つの特性を備えていなくてはならない。最初の二つは自由と関係している。個々の量子現象の客観的ランダム性は、自然のもつ自由であると解釈できるかもしれない。自然は自らの好む答えを自由に、あらかじめ決められた原因などなしに、私たちに与える。個々の観測はごくわずかな例外を除いて、いかなる形でも、また隠れた形でさえも、あらかじめ決まっていない、というのが事実だ。私たちが世界について常に暗黙裡に想定している二つ目の重要な特性は、個々の実験者の自由だ。つまり、私たちは自由意志を想定している。どんな観測をしたいかを自由に決められるということだ。量子もつれ状態にある光子のペアを扱う実験で、アリスとボブは、それぞれの光子に対してどんな観測をするかを決めるスイッチの設定を自由に選べる。この選択が外部から決定されたものではないというのが、私たちの議論における基本的な前提だった。この基本的な前提こそ、科学に携わるうえで不可欠だ。仮にこれが真実でないなら、実験をして自然に問いかけたところでまったく意味がない、と私は言いたい。なぜならその場合、自然は私たちが何を問うかを決められることになり、私たちが間違った自然観にたどり着くように私たちの問いを誘導できることになってしまうからだ。ここでも注意喚起をしておく必要がある。量子のランダム性で自由意志が説明できるとよく言われるが、それはまったく別の話だ。

そこで私が言いたいのは、今挙げた自由の二つの要素は、私たちが未来に抱く世界観においてきわめて重要な要素となるに違いないということだ。しかしもう一つ、第三の要素があり、これも少なくとも先の二つに劣らず重要だ。この要素とは、情報の概念だ。量子物理学においては、情報が重要な役割を担っている。そしてその役割は、古典物理学において情報が果たす役割よりもはるかに大きいと思われる。

繰り返しになるが、パウリが指摘したとおり古典物理学では、世界から切り離された観測者を想定する。この考え方において、私たちは状況に関する情報を、世界から、その特性から得る。この情報は二次的なものであり、それを得るプロセスによって観測対象の系の特性が変わるとしても、すでに存在している何かに関するものである。切り離された観測者が得る情報とは、こういうものだ。

量子物理学では、状況がまったく違う。私たちが学んだとおり、たとえば二重スリット実験では、干渉が生じる条件は、粒子のたどった経路について、どちらのスリットを通ったかについて、なんらかの情報が漏れるかどうかである。この情報がどこかにあれば（粒子の通った経路についての情報を得ることが、少なくとも原理的に可能ならば）、干渉パターンは生じない。この情報が原理的にも存在しない場合には、私たちがそれに気づくかどうかにかかわらず、干渉パターンが生じ、それに伴って量子の重ね合わせが生じる。つまり、情報が興味深い二重の役割を果たす。情報を引き出す手段が十分によいものであれば、あるいは技術が十分に高度であれば、私たちは原理的にその情報を得ることができる。しかし、世界について何かを語れる可能性もまた、何が事実であるかを決定する一因となる。

ということは、私たちが原理として世界について言えることは、実在の要素に対して重大な影響をもたらすと思われる。私たちのテレポーテーション実験についても同じことが言える。この実験でも、重要なのは情報の概念だった。テレポートされる量子状態とは、まさに情報にほかならない。

そんなわけで、私たちが世界について言えることは、私たちの世界観を形成するうえで重要な役割を果たすだけではない。実験においてどの特性が現実として現れ得るかという意味で、実在の要素とは何かを定義する際にもはるかに重大な役割を果たすのだ。

ここで非常に重要なことに触れよう。「現実」と「情報」という概念は互いから切り離せないということだ。私たちは現実について知っていること、すなわち情報を使わなければ、現実について語ることすらできない。物理学の歴史において重大な進歩が遂げられたのは、それまで疑う余地なく別物だと信じられてきた概念を切り離すのをやめたときだったという例が目撃されてきた。たとえば相対性理論において「空間」と「時間」という概念を分けるのをやめて、両者を「時空」という一つの概念に統一したのは、重大な進歩だった。「情報」と「現実」という二つの概念も同様だ。しかしこの二つの概念がコインの両面のようなものとされる未来の世界がどんなものになるのかについては、まだ答えはほとんど出ていない。

アインシュタインが量子力学を批判せずにいられなかったのはなぜか、なぜ量子もつれを「不気味」と言ったのか、その理由が今、明らかになる。彼の考える事実にもとづいた実在とは、私たちとは無関係に本質的な特性を備えている。このように現実と情報が切り離されているというとらえ方は、量子物理学では擁護できそうにない。

結論すれば、私たちの世界は古典物理学が認めていた世界よりも自由である。その一方で、私たちは古典物理学的世界にいたときよりも強固に世界と結びついている。

エピローグ

カナリア諸島は心地よい春を迎えている。春はすべてが咲き誇る季節で、空気は無数の花の放つ香りで満たされる。アリスとボブは数年ぶりに会って、クォンティンガー教授のもとで取り組んだ、あのすばらしいプロジェクトの思い出話に花を咲かせている。あのあとテネリフェ島とラ・パルマ島で行なわれたいくつかの実験についても、二人の耳にも届いている。二人はまずテネリフェにある火山のテイデ山に登り、光地上局（ＯＧＳ）を訪れた。そこの望遠鏡は、一四五キロメートル離れたラ・パルマとのあいだで量子通信を試みた、初期の実験で使われたものだ。長年にわたる計画を経て、ここは宇宙量子通信の実験場としてまさに理想的な場所となった。

山の上で、二人はクォンティンガー教授と再会している。教授は二人にその後の進展を説明する。あれ以来、アリスもボブも量子実験には携わっていないからだ。

「君たちも知ってのとおり、二〇〇〇年代の初めから私は世界規模で量子通信を実現することに特化した人工衛星の打ち上げを目指していた。この計画には、人工衛星を経由して地上の二地点間でやりとりする量子暗号や、量子テレポーテーションも含まれていた」

「おもしろそうですね！」とアリスが声を上げる。「もう、その衛星は打ち上げられたんですよね？」

「そんなに単純な話ではないんだ」とクォンティンガー教授が応じる。「ヨーロッパで本格的な量子衛星プロジェクトをやるのに、十分な研究者やチームをちゃんと確保できなくてね。あるとき不意に、元教え子のジエンウェイ・パン（潘建偉）が中国から電話をくれた。人工衛星の打ち上げが決まったから、私も加わらないかと言ってきたんだ」

「セキュリティーの問題はなかったんですか、そういう共同研究だと」とボブが尋ねる。

クォンティンガー教授が答える。「まったくなかったよ。われわれの共同研究の成果はすべて公表するって、熟慮して決めたんだ」

それから、教授は事の次第を語り始める。

中国の研究グループは「墨子号」という量子衛星を開発した。墨子（紀元前四七〇～三九一年）というのは、古代ギリシャの高名な哲学者ソクラテスとほぼ同時代に生きた中国の思想家である。墨子は光が直進することを初めて証明したが、この成果は光通信に大きく関係する。

オーストリアのグループは、ヨーロッパの地上局の運用を担当した。この地上局は墨子号から信号を受信し、中国側のメンバーは中国の地上局を運用した。ヨーロッパと中国の地上局で使うハードウエアとソフトウェアの開発は、それぞれ別個に行なった。ヨーロッパの地上局はオーストリアのグラーツ近郊にあり、人工衛星の追跡、特にスペースデブリの追跡を目的として開発された望遠鏡を備えていた。ヨーロッパが運用する地上局としてはもう一つ、テネリフェの光地上局があった。

二〇一六年八月一六日、中国北西部のゴビ砂漠に建設された酒泉《しゅせん》衛星発射センターから墨子号が打ち上げられた。

「私はそこに招待された」とクォンティンガー教授は言う。「打ち上げは真夜中で、私は建物の外にいて、ロケットまではほんの数百メートルだった。それから中国語だとはっきりわかるカウントダウンがいたるところで聞こえて、ロケットエンジンの点火音がものすごく印象的だった。衛星から尾を引く煙を目で追いながら、搭載されている機材の一部は自分たちが以前にやった仕事をもとにしていると思うと、うれしくてね。まもなく衛星が無事に最初の軌道に到達し、地上局との交信を始めたことがわかった」

「僕たちもそこに行きたかったです。とてもすごそうですから」とボブが言う。

アリスが冗談めかして言う。「私たちで衛星プログラムを立ち上げて、確かめてみる?」

墨子号と地上局との交信は、前に書いたアルテミスと光地上局との交信と同じ方法で行なわれる。墨子号が緑色のレーザー光を地上へ発射して自分の位置を伝えると、地上局は墨子号に見つけてもらえるように赤色のレーザー光を上空に送り出す。

緑色のレーザーによる位置特定は非常に精密だ。たとえば地上局に光が当たっているときには、緑色の点が空を横切ってとても美しく動いているのが見える。しかしわずか二〇メートル離れただけで、その点は消える。

まず、中国チームが中国の地上局を使ってすべての実験を行ない、量子暗号を確立した。

最初の大陸間量子通信では、グラーツ近郊の地上局と、そこから七六〇〇キロメートル離れた中国の興隆《こうりゅう》県に設けた地上局を使った。こうして暗号鍵を確立し、それを使って二〇一七年九月二九日、オーストリア科学アカデミーと中国科学院のあいだで大陸間量子機密ビデオ会議を開いた。

ジエンウェイ・パンのグループは、地上局から墨子号への量子テレポーテーションも確立した。量子もつれ状態にある光子を、中国国内でおよそ一五〇〇キロメートル離れた二つの地上局に配置した。この実験で、ベルの不等式の破れが観察できた。

「その実験には、抜け穴はなかったんですか?」とアリスが尋ねる。「私たちが前に実験したとき、教わりましたよね」

「うん、なかった」とクォンティンガー教授が答える。「この先駆的な実験では、そんなことはあり得なかった。なにしろ距離の世界記録を達成した実験だからね。でも、それだけではない。この数年間で、抜け穴がどんどんしっかりとふさがれるようになったんだ」

「抜け穴はもう全部ふさがったんですか?」とボブが尋ねる。「僕の記憶では、抜け穴は三つありました。情報伝達の抜け穴と、検出の抜け穴、それと選択の自由の抜け穴でしたよね」

「ちょっと待ってくれ、全部話すから。でも、まずはラ・パルマ島に行こう。最後の実験が行なわれた場所だ」

三人は海辺まで車で移動し、それから水中翼船で沖に出る。アリスとボブはしばらくイルカやクジラの姿に夢中になるが、気が済んだところでクォンティンガー教授のもとへ戻り、最近の進展について説明を聞く。

二〇一〇年ごろの状況を覚えている人もいるだろうか。一九九八年にヴァイスがインスブルックで実験を行なって、情報伝達の抜け穴をふさいだ。その実験では、量子もつれ状態にある二つの光子を互いに三〇〇メートル離れた二つの観測ステーションに送り、各ステーションで超高速量子乱数生成器を使って、互いに独立して観測方法を決めた。こうすれば、観測方法の決定について一方から他方へ伝えることはできない。

公正なサンプリングの抜け穴は、M・A・ロウとデイヴィッド・ワインランドのグループのメンバーたちが、互いに近接する原子を使ってふさいだ。この実験では、量子もつれ状態にある原子がほとんど検出され、選択の自由の抜け穴については前に書いたとおり、カナリア諸島でシャイドルが実験を行なって、巧みに処理した。

そして二〇一五年、四つの実験によって情報伝達の抜け穴と公正なサンプリングの抜け穴が揃ってふさがれた。最初に発表された実験は、ロナルド・ハンソンのグループがオランダのデルフトで行ない、一二〇〇メートル離れた二つのダイヤモンドに含まれる色中心を使った。前に述べた量子もつれ交換を使って、二つの色中心を量子もつれ状態にした。

光子の実験は三つ行なわれた。一つはウィーンでマリッサ・ジュスティーナ、マージン・フェルステーフ、ソーレン・ウェンゲロフスキーらが行ない、一つはコロラド州ボールダーのアメリカ国立標準技術研究所（NIST）でセウ・ナムのグループに所属するリンデン・シャルムと彼の友人らが行ない、一つはミュンヘンでハラルド・ヴァインフルターのグループが行なった。ヴァインフルターの実験では、互いから三九六メートル離れた二つの原子を量子もつれ交換によって量子もつれ状態にした。こうすることで公正なサンプリングの抜け穴をふさぐことができた。量子もつれ状態にある原子の状態は、非常に効率よく検出できるからだ。

ウィーンとボールダーの実験では、量子もつれ状態にある光子を直接的に検出した。公正なサンプリングの抜け穴をふさぐには、光子のおよそ四分の三以上を検出する必要があった。これが実現できたのは、超伝導光子検出器が開発されたおかげだ。これは小さな金属製の装置で、低温では電気抵抗が生じない。光子を一つでも吸収すると、この超伝導性が破綻し、その結果として生じる電気抵抗を容易に記録することができる。どちらの実験でも、遠く離れた場所で観測する偏光の向きを決めるのに高速乱数生成器を使ったので、情報伝達の抜け穴もふさぐことができた。

「ウィーンの実験には、とてもすてきな点がある」と言って、クォンティンガー教授が微笑む。「この実験のために、私たちはウィーン市内で温度を一定に保てる静かな地下室を探していた。そして王宮の地下二階でそれを見つけたんだ。一〇〇年ほど前にはハプスブルク帝国の儀式が行なわれていた場所で、最先端の量子実験が行なわれているのを想像してごらん」

「前にはこれらの抜け穴はそれぞれ別の実験でふさがれたんですよね」とアリスが思い出して言う。「だから自然がじつは意地悪で、それぞれの実験で別の抜け穴を使うせいで、同時にはふさげないという可能性がありましたね」

「そう」とボブが口を開く。「実験で抜け穴が全部ふさがったのなら、話は終わりですね」

「いや、そんなに単純な話ではないんだ。選択の自由の抜け穴は、これらの実験で得られた仮説に依存しているから」とクォンティンガー教授が遮る。「どの実験でも乱数生成器を使っていて、それらは互いに独立だが、もっと早い段階で未知の影響が生じていて、両方の観測に関する選択を決定していた可能性は否定できない」

「でも、それってすごくおかしくありませんか？」とボブが言う。

「だけど確かに原理的には、その可能性は否定できないわ。新しい物理学が必要ね」とアリスが言う。

「両方の観測の選択に影響する事象が、両方の乱数生成器の過去に存在するに違いない」とクォンティンガー教授が言う。「実験では、そういう事象が観測直前の一マイクロ秒未満、つまり一秒の一〇〇万分の一より短い時間に起きた可能性がある」

「でも、どうしたらそれを改善できるんですか？　どうしたらいいんですか？」とアリスが尋ねる。

「その答えは、はるかかなたからこちらへそれぞれ逆方向から光を送ってくる、別の天体を使うことだね」

最初のそのような実験はウィーンで、私たちの暮らす天の川銀河に属する二つの恒星を使って行なわれた。地球からの距離は、六〇〇光年から三六〇〇光年のあいだだ。遠く離れた二つの太陽系とその恒星の発する光の変動を乱数として使い、どの偏光観測を行なうかを決めたのである。つまり、二つの星という光源は、今からおよそ一〇〇〇年前よりも前には両方が何か同じものに影響されたことがあり得ないという仮定のもとで、互いに独立だった。原理として、未知の物理的影響が存在する可能性はまだあり、そうだとしたらそれは驚くべき新たな物理学で、そのような影響をもたらし得る空間と時間に関する私たちの想定をおそらく変えることになるだろう。

ということは、もっとはるかに遠い天体を目指す必要がある。そのために、最大で一二二億一〇〇〇万光年離れてほぼ相対する位置にある二つのクエーサーが選ばれた。宇宙自体が誕生してから、まだ一三八億年ほどしか経っていないことを思い出してほしい。この実験は、技術の粋を集めたものだった。カナリア諸島のラ・パルマに設置された直径約四メートルの望遠鏡を二台使った。一つはイタリアのガリレオ国立望遠鏡（ＴＮＧ）、もう一つはイギリスのウィリアム・ハーシェル望遠鏡（ＷＨＴ）である。

ラ・パルマ島に着くと、三人は船を降り、曲がりくねった山道をタクシーで山頂まで登り、そこでベル状態測定のために準備された装置全体を一望する。ロケ・デ・ロス・ムチャーチョス天文台に到着したのだ。およそ一五台の望遠鏡があり、それぞれが違った目的をもっている。じつは、単独の望遠鏡としては現時点で世界最大のカナリア大天体望遠鏡（ＧＲＡＮＴＥＣＡＮ）もここにある。

近くには、北欧光学望遠鏡も見える。プラットフォームの上に光子生成装置を搭載したコンテナが設置されていて、ここで量子もつれ状態にある二つの光子が生成された。光子は空中に送り出され、一つはＴＮＧに、一つはＷＨＴに送られた。どちらも生成装置から五〇〇メートルほど離れている。望遠鏡の隣で、二つの光子それぞれの偏光を観測した。観測する偏光の向きは、それぞれのクエーサーから放たれる光の変動によって決定した。

じつのところ、クエーサーの光の色は、赤色寄りまたは青色寄りにほんのわずかに変動するだけだ。赤色寄りの場合、ある観測の設定を選択し、青色寄りの場合、別の設定を選択した。

これはごく短時間で行なったので、どんな通信手段を使ったとしても、どの設定が選ばれたかを相手側に伝える時間はなかった。

この実験によって、二つの光子が共通の影響を受けた可能性を排除するためにさかのぼれる時間が、それまでより何十億年も前に引き戻された。「じつにすばらしい。圧倒されます！」とボブが言う。

「宇宙で最も小さなものである量子的粒子と、宇宙で最も大きなもの、つまり宇宙そのものを使う実験なんですね」

クォンティンガー教授は微笑む。「それがこの実験をやりたいと思った理由の一つなんだ」

「でも今では、宇宙が生まれたときのビッグバンまでさかのぼれるんじゃありませんか？」とアリスが想像を巡らせる。

「じつは、最後に残っている挑戦がそれだ」とクォンティンガー教授が答える。教授も興奮している。

「しかし残念ながら、そんなに簡単ではないんだ」

「どうしてですか？　もっと大きな望遠鏡を使えばいいんじゃないんですか？」とボブが言う。

「問題は、生まれたばかりの宇宙は灼熱の火の玉で、急速に膨張していたことだ」とクォンティンガー教授が説明する。「太陽を見るときと同じで、表面から放たれる光しか見えない。中心からの光は見えないということだ。今の私たちに見えるのは、輝きながら膨張する宇宙から届く光だけで、光を使ってその向こうを見ることはできない」

「今、宇宙が輝いているのが見えるっていうことですか？」とアリスが言う。「空を見上げても、何も輝いているようには見えませんけど」

「宇宙が膨張しているせいで熱が冷めて、今の温度は二・七ケルビンになっている。絶対零度より三ケルビンほど高いだけということだ。この放射は宇宙マイクロ波背景放射と呼ばれていて、特別な望遠鏡を使えば地上や人工衛星から検出できる」

「今度の実験では、そのマイクロ波背景放射を使えないんですか？」

「使えるよ」とクォンティンガー教授が答える。「それでビッグバンのおよそ三〇万年後までさかのぼれるはずだ」

「その実験をする計画なんですか?」とアリスが尋ねる。「そのときは教えてください。ぜひ来たいので」

「じつは、既存のマイクロ波望遠鏡で私たちの実験に使えるのはどれか、調べているところなんだ。もともと私たちの実験のために設計されたわけではないからね」

「それでは、もっと昔までさかのぼることもできるんですか?」とボブが尋ねる。

「そのとおり」と言って、クォンティンガー教授が皮肉な笑みを浮かべる。「だけど私たちは今、空想の世界に入りかけているね。ビッグバンからこちらに届く放射は二種類ある。一つはニュートリノというとても小さな中性粒子で、もう一つは重力波だ。しかし今のところ、私たちの実験でこれらをどう利用すればいいかはまったくわからない。それでも頭のいい誰かが不意に何か思いついたら、先へ進めるかもしれない」

もう暗くなった。周囲の望遠鏡を覆うドームが開き始める。アリスとボブと教授はしばらくその場に座ったまま、上空で瞬く無数の星を眺め、空想の世界へさまよい込む。

「もう一つ、君たちに話したい興味深い実験があるんだ」とクォンティンガー教授が沈黙を破る。「寒くなってきたから、天文学者用のカフェテリアに行こう。おもしろい話を聞かせてあげるよ」

カフェテリアに着くと、三人はラウンジに腰を落ち着け、地元産のすばらしい赤ワインをもらう。クォンティンガー教授は先ほどの話を続ける。

「さっき話した宇宙実験で選択の自由の抜け穴をふさぐ場合、いつも物理的な乱数生成器を使っていた。実験室で乱数を生成するか、あるいは遠い宇宙で生じるものを使うかのどちらかでね」

「ほかに使えるものなんてあるんですか？」とアリスが首を傾げる。

「うん」とクォンティンガー教授が思案しながら返事をする。「物理的なプロセスではなく、人間が選択することも可能だね」

「おもしろい問題ですね」とボブが割って入る。「決定を下す人間の脳も、物理学に支配されているんじゃありませんか？」

「その深い問いには、まだ答えが出ていない」とクォンティンガー教授が答える。「すでにジョン・ベル自身が、どの実験をするかという人間による決定は自由でなくてはならないと主張している」

「なるほど！」とアリスが声を上げる。「だって、どの実験をするかあらかじめ決められているのなら、物理学をやる意味なんてありませんよね」

「誰でもそういう実験ならできますね」とボブが微笑む。「二人の人を観測装置の両側に配置して、スイッチを操作させればいいんだから」

「じつはね」とクォンティンガー教授が思い出して言う。「乱数生成器を使わない初期の実験ではそうした。実験者が観測対象を選んだんだ。でも最近、とてもおもしろい実験が行なわれてね。一〇万人くらいの観測者が参加したんだ」

「そんなに大勢の人を、どうしたら実験室に入れられるんですか？」とボブが尋ねる。

「この実験は、バルセロナでモーガン・ミッチェルが教え子のカルロス・アベリヤンと一緒に考えたものなんだ。世界中の人が実験のために開発されたソフトウェアをスマートフォンにダウンロードする。そして0か1を押すだけで、うまくいけば乱数ができるんだ」

「そのベル状態測定はどこでやったんですか？」とアリスが尋ねる。

「すべての大陸の合計一二の施設で、一三の実験を行なった。合わせて一〇万人の観測者がおよそ一〇〇〇万個の乱数を生成して、それをクラウド上のインフラを使って一三の実験に分配した」

「本当に楽しそうですね！」とボブが言い、アリスもうなずく。

さらにアリスが言う。「その実験のことをもっと知りたいです」

「ウェブサイト thebigbelltest.icfo.eu で、まだ全部見られるよ」とクォンティンガー教授が教える。

「すべての大陸から一〇万人が参加して、興味深く重大な結果を出す実験というのは、なかなかないだろうね」

＊＊＊

「世界中の人たちから乱数を集められたのはすばらしい！　大規模ベル状態測定は、世界規模の壮大な一つのプロジェクトで人々を一つにまとめたのだ」
グリフィス大学量子光学情報研究所（ブリスベン）
「二〇一五年にわれわれの最初のベル状態測定（人間の生成した乱数を使わないもの）を行なってい

た三カ月のあいだに、仲間の科学者の一人が結婚した。量子もつれのおかげに違いない！」

NIST（ボールダー）ベル状態測定装置

「ベル状態測定の実用的な用途の一つは、通信の安全保障である」

コンセプシオン大学工学部光エレクトロニクス研究所、コンセプシオン大学光フォトニクス研究所、

セビーリャ大学、リンショーピン大学、ローマ・ラ・サピエンツァ大学

「四〇年以上にわたる実験開発のすえに、ベルの不等式について決定的な実験をようやく行なうことができた」

ルートヴィヒ・マクシミリアン大学ミュンヘン／マックス・プランク研究所（ミュンヘン）実験量子物理学研究所

付録
量子もつれ——量子をめぐる万人の謎

A・クォンティンガー

抄録

量子物理学において、とりわけ興味深い現象の一つが量子もつれである。アルベルト・アインシュタインは、この現象に対する嫌悪を表現するのに「不気味」という言葉を使った。量子もつれとは、二つ（またはそれ以上）の素粒子（または系）が互いに緊密に結びついていて、二つがどれほど遠く離れていても、一方を観測すると他方の量子状態が瞬時に変化するという現象である。この結びつきは、粒子が局所的にもつ特性では説明できない。ジョン・ベルは、こうした局所実在論的な予想が量子力学による予想と相いれないことを示した。本稿の目的は、量子もつれについて一般の人に理解しやすい議論を提示することである。そのために、典型的な実験の状況と、ベルの不等式へ至った議論を示す。本稿の結びでは、考え得る哲学的帰結に関する簡単な議論を提示する。

緒言

量子物理学は、原子やその他のミクロ粒子（光の粒子である光子を含む）のふるまいを記述するために、二〇世紀の最初の四半世紀に生み出された。今日では自然を記述する方法として、きわめて重要で高度に成功したものとなっている。その応用としては、たとえばトランジスター、そしてそれゆえあらゆる現代のコンピューターチップ、さらにはレーザーなど、数々のテクノロジーが挙げられる。量子物理学は、素粒子だけでなく初期宇宙の物理学も対象とする。また、自然の量子力学的記述は、数学的に美しく正確である。その数学的予想はすべて、実験において最高の精度で証明されている。

しかし、量子力学は理論として大きな成功を収めているが、まだ問題が一つある。この問題は、概念的なものである。量子物理学の予想のなかには、われわれのもつ世界観の中心的で重要視されている面に疑問を投げかけるものがある。一般の人のあいだでも、ハイゼンベルクの不確定性原理や「クォンタム・リープ」などの概念はよく知られている。しかし、最も興味深い現象は「量子もつれ」である。「量子もつれ」という名称を作ったのは、オーストリアの物理学者エルヴィン・シュレーディンガーで、彼はこれを量子力学における「本質的」な概念と呼んだ。これを前にして、われわれは世界の仕組みについて慣れ親しんできた見方すべてに別れを告げざるを得ない。ここで、量子もつれについてもっと詳しく見ていきたい。

一九三五年、アルベルト・アインシュタインはボリス・ポドルスキーおよびネイサン・ローゼンと共同で、「物理的実在の量子力学的記述は完全と見なし得るか」という論文[1]を発表した。この論文はＥＰＲ論文と呼ばれ、その著者らは、量子物理学に従えば、二つの系を古典物理学で可能だったよりもはるかに緊密に結びつけることができることを示した。

互いになんらかの相互作用をもったことのある二つの粒子を想像しよう。たとえば、過去に衝突しあったとする。衝突したあと、二つの粒子は別々の方向へ飛び去る。EPR論文は、量子力学では、二つの粒子を隔てる距離にかかわらず、一方を観測すると他方の量子状態に変化が起きると予想されることを示している。一方の粒子を観測することで他方にもたらされる影響は、遅れることなく瞬時に生じる。これはアインシュタイン自身の相対性理論に反するように思われる。彼の理論によれば、光より速く進むものはないはずだからである。アインシュタインはこの影響現象を「不気味な遠隔作用」と呼んだ。そして、そんな不気味な作用が起こらない、新たな物理学を作りたいと望んだ。

EPR論文が発表された直後、エルヴィン・シュレーディンガーもこの現象について考察し[2]、「量子もつれ」という名称を考案した。

EPR論文は長いあいだ、ほとんどの物理学者におおむね無視された。量子力学が自然についてきわめて正確な記述をすることに人々は満足していたし、あらゆる現象にこれを適用するのに忙しかったのだ。しかし一九六四年、状況が一変した。北アイルランドの物理学者ジョン・ベルが、「アインシュタイン＝ポドルスキー＝ローゼンのパラドックスについて」という論文を発表したのだ[3]。ベルはこの論文において、世界の働きについてのかなり「合理的」な仮定から始めると、系が量子もつれ状態になるという現象が理解できないことを示した。彼が用いた仮定は、自明と呼んでいいものだった。

ベルの説は、おそらくコペルニクス以降の科学の発見でとりわけ重大なものの一つだ、とアメリカの物理学者ヘンリー・スタップが述べている。コペルニクスは、地球が宇宙の中心だとする古い世界観を変えた。ベルは、局所実在論的な世界観に死の一撃を加えた。しかし、二人の発見のあいだには、重大な違いがある。コペルニクスは古い世界観を捨て去ると同時に、惑星が太陽を周回するという新たな世界観を示した。それに対して量子物理学の場合、新しい世界観は今もなお形成の途上にある。

一九六四年にベルが論文を発表して以来、数々の実験で、量子もつれ状態にある粒子に関する量子力学的予想が完全に正しいことが証明されている。つまりこれらの実験は、量子力学で予想されるとおり、世界が真に「狂っている」(ダン・グリーンバーガーの言葉)ことを立証するのである。ベルの考察とそれに関連した実験は、基本的に科学的探究心に動かされていたが、初期の実験に携わった誰もが驚くことが起きた。これらの実験は期せずして、新しい情報技術に関するアイデアの土台を築いたのである。量子情報技術においてとりわけ重要な概念は、量子コンピューター、量子暗号、量子通信、そして量子テレポーテーションである。多くの人は、これらが未来の情報テクノロジーの礎石になると考えている。

完全相関とアインシュタイン、ポドルスキー、ローゼン

科学全般において、そして特に物理学において、われわれは自然を定量的に記述したがる。そのプロセスでわれわれはしばしば観測し、それから自分の観測した現象がなぜ起きたのか、その理由を理解しようと試みる。一般的な目標は、数学的言語による完全な理論的記述を見出すことである。物理学において理論が成功したことを示すしるしは、将来の観測について予想ができることである。予想を立てたら、実験で詳細に調べることができる。一般的に理論とは、実験で否定されない限り有効と

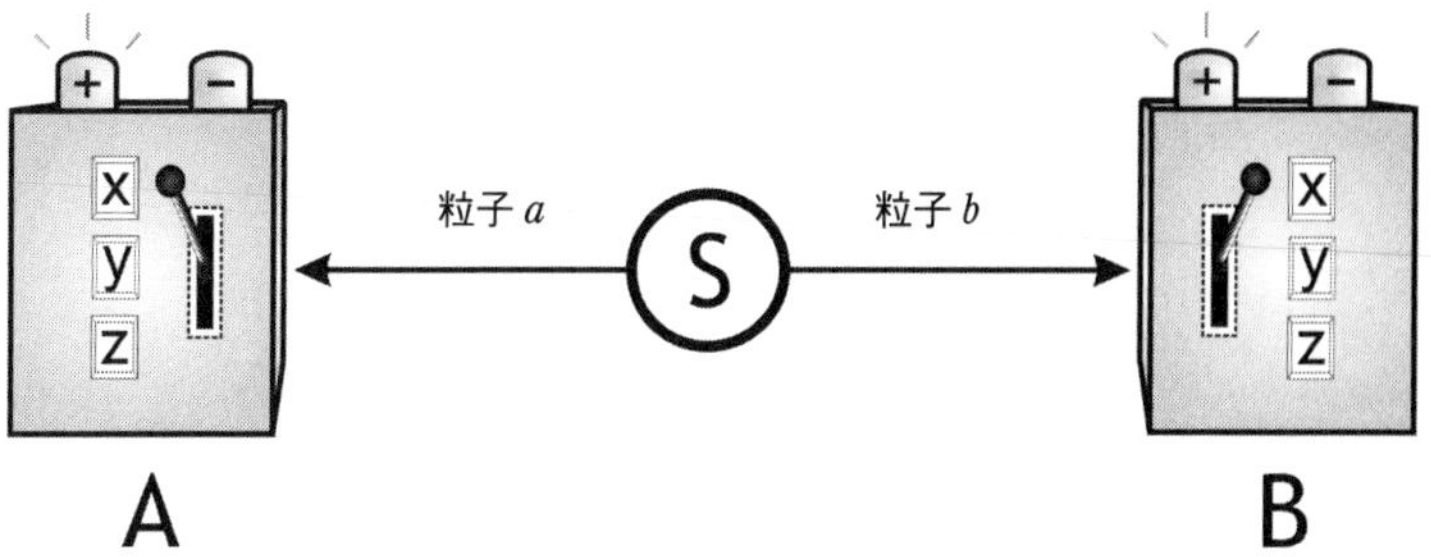

図Ⅰ　量子もつれの実験観測装置。発生装置Sが粒子のペアを放出する。一方の粒子を観測ステーションAが観測し、他方を観測ステーションBが観測する。実験者はそれぞれの観測ステーションのスイッチを使って、各粒子に対して***x***、***y***、***z***のうちどの観測を行なうかを決めることができる。スイッチの各設定で得られる観測結果は、＋か－のいずれかだけである。

見なされる。

粒子のペアを放出する発生装置Sについて考えてみよう[4]［図I］。一方の粒子***a***が観測ステーションAまで飛行し、もう一つの粒子***b***が観測ステーションBまで飛行する。

ステーションAとBには、まったく同一の観測装置が設置されている。それぞれに内部機構が備えられているが、ここで触れる必要はない。それぞれの観測装置を使って、入力粒子に対して三種類の観測ができるということを知っていれば十分である。どの観測を行なうかは、実験者が決める。実験者はそれぞれ自分の観測ステーションを操作する。実験者は三種類の観測のうちどれを実行するか決めることができる。このとき実験者は、装置のスイッチを三つの設定の選択肢、***x***、***y***、***z***のいずれかに合わせる。観測装置のさらに重要な特徴は、どちらの側でも起こり得る観測結果は二つしかないという点である。これらの観測結果を「＋」および「－」と呼ぶ。

さらに、発生装置Sから放出された各粒子が実際にそれぞれの装置に記録されるとする。つまり、スイッチをx、y、zのどれに設定しようとも、粒子aとbの両方が結果として＋または－を出すことになる。発生装置は粒子のペアを次々に放出するが、二つのペアを同時に放出することは絶対にない。

実験で得られる重要な結果は、AとBのどちらの側でx、y、zのどの設定にしても、＋と－の結果は同じ確率で起きるということである。これは、AとBの両方で多数の粒子を観測すれば、全体のおよそ半数で＋、半数で－の結果が出ることを意味する。多数の粒子を記録した場合、＋と－の順番は見たところランダムである。典型的な観測結果は次のとおり。

＋－－＋－＋＋－……

AかBのどちらか一方だけで観測を行なうやり方を「単一粒子観測」と呼ぶ。われわれが実験で得た最初の結論は、そのような単一粒子観測の結果にはいかなる規則性も存在しないというものである。粒子はペアで生成されるので、＋と－のどちらの結果が観測ステーションAに現れて、それとともに観測ステーションBではどちらの結果が現れるのかを調べるのは理にかなっている。つまり、両側で得られる観測結果の相関を調べるのである。Aの観測結果のうちBの観測結果と相関しているのはどれか。これはじつに簡単である。どのペアでも、粒子aとbは同時に生成され、二つの観測ステーションは発生装置から等距離にあるので、同時に得られた観測結果を調べればよい。このように同時に発生する事象を「コインシデンス」（一致）と呼ぶ。このコインシデンスの際に得られる結果は、たとえば観測装置Aでスイッチがxで結果が＋、同時に装置Bではスイッチがyで結果が－、などとなる。

ここで考えなくてはいけないのは、一方の結果が＋と－のどちらのときに他方で＋と－のどちらの結果が出るか、そしてこれがスイッチの設定の選択にどう影響されるか、である。

最初の一歩として、AとBの両方の観測ステーションで同じ設定を選択した場合だけを考えたい。それぞれの側にx、y、zという三つの選択肢がある。したがって、両方が同じ設定になるのは、x-x、y-y、z-zの組み合わせにしたときである。このように両方で同じ設定にして実験すると、その観測結果から、各ペアについて装置AとBの両方で同じ結果が得られることがわかる。つまり、両方の装置で同じ観測をするように設定すれば、＋＋か－－という結果が得られる。＋－や－＋という結果はまったく生じない。x-x、y-y、z-zという三種類の組み合わせのどれでも、同じことが起きる。さらに、スイッチの設定がx、y、zのどれかにかかわらず、＋＋と－－は同じ頻度で生じる。

これらの観測から、きわめて重要な結論が導き出される。一方の側、たとえば装置Bで得られた特定の結果にもとづいて、スイッチの設定が同じなら装置Aの観測で得られた結果を確実に予想することが可能だということである。

アインシュタイン、ポドルスキー、ローゼンは、観測結果を確実に予想することが可能なときにはいつでも、その結果に対応する実在の要素が存在しなくてはならないと提案した。これはEPRの「実在性の基準」と呼ばれる。

原理として、完全相関は、装置AとBとのあいだで未知の情報伝達が行なわれることによって生じる可能性がある。そのような情報伝達は、たとえば装置Aが粒子aを観測するときに装置Bへメッセージを送って、装置Aのスイッチの設定がどうなっていて、どんな観測結果が生じたかを伝えているということを意味するのかもしれない。その場合、スイッチの設定が同じならば、装置Bはただ同じ観測結果を示すだろう。EPR論文ではこの説明を否定するために、情報が光より速く伝わることはあり得ないので、このような情報伝達が間に合わないほど二つの装置を互いから遠隔に置くと想定している。これは、いかなる信号も光より速く進むことはできないとするアインシュタイン自身の相対性理論にもとづくものである。つまりEPR論文は、一方の観測結果が他方で同時に粒子に対して行なわれること、すなわちどの観測を行なうか、あるいはそもそも観測を行なうかどうか、に依存できないようにしている。これは要するにアインシュタイン、ポドルスキー、ローゼンの提案した「局所性の仮定」である。

アインシュタイン、ポドルスキー、ローゼンの考えた実在性の基準と局所性の仮定の両方に従う理論を「局所実在論」と呼ぶ。

前述の完全相関は、局所実在論の考え方にもとづくごく単純なモデルで説明できる。ここでそれを確かめていく。

われわれのモデルでは、各粒子が特定の観測結果を決定するなんらかの特性か命令をもち、生じ得る観測の設定それぞれに対して一つずつ指示が存在すると仮定する。完全相関を説明するには、両側の設定が同じ場合には二つの粒子のもつ指示も同じでなくてはならない。しかし、指示は設定ごとに変わる可能性がある。ＥＰＲの基準においては、このような特性もしくは指示を仮定するのはきわめて理にかなっている。これらの付加的な特性は、たとえばＡの観測結果がわかればたちどころに同じ設定のＢの観測結果を確実に予想できる理由を完全に説明できる。その理由とは単純に、二つの粒子が同じ指示をもっているからである。

各粒子がもつこうした付加的な特性を「隠れた変数」と呼ぶ。こう呼ぶのは、これが直接的には見えにくいからである。われわれのモデルについては、この隠れた変数が各側で観測結果を決定すると仮定すれば十分である。

これまでのところ、われわれのモデルは観測結果を説明するのにシンプルでかなりよくできたモデルだと思われる。とはいえ、どれほどすぐれたモデルも、作製にあたって想定されていなかった状況についても説明できる必要がある。少なくとも、別の状況での観測と矛盾してはならない。われわれの場合、ステーションＡとＢのスイッチが異なる設定となる状況が存在する。この場合、両ステーション間で起こり得る*x*、*y*、*z*のすべての組み合わせを許容しなくてはならない。われわれのモデルでは、両側の観測結果が同じであることは求められない。われわれのモデルは、二つのスイッチの設定が同じ場合にこの性質を予想するだけである。したがって、結果は＋＋か－－だけでなく、＋－や－＋もあり得る。われわれのモデルは完全相関を調べるために考案されたものなので、この後者の二つの可能性が生じる頻度を正確に予想するのに十分でないことは明白である。

とはいえ、ベルはこれらの組み合わせがむやみに高頻度で生じることはあり得ないことを示している。われわれが論じたモデルを使えば、これらの組み合わせが生じる頻度には限界があることがわかる。この限界は、ベルの不等式によって与えられるものである。

物理学者でない人のためのベルの不等式

一般読者にベルの不等式を理解しやすくするために、われわれはその不等式の言語を日常経験の言語に翻訳する。ここでの議論はおおむね、ベルを発展させたユージン・ウィグナーの論文[5]に従う。この論文は、ベルナール・デスパーニア[6]によってさらに発展されている。ここでは粒子のペアではなく、人間の一卵性の双子を扱う。三種類の観測x、y、zとそれぞれの粒子は、双子のもつ三つの特性、たとえば身長、髪の色、眼の色に対応する。双子に対する観測は、目視によるものとする。背が高いか低いか、髪は金髪か黒髪か、眼は青か茶色かを調べる。これら以外の特性をもつ双子、たとえば髪や眼の色が基準に合わない双子は扱わない。つまりわれわれの観測結果はここでも、各観測において二つの値をもつことになる。

われわれの扱う一卵性の双子は、われわれが前に見た粒子のペアと同じように、完全相関を示す。たとえば、双子の一人が高身長、青い眼、黒髪なら、もう一人も高身長、青い眼、黒髪だとわれわれは確信できる。アインシュタイン、ポドルスキー、ローゼンによれば、身長、眼の色、髪の色という三つの特性は、一人を観測すれば瞬時にもう一人について確実に予想できる「実在の要素」である。この相関が起きる理由もわかっている。二人の遺伝子が同じだからである。これらの遺伝子が、われわれが先ほど触れた、局所的な隠れた変数に相当する。

該当する双子のペアをたくさん調べると、生じ得るすべての組み合わせが得られる。われわれの選んだ三つの特性については、八つの組み合わせがあり得る。

・高身長、青い眼、黒髪
・高身長、青い眼、金髪
・高身長、茶色い眼、黒髪
・高身長、茶色い眼、金髪
・低身長、青い眼、黒髪
・低身長、青い眼、金髪
・低身長、茶色い眼、黒髪
・低身長、茶色い眼、金髪

つまり、検討対象とする多数の双子のペアのなかには、高身長、青い眼、金髪のペアもいれば、低身長、茶色い眼、金髪のペアもいるし、ほかの組み合わせのペアもいる。八つの可能な組み合わせのそれぞれが全部で何組かはわからない。しかし、知る必要もない。ごく簡単な陳述を作ればよい。たとえば次のとおりである。

（高身長、青い眼の双子の組数）＝（高身長、青い眼、黒髪の双子の組数）＋（高身長、青い眼、金髪の双子の組数）

この式は完全に自明である。われわれのモデルにおいて、高身長で青い眼の双子の髪は、金髪か黒髪のいずれかしかあり得ない。ほかの可能性はない。この式から、双子のペアに関する不等式を導き出すことができる。

（高身長、青い眼の双子の組数）≧（高身長、黒髪の双子の組数）＋（金髪、青い眼の双子の組数）

≦という記号は、左辺が右辺の和と比べて小さいか等しいことを表す。先の等式からこの不等式へ、どうやって移行したのだろうか。答えはとても簡単である。右辺の第一項で、眼の色の条件をゆるめる。われわれのサンプルにおいて、高身長で青い眼、黒髪のペアは、眼の色の条件なしで高身長、黒髪のペアと比べると、少ないか同数であるのは明らかである。同様に、右辺の第二項では、身長の条件をゆるめる。すると、先ほどと同じ考え方が成り立つ。

次に、なんらかの理由で、それぞれの双子について特性を一つしか観測できないと仮定しよう。この場合、先ほど得た式を書き直すことになる。

（一方が高身長で他方が青い眼の双子の組数）≧（一方が高身長で他方が黒髪の双子の組数）＋（一

方が金髪で他方が青い眼の双子の組数)

これは「双子に関するベルの不等式」である。すでに確かめたとおり、これが正しいことは明白である。

ベルの不等式についてさらに論じる前に、ここまでのまとめをしておこう。

一卵性の双子について三つの特性(身長、髪の色、眼の色)を調べ、これらの特性がそれぞれ二つの値(高身長－低身長、金髪－黒髪、青い眼－茶色い眼)しかもたないように制限した。これ以外の双子やこれ以外の特性については検討しなかった。それから、これらの特性がどんな組み合わせで生じうるかを考え、ベルの不等式にたどり着いた。

先ほど見たベルの不等式は、ずいぶんシンプルだと思われるかもしれないが、じつは現代物理学にとって非常に重要なものである。この式は、量子もつれ状態にある量子状態が、古典物理学で扱われるどんなものとも根本的に異なる理由について、質的な基準を与えてくれる。ベルの不等式が、同一の特徴をもつ対象のペアすべてで成り立つのは明らかである。われわれがこれからすべきことは、ベルの不等式を個々の状況に合うように翻訳することである。また、扱う特性は可能性が二つしかないものに限定する必要がある。そうすれば、日常生活においてベルの不等式は、同じ特徴をもつあらゆる双子の対象について常に成り立つはずである。

では、ベルの不等式を、先ほど論じた粒子のペアの実験に合わせて翻訳してみよう。ここでも観測の設定によって、粒子には x、y、z という三種類の特性があった。また、結果は＋か－の二種類で、

AとBの両側で各粒子について同じ特性を観測する場合、これらは互いに完全に相関する。つまり、この状況は一卵性の双子の状況とよく似ている。われわれがここですべきことは、人間の双子を論じるときに使う言語を粒子モデルの言語へと翻訳することである。そのために次の対応を用いる。

・身長は特性 x に対応：高身長を結果＋、低身長を結果－に翻訳する。
・眼の色は特性 y に対応：青い眼を結果＋、茶色い眼を結果－に翻訳する。
・髪の色は特性 z に対応：黒髪を結果＋、金髪を結果－に翻訳する。

完全相関とEPRの実在性の基準により、粒子のペアにも先ほどの双子のときと同じアプローチが適用できる。一つの粒子について一つの特性を観測すれば、もう一つの粒子を観測した場合に同じ特性が見られると確信できるということである。

この翻訳によって、「粒子ペアに関するベルの不等式」が得られる。

（装置Aにおける x と装置Bにおける y の観測結果＋＋の度数）≧（装置Aにおける x と装置Bにおける z の観測結果＋＋の度数）＋（装置Aにおける y と装置Bにおける z の観測結果＋－の度数）

このように、一卵性の双子に関するベルの不等式を、われわれの実験における双子の粒子に関するベルの不等式へと直接翻訳した。次の問題は、粒子のペアが現実世界でどうふるまうかである。数々のグループがたくさんの実験を行ない、そのほとんどで光の粒子すなわち光子を使っている。では次に、光子を用いた場合について詳しく見ていくことにする。

量子もつれ状態にある光子

偏光に関して量子もつれ状態にある光子について、きちんと考えよう。光の偏光は、日常生活でもおなじみの特性である。偏光とは光が振動する方向を表し、横方向（左右）、縦方向（上下）、またはそれ以外の方向の振動がある。たとえば写真家は、写真から反射やグレアを排除するために偏光フィルターを使う。

単独の光の粒子すなわち光子も偏光をもつ。単独の光子について、それが特定の方向に偏光しているかどうか調べてみよう。光子の場合、可能性は二つしかない。どの方向を選んでも、その方向に対して平行か垂直のいずれかで偏光しており、平行の偏光を縦偏光、垂直の偏光を横偏光と呼ぶ。

ここで、粒子のペアの図を偏光した光子のペアに替えてみる。実験において、二つの光子の偏光が緊密に結びついた、量子もつれ状態にある光子のペアを作るのは比較的簡単で、これはまさにシュレーディンガーが考えたとおりの量子もつれ状態である。量子もつれ状態には、じつはいろいろな種類がある。個々の量子もつれは、使用する生成装置の種類によって決まる。われわれは単純なケース、すなわち二つの光子を同じ方向で観測すると常に同じ偏光が見られるという装置を仮定する。二つの光子はどちらも横偏光か縦偏光かのいずれかとなる。この場合、三種類の観測 x、y、z は、三種類

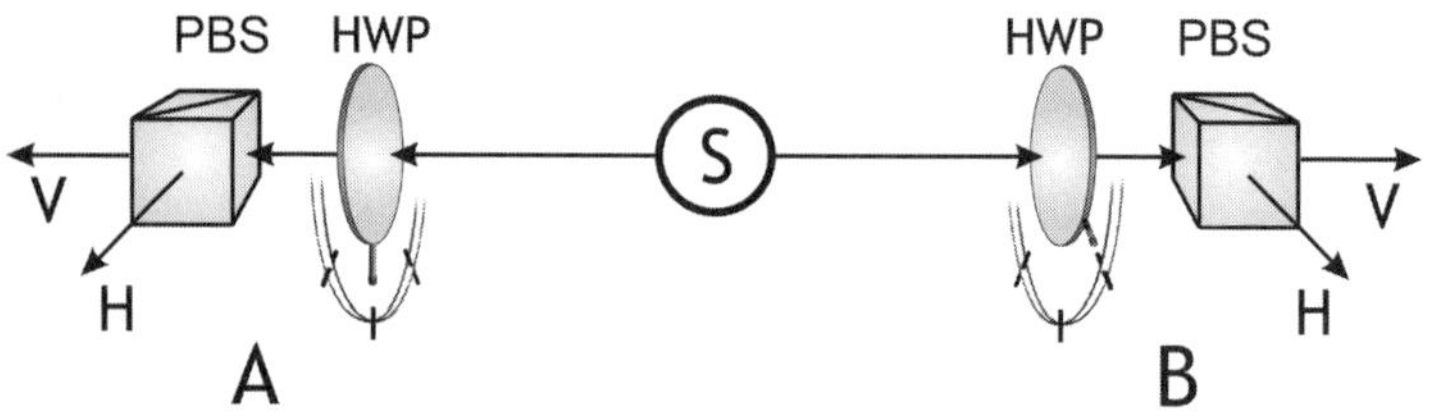

図II　光子のペアにおける偏光に関する量子もつれ状態を観測する実験。発生装置Sが光子のペアを生成する。光子の1つは観測ステーションAに送られ、もう1つは観測ステーションBに送られる。偏光ビームスプリッター（PBS）を使って、それぞれの光子の偏光を観測する。光子が光線Hの中に存在するなら横偏光となっており、光線Vの場合には縦偏光となっている。方向の異なる偏光を観測する場合には、半波長板（HWP）を使う。半波長板は、その向きに応じて、一定の角度で偏光の向きを変えることができる。PBSを固定し、HWPを回転させて偏光を観測するのは、PBSを回転させて観測するのと同じことである。この方法により、どの方向の偏光も観測することができる。

の方向の偏光に対する観測に相当する［図II］。

偏光ビームスプリッター（PBS）と回転する半波長板（HWP）の組み合わせを用いると、任意の方向で偏光を観測することができる。ここでは半波長板の三つの設定についてのみ考える。つまり、三つの方向の偏光について観測を行なうということである。第一の方向の偏光についての観測結果をHとV、第二の方向の観測結果をH'とV'、第三の方向の観測結果をH"とV"と呼ぼう。ここでもやはり、偏光装置の三つの角度に応じた偏光という三つの特性が観測できる。そして選択した角度に対する偏光について、横偏光か縦偏光かという二種類の結果が得られる。

ここで再び二つのケースについて考えることができる。まず、AとBの両側で同じ向きの偏光を観測するケース、すなわち両方の半波長板が同じ角度の場合である。量子もつれが生じているので、両方で同じ結果が得られる。つまり、H-H、V-V、H'-H'、V'-V'、H"-H"、V"-V"という六種類の組み合わせのいずれかとなる。この完全相関は、われわれがベルの不等式を展開した際の出発点であった。

今度は、両側で方向の異なる偏光を選んだ場合について見てみよう。この場合、今まで使ってきたベルの不等式を直接、新しい状況に翻訳することができる。結果H、H'、H"を+、結果V、V'、V"を−に翻訳するだけでよいのだ。半波長板の三つの角度は、スイッチの設定x、y、zに相当する。こうして、「偏光に関して量子もつれ状態にある光子に関するベルの不等式」が得られる。

（光子1が偏光H、光子2が偏光H'を示すペアの数）≦（光子1が偏光H、光子2が偏光H"を示すペアの数）＋（光子1が偏光H'、光子2が偏光V"を示すペアの数）

ここでいよいよ、非常に重要なことが達成できた。直接的に確認できる実験結果の予想を達成したのだ。あとは二つの問題が残されている。一つは、量子物理学におけるすべての予想が、われわれが今見た不等式と合致するのか、という問題である。非常に興味深いことに、答えは紛れもないノーである。偏光装置の向きはいろいろあり、われわれの場合、それは半波長板の向きだが、ここでは不等式が破れている。[7]これらのケースでは、不等式の右辺のほうが左辺よりも小さい。つまり、量子力学と、ベルの不等式を導き出すに至った局所実在論とのあいだには、矛盾が存在するということである。

二つ目の問題は、実験で何が起きるかという点である。自然は量子物理学に合致するのか、それとも局所実在論の示唆する限界に従うのか。じつは、実験で光子は量子力学の予想に従うことが判明している。今までに多数の実験が行なわれていて、初期の実験一つを除くすべての実験で、量子力学による予想と完全に合致しているのだ。

ベルの不等式の導出に用いられた仮定は、局所実在論による仮定である。ということは、結論として、局所実在論の哲学的な立場は擁護不可能である。世界がどのように見えるかをめぐる哲学的な問いは、実験によって答えが与えられている。[8]

つまりどういう意味か

ベルの不等式ほどのシンプルな式が自然界で成り立たないなどということが、なぜあり得るのか。われわれの直面している問題は、ベルの不等式につながった考察が、きわめて単純だったことである。とても単純なので、この問題がおもしろくてじつは重大なものだと知っていたなら、古代ギリシャの哲学者アリストテレスがとっくにベルの不等式を導出していたかもしれないと言いたいくらいである。この不等式を導き出すのに量子力学を使う必要などなかった。しかしアリストテレスは、これがおもしろい問題になり得るとは決して思わなかっただろう。むしろ、この問題がとてもおもしろいと言ったとしたら、それは自然が明らかにこの不等式を破らないようにふるまわなくてはならないからだったに違いない。一卵性の双子を使い、双子のあいだの相関を完璧に説明できた例について、ここでまた考えてみよう。

量子的粒子は、一卵性の双子のようにはふるまわない。同じ特性について観測されれば常に同じ結果を示すとしても、粒子が観測の前から観測とは無関係にその特性をもっていたと言って説明することはできない。

ベルの不等式の破れから、どんな結論が引き出せるだろうか。明らかに、われわれがこの不等式を導き出す際に用いた仮定の少なくとも一つは間違っている。間違っているのはどの仮定だったのだろうか。

基本的な仮定の一つ目は、実在論的なものだった。実在論とは、実験の結果は観測対象とする粒子の性質をなんらかの形で反映するという考え方である。二つ目の基本的な仮定は、局所性の仮定だった。これは、たとえば粒子bを含む観測装置Bの実在の物理的状況が、同時に観測装置Aを使って遠く離れた場所にある粒子aに対して行なわれる観測とは無関係でなくてはならないとする仮定である。

さらに、三つ目の仮定がある。われわれはこれを特に断りなく用い、詳しくは言及しなかった。この仮定とは、実際に観測した特性とは別の特性を観測していたらどんな実験結果が得られたかを考えるのは意味があるとするものである。双子の例で言えば、たとえば青い眼で金髪の双子は、われわれが身長を調べなくても、背が高いか低いかのどちらかのはずだと考えるのは理にかなっている、という考え方である。二つの粒子の観測について言えば、たとえばスイッチの設定をxにして粒子を観測しているときでも、スイッチの設定をzにしたらどんな観測結果が得られたかについて考えるのは意味があるという考え方となる。

次に、局所実在論の破綻から生じ得る概念上の帰結のいくつかについて考えたい。一つの可能性は、実在性の仮定が間違っているということである。これは原理的に、特定の実験で観測される粒子の特性が、観測する前から物理的実在の要素ではないことを意味する。要するに、これは観測者すなわち実験者がどの観測を実行するかという決定に実在性が依存することを意味する。実在論の破綻は、観測結果が観測の前から観測とは無関係に存在していたどんな特性も反映しないことを意味する。

局所性の仮定が正しくないという可能性もある。たとえば局所性の破綻は、われわれの抱く空間と時間のとらえ方に間違った部分があることを意味するかもしれない。量子もつれ状態にある二つ以上の粒子からなる量子系は、系の個々の構成要素が互いにどれほど離れていても、互いから切り離されていない実体であり続ける。

第三の仮定の破綻は、系の特性はそれを実際に観測したときにはじめて論じることができるということを意味するだろう。ごく単純に言えば、「～ならどうか」という問いは禁じられているのだ。これは明らかにわれわれの日常的な経験に反する。われわれは常に、生じ得る別の可能性を考え、それらから生じ得る帰結を踏まえて物事を決定する。たとえば、ラッシュ時に目を閉じて高速道路を渡ったらどうなるかを知りたい場合、それを実際に実験する必要はない。

現在のところ、ベルの不等式の破れが実際にどのような哲学的帰結をもたらすのかについて、科学者のあいだで見解は一致していない。現時点でどんな立場をとるべきかについては、さらに見解はばらついている。大半の物理学者は、局所実在論が擁護不可能であることが実験で示されているという見解で一致している。ベルの不等式の破れが量子力学の非局所性を示すと考える物理学者がほとんどである。アルベルト・アインシュタインは、まさにこの非局所性を「不気味」と称した。一つの粒子を観測するという行為が瞬時にもう一つの粒子に影響するというのは、確かに不気味に思われる。

さらに、世界がわれわれとは無関係にさまざまな特性をもって存在するという見方を、われわれが手放すこともあり得る。これは、われわれがどんな観測を行なうかを決定するだけでも、現実に対して非常に重大な影響を与えることを意味する。

われわれはこのメッセージを受け入れるべきなのかもしれない。そのことを示すヒントは、実際に存在する。それに関連した最も重大な結果は、いわゆるコッヘン＝シュペッカーのパラドックスである。[9] ここで詳しく説明すると収拾がつかなくなってしまうが、結果に軽く触れるだけで十分であろう。コッヘン＝シュペッカーのパラドックスは、かなり簡単に記述することができる。これによれば、個々の量子系においても、それが十分に複雑であれば、実験の全体的なコンテクストとは無関係に、すなわち同じ系に対して同時にどの観測を行なうかとは無関係に、生じ得るすべての実験結果を説明できる実在の要素をその系に与えることは不可能だとされる。コッヘンとシュペッカーは単独の量子的粒子に対する観測だけを考えており、局所性の仮定は扱っていない。

完全を期するため、少なくとも原理としては、ほかにも可能性があることを指摘したい。一つは完全な決定論の想定である。この場合、あらゆるものがあらかじめ決定していて、そこには何を観測するかに関する観測者の決定も含まれる。つまり、観測者がほかの何かを観測するならば粒子がどんな特性をもつかという問題はいっさい生じない。したがって、ベルの不等式につながった論理的推論を実行することはできない。そのような立場が科学を骨抜きにしてしまうのは明白である。決定論が正しいのなら、実験をすることに何の意味があるだろうか。何と言っても、実験とは自然に対して問いを投げかけることなのだ。自然自体が問いを決めるのなら、われわれはそもそも問いなど抱かないほうがよいのではないだろうか。

論理的にはもう一つの可能性として、個々の粒子に対する個々の観測が過去にさかのぼって作用するという考え方がある。この立場では、測定が過去へさかのぼって粒子の発生装置に影響し、どんな特質を備えた粒子を放出するかを指示すると考える。やはり明らかに、このような立場は、空間と時間に対するわれわれのとらえ方を根本から書き換えることを意味する。

こうした哲学的な問いに対する答えをここでは出せないが、これらの問いが情報の果たす役割と関係していることを示す兆しは見受けられる。情報と現実という二つの概念を真に切り離すことはできないというのが真実なのかもしれない。[10]

注　釈

1. A. Einstein, B. Podolsky, and N. Rosen, "Can Quantum-Mechanical Description of Physical Reality Be Considered Complete?" *Physical Review* 47 (May 15, 1935): 777.
2. E. Schrödinger, "Die gegenwärtige Situation der Quantenmechanik," *Naturwissenschaften* 23 (1935): 807, 823, 844. English translation: *Proceedings of the American Physical Society* 124, (1980): 323.
3. J. S. Bell, "On the Einstein-Podolsky-Rosen Paradox," *Physics* 1 (1964): 195–200.
4. N. D. Mermin, "Bringing Home the Atomic World: Quantum Mysteries for Anybody," *American Journal of Physics* 49 (1981): 940.
5. E. P. Wigner, "On Hidden Variables and Quantum Mechanical Probabilities," *American Journal of Physics* 38 (1970): 1005.
6. B. d'Espagnat, *Le réel voilé, analyse des concepts quantiques* (Paris: Fayard, 1994). English translation: *Veiled Reality, An Analysis of Present-Day Quantum Mechanical Concepts* (Reading, MA: Addison-Wesley, 1995).
7. 概要については次を参照。 A. Zeilinger, G. Weihs, T. Jennewein, and M. Aspelmeyer, "Happy Centenary, Photon," *Nature* 433 (2005): 230.

8. 完全を期すため、既存の実験にはまだいくつかの抜け穴が残っていることを指摘しておく。しかし、これらの抜け穴は近い将来にふさがれるとわれわれは考えている。

9. S. Kochen and E. Specker, "The Problem of Hidden Variables in Quantum Mechanics," *Journal of Mathematics and Mechanics* 17 (1967): 59.

10. Hans Christian von Baeyer, "In the Beginning Was the Bit," *New Scientist* 2278 (2001): 26–33.

用語集

（五十音順に配列）

エントロピー　物理系の無秩序の尺度。特定の状況の構成要素がとり得る状態の数で表される。状態数が多いほどその状況の起きる確率が高くなり、エントロピーが大きくなる。

確率　特定の実験結果の発生頻度または発生しやすさの尺度。

隠れた変数　量子系には、直接観測できないが深いレベルで実験結果を説明できる可能性のある追加的な特性があるかもしれないとする考え。

干渉縞　二重スリット実験の観測スクリーン上に見られる明暗の縞。

局所実在論　観測の結果は観測とは無関係に存在する実在に対応し、光の速度よりも速く影響が生じることはないとする考え。

クォーク　素粒子の一つ。

光子　光の素粒子。

光電効果　金属板に光を当てたときに金属板から電子が飛び出てくる効果。

古典物理学　量子力学以前の物理学。対象は明確な特性をもつとされ、量子的不確定性はあてはまらない。

電気光学変調器　かける電圧の大きさによって光の偏光角度を変える装置。

波と粒子の二重性　光子および他の素粒子は、行なう実験によって波としてふるまったり粒子としてふるまったりできるという性質。

二重スリット実験　衝立に二つのスリットを設けて、光または他の粒子を通過させる実験。観測スクリーンに現れる粒子の分布パターンは、粒子の通った経路についてどのような情報が存在するかによって変わる。

ハイゼンベルクの不確定性原理　量子的粒子は明確な位置と明確な運動量（すなわち速度）を同時にもつことはできないとする考え。どちらかが明確になると、他方が不明確になる。

光の偏光　光の波の中で電場が振動する方向。

ヒューリスティック　常識にもとづく直感的なアプローチによって、物理法則や説明を発見する方法。可能な解決策や説明を推測する方法。

ベル状態　二つの光子の偏光が互いに量子もつれ状態になる場合、四通りの状態をとり得ると考えられ、完全にもつれた四つの状態をベル状態という。

ベルの定理　量子もつれ状態や量子物理学は、局所実在論的な見地とは相いれないという陳述。

ベルの不等式　ジョン・ベルが導出した数式。二つの古典系の相関の強さには上限があるという事実を表す。量子もつれ状態に対する量子力学的観測は、ベルの不等式を破ることができる。

マリュスの法則　偏光した光線が偏光装置を通過したときに、偏光装置の角度によって光線の透過度がどう変化するかを記述する法則。数学的には余弦定理である。

粒子　一つの場所にきわめて限局して存在し、明確な軌道を描いて空間内を移動するもの。

量子　もともとは、原子の粒子や原子より小さい粒子を指したが、今日では、重ね合わせや量子もつれといった量子的なふるまいを示すあらゆる系を指す。

量子テレポーテーション　量子状態（系のもつ一定の特性）を別の系に転送すること。原理として距離はどれほど離れていてもよい。量子テレポーテーションでは、情報を伝送する手段として量子もつれを利用する。

量子の重ね合わせ　一つの量子系が同時に二つの状態（二つの異なるスピン状態など）をとり得るという性質。

量子の相補性　一つの量子系で二つ以上の観測可能量（二重スリット実験で粒子がとる経路と干渉パターンなど）を同時に明確に定めることができないという性質。

量子もつれ　量子物理学において、二つ以上の粒子は古典物理学で考えられていたよりもはるかに強く互いと結びつき得るとする考え。一つの粒子を観測すると、どれほど距離が離れていても、もう一つの粒子の量子状態に影響が生じ得る。アルベルト・アインシュタインは量子もつれを「不気味」と称した。

量子力学　古典力学と対比され、もともとは微小な粒子を記述する物理学の領域だったが、現在では扱う対象が大きくなってきている。量子の不確定性や量子もつれといった概念に支配されている。

乱数生成器　乱数列を生成する装置。さまざまな数学的タスクで使用される。

レーザー　高強度の光源。レーザー光では光の振動が同期している。

監修者解説

大栗博司

本書の著者であるアントン・ツァイリンガーは、量子力学の基礎に関する精密実験で数多くの業績をあげた物理学者である。「量子的にもつれた光子を使った実験でベルの不等式の破れを確立し、量子情報科学を開拓した業績」により、フランスのアラン・アスペ、米国のジョン・クラウザーとともに、二〇二二年のノーベル物理学賞を受賞している。

ツァイリンガーは、ドイツとの国境に近い北部オーストリアの地方都市リート・イム・インクライスで生まれ、一〇歳の時に家族とともにウィーンに移り住んだ。国立高等学校を卒業後、ウィーン大学で物理学と数学を学び、同大学の大学院に進んで、ヘルムート・ラウホの指導の下で博士号を取得している。

大学院卒業後はラウホの研究室の助手となり、ウィーン原子研究所助教授、ウィーン工科大学准教授を経て、一九九九年にウィーン大学の教授となった。二〇〇四年からはウィーンの量子光学・量子情報研究所の上級科学者を兼任し、また二〇一三年から二〇二二年までオーストリア科学アカデミーの総裁も務めている。

マサチューセッツ工科大学でフルブライト奨学生として研究をし、またミュンヘン工科大学やインスブルック大学で教授を兼任したことがあるものの、キャリアのほとんどをウィーンで過ごしている。そのためか、本書にはウィーンの歴史や文化的背景が色濃く反映されている。

本書は、ウィーン楽友協会で毎年元旦に開かれるウィーン・フィルハーモニー管弦楽団のニューイヤーコンサートで始まる。ヨハン・シュトラウス二世のワルツ「美しき青きドナウ」の演奏が終わると、ツァイリンガーは読者をドナウ川の中洲の地下にある実験室に誘う。そこではドナウ川を渡る量子テレポーテーション実験が行われているのだ。実験室の案内の後、量子力学における波と粒子の二重性、アルベルト・アインシュタインのノーベル物理学賞受賞対象となった光電効果の説明、不確定性原理、量子もつれとそれを使った量子テレポーテーションなど本書で重要になる概念が、いくつかの短い章で手際よく説明される。

こうした準備の後で、ウィーン大学一年生のアリスとボブが登場する。二人は「物理学101」（大学初年度の入門講座にはしばしば「101」という番号がつく）を担当するクォンティンガー教授を訪問し、量子物理学をもっと勉強したいと言う。クォンティンガー教授は二人に実験をすることを勧め、大学院生のジョンを紹介する。

ちなみに、情報理論では、「アリス」と「ボブ」は、二つの場所で情報をやり取りする状況でしばしば使われる仮名である。アルファベットでは、「アリス」の頭文字がA、「ボブ」の頭文字がBだからである。この仮名の使い方は、インターネット決済などでも使われている公開鍵暗号ＲＳＡを発明したロナルド・リベスト、アディ・シャミア、レオナルド・エーデルマンの一九七八年の論文が初出とされる。本書後半では、二人の友人で哲学専攻の学生の「チャーリー」が登場するが、これは頭文字がCであり、情報理論では情報のやり取りが三か所で行われる場合に使われる三番目の仮名である。

「クォンティンガー教授」は、ツァイリンガーのアバターと思われる。量子のことを英語やドイツ語では「Quantum」と書き、これはマックス・プランクが光量子の概念を表現するのに「量」という意味のラテン語「Quantum」を使ったからである。「クォンティンガー」は「量子屋」とでも訳すべきか。大学院生の「ジョン」は、本書で中心的な役割をする「ベルの不等式」を導いたジョン・ベルにちなんだものだろう。

アリスとボブは、ジョンの助けを受けてベルの不等式の実験に取り組む。ここが本書のハイライトのひとつである。このような実験を実際に行ってきたツァイリンガーが書いているので、二人の試行錯誤にリアリティがある。測定ミスも起こる。大学院生のジョンは、「確実な予想というのは、観測誤差のない予想とは違うんだ」と語る。

私は理論物理学者なので、実験物理学者であるツァイリンガーの表現を興味深く読んだ。たとえば、「シュレーディンガーは、量子物理学を発明した一人だ」という箇所がある。私なら「発見した一人だ」と書くところだ。原本を確認すると、〝one of the inventors〟とあり、〝discoverers〟ではない。したがって、「発明した一人」は正しい翻訳である。自然現象を理解する理論的方法を「発明」するという考え方は、実用・実践を重んじる実験物理学者らしい態度だと思う。

「量子もつれ」は、量子力学の最も重要な性質のひとつである。これはナチスを逃れて米国に亡命したアインシュタインが、一九三五年に若手研究者ボリス・ポドルスキー、ネイサン・ローゼンと発表した論文『物理的実在の量子力学的記述は完全と見なし得るか』ではじめて明確に認識された。この論文の主張は、量子力学の原理が「局所実在論」と矛盾するというものである。この問題の解説は本書に譲るが、論文が出版された当時は、アインシュタインらの哲学的な立場の表明であり、実験で解決できる問題とは思われていなかった。

状況が変わったのは、ジョン・ベルが一九六四年に『アインシュタイン＝ポドルスキー＝ローゼンのパラドックスについて』と題した論文を発表してからである。その十二年ほどまえに、デイヴィッド・ボームが「隠れた変数」によって量子力学の原理を変更することで、「局所実在論」が回復できると指摘していた。ベルは一九六四年の論文で、もともとの量子力学か、それを変更した隠れた変数の理論か、どちらが正しいかを実験で判定する方法を提案した。それが「ベルの不等式」である。隠れた変数の理論を仮定すると、観測量の間に必ずこの不等式が成り立つ。一方、本来の量子力学の規則では、この不等式が破れる場合もある。したがって、ベルの不等式が破れることが実験的に示せれば、隠れた変数の理論を棄却することができるのである。

ベルの不等式によって、局所実在論という哲学的な立場が、実験で否定しうることになった。これについて、ツァイリンガーは、哲学者で物理学者でもあるアブナー・シモニーの「哲学的な立場を実験によって否定できるとわかってうれしい」という言葉を引用している。

ベルの不等式が破れることを最初に示したのはスチュアート・フリードマンとジョン・クラウザー

である。

フリードマンと私は、同じころにカリフォルニア大学バークレー校の教授となり、いくつかの委員会で一緒に仕事をしたことがある。フリードマンはクラウザーとの実験の後、ニュートリノなどを使った素粒子の実験にも力を振るっていた。岐阜県飛騨市の神岡宇宙素粒子研究施設で行われたＫａｍＬＡＮＤ実験では米国側のリーダーを務め、その功績などによってアメリカ物理学会のトム・ボナー賞を受賞している。残念ながら二〇一二年に六八歳の若さで亡くなってしまったので、二〇二二年のノーベル物理学賞の受賞者には含まれなかった。

フリードマンとクラウザーの実験は巧みであったが、いくつか抜け穴があり、局所実在論を完全に否定することはできなかった。そこで、これをさらに精密化し、抜け穴をふさいでいったのが、パリのアスペのグループとウィーンのツァイリンガーのグループだった。

ベルの不等式がどのようなものであるのかは、アリスとボブの実験によって明らかになる。また、巻末の用語集にも簡潔な解説があるので、それを先に読んでおくと、本文を読むときに見通しがよくなるかもしれない。付録の解説は、クォンティンガー教授が「哲学者の集まりのために書いた」短い論文とされている。ツァイリンガー自身、ウィーンの哲学者のグループの会報に寄稿したりもしているので、おそらくこれもツァイリンガーが実際に哲学者の集まりのために書いたものであろう。

最後に、ベルの不等式に関する思い出を書いておきたい。私が大学生であった一九八〇年代前半には、ベルの不等式のような量子力学の基本的問題が、精密実験の対象となりつつあった。日立製作所の外村彰《とのむらあきら》によるアハラノフ＝ボーム効果の検証もそのひとつであった。一九八三年には、「量子力学の基礎と新技術」と題された大きな国際会議が日立中央研究所で開催されている。そのころ、ベルの不等式の実験の精密化に成功したアスペが来日し、講演を聞く機会があった。ベルの不等式は二つの粒子の間の量子もつれに関するものであるが、私は講演を聞いているうちに、三つ以上の粒子についても同じようなもつれの状態があり、それに関する不等式があるのではないかと思いついた。そこで講演のおわりに手を挙げて質問したが、英会話に慣れていなかったので、うまく伝えられなかった。

この三つの粒子の量子もつれ状態は、その後一九八七年にツァイリンガーがダン・グリーンバーガー、マイク・ホーンとともに発表しており、三名の名前の頭文字を取ってＧＨＺ状態として知られている。ＧＨＺ状態を使うと、局所実在論と量子力学の矛盾が、ベルの不等式よりもさらに明確な形で明らかになる。この話題は、本書二八三ページからの「多光子のもたらした驚き、そしてその途上の量子テレポーテーション」に登場する。これを読むと、ツァイリンガーらが、精密実験へのチャレンジとして、三つ以上の粒子の量子もつれに深い興味を持っていたことがわかる。また、その過程で開発した様々な方法が、ツァイリンガーの量子テレポーテーションの実現においても重要な役割を果たしていた。学生時代にアスペに質問をしたことを思い出して感慨深いものがあった。

「量子もつれ」の概念は、量子コンピューター、量子通信、量子暗号など、さまざまな技術応用への可能性を秘めている。また、物質科学では、新物質の発見やその性質の理解のために重要になってきている。最近では、超弦理論や量子重力理論など、物理学の基本法則に関する研究においても、量子もつれが本質的な役割を果たしている。この分野の第一人者であるツァイリンガーが、量子もつれの不思議な世界を数式を用いずにわかりやすく解き明かした本書を、多くの人に読んでいただきたい。

量子《りようし》テレポーテーションのゆくえ
相対性理論から「情報」と「現実」の未来まで

2023年５月25日　初版発行
2024年７月15日　３版発行

＊

著　者　アントン・ツァイリンガー
監修者　大《おお》栗《ぐり》博《ひろ》司《し》
訳　者　田《た》沢《ざわ》恭《きよう》子《こ》
発行者　早　川　　浩

＊

印刷所　三松堂株式会社
製本所　大口製本印刷株式会社

＊

発行所　株式会社　早川書房
東京都千代田区神田多町２−２
電話　03-3252-3111
振替　00160-3-47799
https://www.hayakawa-online.co.jp
定価はカバーに表示してあります
ISBN978-4-15-210240-9　C0042
Printed and bound in Japan
乱丁・落丁本は小社制作部宛お送り下さい。
送料小社負担にてお取りかえいたします。